Bibliografische Information der Deutschen Nationalbibliothek:

Die Deutsche Bibliothek verzeichnet diese Publikation in der Deutschen National-
bibliografie; detaillierte bibliografische Daten sind im Internet über http://dnb.d-
nb.de/ abrufbar.

Coverbild von Sascha Felix: Raymond Anderegg während Dreharbeiten in Los
Angeles, CA

Impressum:

Copyright © 2014 GRIN Verlag, Open Publishing GmbH
Druck und Bindung: Books on Demand GmbH, Norderstedt Germany
ISBN: 978-3-668-15237-3

Dieses Buch bei GRIN:

http://www.grin.com/de/e-book/315294/ton-am-set-audioaufnahmen-fuer-film-tv-
und-videoproduktionen

Raymond Anderegg

Ton am Set. Audioaufnahmen für Film-, TV- und Videoproduktionen

GRIN Verlag

Raymond Anderegg

Ton am Set

Audioaufnahmen für Film-, TV- und Videoproduktionen

Vorwort

Im Frühjahr 2009 wurde ich angefragt ein eintägiges Referat zum Thema Feldton zu halten. Bei den Besuchern des Vortages handelte es sich um Mitarbeiter der Dokumentarabteilung einer Fehrnsehanstalt. Bis dahin hatte ich nur Workshops abgehalten, die für Teilnehmer mit spezifischer Berufserfahrung bestimmt waren. Das positive Echo auf diesen Vortrag und verschiedene Gespräche mit Fachleuten (die Kurse für die Film- und Videobranche organisieren) veranlassten mich, einen zweitägigen Lehrgang für Teilnehmer ohne diese Vorkenntnisse zusammenzustellen. Dieser Kurs sollte vor allem Kameraleuten, Dokumentarfilmern, Tonassistenten und Studiotontechnikern, die keine Erfahrungen im Bereich Tonaufnahmen am Set haben, das Erarbeiten der Technik zur Tonaufzeichung am Film- und Videoproduktionsset erleichtern. Auf Grund der positiven Resonanz reifte der Entschluss, dass Interessierte auch ohne den Besuch des Lehrganges die Möglichkeit haben sollten, sich das nötige Fachwissen anzueignen. Die ursprüngliche Idee, dieses Buch in ein paar Monaten zu schreiben, musste ich rasch aufgeben. Einerseits habe ich den Aufwand unterschätzt, andererseits war ich beruflich sehr eingespannt und musste die Schreiberei immer wieder unterbrechen. Aus diesem Grunde dauerte es schlussendlich über vier Jahre bis zu Fertigstellung dieses Sachbuches. Die Arbeit an diesem Buch wurde Ende 2013 beendet. Somit ist es mehr als wahrscheinlich, dass darin beschriebene Geräte bereits in aktuellerer Form auf dem Markt existieren, sowie neue dazu gekommen sind. Arbeitsweisen und fachtechnische Aspekte aber werden sich in näherer Zukunft kaum verändern. Der Lernstoff ist dementsprechend weiterhin für den Leser von Nutzen.

Eine Bemerkung nebenbei. Psychologen schätzen, dass mehr als zwei Drittel von allem, was ein Mensch weiss, mittels Erfahrungen „durch die Ohren" zustande kommt. Die anderen vier Sinne steuern weniger als 30 Prozent hinzu. Neueste wissenschaftliche Studien gehen sogar davon aus, dass wir 85% durch Zuhören erlernen.

Im Übrigen ist auch zu bedenken, das Gehör ist ein passives Organ, welches im Gegensatz zum aktiven Organ Auge nicht verschlossen werden kann. Dies, und vor allem der Umstand, dass das Gehör mit unserem Stammhirn korrespondiert (in welchen wiederum unsere Gefühle „sitzen"), machen sich Filmkomponisten und Sounddesigner zunutzen.

Das gesunde menschliche Gehör nimmt einen Frequenzbereich von gut 10 Oktaven wahr. Mit zunehmendem Alter immer noch 8 bis 9 Oktaven. Im Gegensatz dazu kann das Auge nur eine Oktave aus dem Spektrum der elektromagnetischen Strahlung (Infrarot bis Ultraviolett) wahrnehmen.

Zürich im Januar 2014, Raymond Anderegg

Inhaltsverzeichnis

Einleitung

Dieses Fachbuch beinhaltet nur die technischen Grundlagen des Tons für Film, Video und TV. Aus diesem Grund werden unter den Themen Physik, Mikrofonierung und Praxis nur die für diese Anwendung relevanten Formeln, Techniken und Parameter behandelt. Da der Film- bzw. TV-Tontechniker üblicherweise mehr als etwa 80 Prozent Dialog resp. Monolog aufnimmt (den Rest machen szenische Geräusche und atmosphärischer Ton aus), ist die Aufnahmetechnik kaum zu vergleichen mit der einer Symphonieorchester-aufführung. Im Falle einer Orchesteraufnahme für einen Newsbeitrag geht es schließlich auch nicht darum die Leistung des Orchesters in kommerzieller CD-Qualität wiederzugeben.

In folgender Lektüre ist den Fachausdrücken häufig eine englische Übersetzung in Klammern beigefügt. Diese Fachwortübersetzungen und Anglizismen sollen dem Leser ein etwaiges Recherchieren und Vertiefen in die Materie erleichtern. Obwohl im deutschsprachigen Raum vorzügliche Literatur zum Thema Tontechnik zu finden ist, bin ich der Meinung, dass im Falle von einfach formulierten Publikationen die Auswahl im angelsächsischen Sprachraum bedeutend grösser ist. Vor allem, wenn man sich für Erfahrungsberichte betreffend Geräte und Arbeitstechniken interessiert und Blogs oder Webseiten von Fachkollegen sucht, ist das Finden mittels korrektem (englischen) Fachausdruck unumgänglich.

Liebe LeserInnen, aus Gründen der einfacheren Lesbarkeit wird auf gender-gerechte Differenzierung (z.B. TonoperateurIn) und geschlechtsneutrale Formulierungen (die/der Moderierende) verzichtet. Auch die angestammten Berufsbezeichnungen wie Kameramann, Tonmann, Tonmeister statt Kamera-frau, Tonfrau, Tonmeisterin gelten natürlich im Sinne der Gleichbehandlung für beide Geschlechter. Ich bitte die Leserinnen freundlichst um Nachsicht.

Teil 1: Physik

Der Schall / Das Schallfeld

Schallwelle

Eine Schallwelle besteht aus einer Folge von Luftverdichtungen und deren Verdünnungen. Wie beim Wechselstrom handelt es sich bei der Luftdruck-veränderung um einen Wechseldruck, der sich periodisch durch den Raum fortpflanzt. Diese Luftdruckschwankungen werden durch Bewegungen von Luftmolekülen in ihrer Ruhelage hervorgerufen. Es findet also durch die Dichteschwankung der Luftmoleküle eine Kettenreaktion statt. Effektiv fort-schreitend, also von der Schallquelle wegbewegend, sind jedoch nur Druck-wellen. Die Wellenberge stellen die Bereiche mit hohem, die Wellentäler diejenigen mit niedrigem Luftdruck dar. Der räumliche Abstand, in dem sich dieses Muster wiederholt (Abstand zweier Druckmaxima in einer Welle), wird in der Schwingungslehre Wellenlänge (Lambda) genannt. Diese ist abhängig von Frequenz (Tonhöhe) und Schallgeschwindigkeit. Unter Freifeldbedingungen, d.h. ausserhalb von Räumen, die mit ihren Begrenzungsflächen Reflexionen und Beugungen verursachen, breitet sich der Schall in kurzer Entfernung um die Schallquelle (Nahfeld) kugelförmig aus (Kugelwelle). Mit zunehmender Entfernung lässt die Krümmung der Wellenfronten nach. In grosser Entfernung von der Quelle (Fernfeld) erfolgt die Schallausbreitung nahezu geradlinig und die Wellenfronten sind eben (ebene Welle), wobei jedoch die Distanz zwischen den einzelnen Wellen gleich bleibt. Mit zunehmendem Abstand verteilt sich der Schall über eine immer grössere Fläche. Somit nimmt der Schalldruck mit zunehmendem Abstand zur Quelle ab. Der Schalldruck (Schalldruckwellen breiten sich linear aus) sinkt jeweils um die Hälfte des vorherigen Wertes (-6 dB) pro Verdopplung des Abstandes. Dies ist das Abstandsgesetz resp. Entfernungsgesetz *1/r-Regel*.

Achtung: In vielen Lehrbüchern wird das Abstandsgesetz statt mit der Formel 1/r, mit 1/r² angegeben. Beim *1/r²-Gesetz* handelt es sich um die Schallintensität (Leistung pro Fläche), also eine Schallenergiegrösse. Der Schallintensitätspegel nimmt bei Verdopplung des Abstandes auch um 6 dB ab und fällt somit auf das ¼-fache (25%) des Schallintensitätsanfangswertes. Mit anderen Worten, die Energie nimmt proportional im Quadrat des Abstandes von der Schallquelle zu oder ab.

Schallgeschwindigkeit

Die Schallgeschwindigkeit ist die Ausbreitungsgeschwindigkeit der Schallwelle und ist unabhängig von der Grösse des Schalldrucks (mittlere Stärke der Dichteschwankung in der Luft bzw. mittlere Amplitude der Schallwelle) und der Druckänderung (Frequenz). Sie ist aber abhängig davon, in welchem Medium sie sich ausbreitet. Im Falle von Luft ist sie von Umgebungsbedingungen wie Luftfeuchtigkeit und Temperatur abhängig. Bei trockener Luft und einem Luftdruck von 1013 hPa ist die Schallgeschwindigkeit 331 m/s bei 0 Grad Celsius respektive **343 m/s bei 20° C**. Zum Vergleich, das Licht legt rund 300'000'000 m/s zurück, ist also etwa 874'000 x schneller. Für unsere Berechnungen wenden wir die Konstante bei einer Temperatur von 20 °C an. Wir haben also eine Schallgeschwindigkeit von 1234.8 km/h oder anders gesagt, der Schall braucht fast 3 ms für einen Meter.

Beim absoluten Nullpunkt (-273.15° C) oder im luftleeren Raum, wie z.B. im Weltraum (Vakuum) kann mangels Medium (Teilchen) kein Schall übertragen werden. Der Schall kann sich aber nicht nur in der Luft und in Gasen bewegen, sondern auch als Wasserschall in Flüssigkeiten oder als Körperschall in festen Stoffen ausbreiten. Dabei ist die Geschwindigkeit des Schalls von Dichte und Temperatur des Mediums abhängig. Hier einige Beispiele mit ungefähren Mittelwerten für die Schallgeschwindigkeit in verschiedenen Materien (in Metern pro Sekunde bei 20 Grad Celsius):

- Gummi   150
- Sauerstoff   316
- Luft bei 0° C   331
- Luft bei 20° C   343
- Blei   1300
- Wasserstoff   1315
- Wasser bei 0° C 1405
- Wasser bei 20° C 1485
- Meerwasser   1530
- menschl. Körper 1550
- Eis bei -4° C   3240
- Gold   3250
- Holz   3300
- Beton   3500
- Ziegel   3600
- Glas   5000
- Stahl   5500
- Diamant   18000 (höchste Schallgeschw. aller nat. Medien)

Der Schall reist also in festen Stoffen fast immer schneller als in der Luft. Deswegen legen resp. halten die Indianer und Cowboys in den Wild-West-Filmen jeweils ihr Ohr auf die Zugschienen um festzustellen, ob ein Zug naht.

In geschlossenen Räumen ist eine in alle Richtungen gleichmässige Ausbreitung der Schallwellen nicht möglich, da diese, bevor sie ausgeklungen sind, an Begrenzungsflächen wie Wände, Böden, Decken und Gegenstände anstossen. Dort wird ein Teil der Energie reflektiert und an die nächste Begrenzungsfläche gesendet und von dieser wieder zur nächsten (Einfallswinkel = Ausfallswinkel). Im Falle von Gegenständen findet für Wellenlängen die kleiner sind als das Hindernis vor dem Gegenstand ein Druckstau statt. Demzufolge entsteht hinter dem Objekt ein Schallschatten. Grössere Wellenlängen jedoch laufen ungehindert, nunmehr aber gebeugt weiter. Gleichzeitig wird ein Teil der Energie absorbiert. Wie viel davon, hängt von der Oberflächenbeschaffenheit der reflektierenden Fläche ab. Um so stärker eine Oberfläche den Schall zurückwirft (Schallhärte), desto grösser die reflektierende Energie. Ein Teil der Energie (hauptsächlich die tiefen Frequenzen) kann durch die Begrenzungsfläche hindurch treten (Transmission) oder innerhalb dieser in Form von Körperschall weitergeleitet werden. Das ungerichtete Schallfeld, welches aus vielen einzelnen Reflexionen besteht, nennen wir Diffusfeld.

Nachhallzeit

Das Nachschwingen oder die Hallzeit bzw. Nachhallzeit (T60 oder RT60) ist die Zeitdauer, die der Raumhall benötigt, um vollständig abzuklingen, nachdem die Schallquelle „verstummt" ist. Genauer gesagt, diejenige Zeit, die der Schalldruck braucht, um auf ein Tausendstel seines ursprünglichen Wertes zu fallen bzw. einen Pegelabfall von 60 dB erreicht. Die Grenze der Wahrnehmbarkeit des menschlichen Ohrs kann aufgrund dessen Frequenzabhängigkeit nicht genau in Dezibel angegeben werden. Bei 1 kHz liegt die Hörgrenze bei 0 dB, etwas über 1 kHz sogar noch darunter. Messtechnisch wird dies durch Rauschen oder einen Pistolenknall (Raum-Impulsantwort) protokolliert. Der Bass schwingt länger als der Mittel- und Hochtonbereich. Typische Nachhallzeiten in akustisch „guten" Räumen sind:

- Sprecherstudios unter 0.3 Sekunden

- Wohnraum 0.2 bis 0.7 Sek.

- Schulzimmer (nach DIN) 0.4 bis 0.5 Sek.

- Konzertsäle ca. 1 bis 2 Sek.

- grosse Konzersäle (über 10'000 m3) 2 bis 3 Sek.

- Kirchen ca. 2 bis 5 Sek. (je nach Grösse und Bauform)

Die Formel für die Nachhallzeit (T) ist: 0.163 (Sabin'sche Nachhallkonstante, nach dem amerikanischer Physiker W.C. Sabine) x V (Volumen) geteilt in A (totale Absorption) ergibt T in Sekunden.

$$T = \frac{0{,}163 \cdot V}{A}$$

Um vorher den **Absorptionsgrad** zu errechnen (die Summen aller Raumflächen multipliziert mit dem jeweiligen Absorptionsgrad dieser Flächen), müssen wir diesen für die jeweiligen Materialien kennen. Hier eine kleine Aufzählung gängiger Materialien und deren Absorptionsgrade:

- Steinwand ohne Anstrich	0.03
- Wand mit Anstrich	0.02
- Glas	0.02 – 0.03
- Holzverkleidung	0.06 – 0.1
- Filz (12% Masse, 88% Luft)	0.52
- dünner Filz hinter Tapete	0.6
- Jutefilz 3/2" dick	0.63
- Jutefilz 3" dick	0.77
- Tapete	0.1 – 0.16
- Gipsdecke	0.03
- Korkverkleidung (1" dick, 1" Abst, zur Wand)	0.4
- Holzfussboden	0.06 – 0.08
- Parkett	0.05
- Teppich	0.2 – 0.4
- Vorhänge	0.25
- Stuhl (unbesetzt)	0.14
- Stuhl (besetzt)	0.44
- stark besetzter Saal	0.95
- Loch in der Wand	1.00

In der letzten Zeile obiger Tabelle wird bei der Formelberechnung „Loch in der Wand" oder „O.F." für „Offenes Fenster" angegeben. Der Absorptionsgrad (a) wird immer im Bezug auf den Absorptionsgrades dieses offenen Fensters des Raumes gemessen. Ein Loch absorbiert den Schall ideal (keine Reflektionen von Schall) und daher wird a hier gleich 1 gesetzt. Alle anderen Materialien reflektieren den Schall mehr oder minder stark und deren Absorptionsgrad liegt unter 1. Übrigens existiert in der Natur kein ideal reflektierendes Material mit einem Absorptionsgrad von 0 (null).

Diffusschallfeld

Der indirekte Schall bildet in einem Raum ein Diffusschallfeld, das sich mit dem Direktschallfeld überlagert. Je weiter man sich von der Schallquelle entfernt, desto geringer wird der Anteil des Direktschalls; er fällt quadratisch mit der Entfernung zur Schallquelle ab. Der Pegel resp. Schalldruck des Diffusschalls bleibt jedoch ausserhalb des Hallradius' (Diffusschallfeld) in der Regel überall im Raum gleich. Den räumlichen Punkt, wo Direkt- und Diffusschall exakt die gleichen Pegel aufweisen, sich also die Waage halten, nennt man **Hallradius** rH (engl.: reverberation radius, critical distance). Je halliger ein Raum ist, desto kleiner der Hallradius. Für eine optimale Sprachverständlichkeit versuchen wir also einen möglichst grossen Hallradius (stärkeren Anteil des Direktschalls) zu erwirken. Strahlt eine Schallquelle stark gebündelt (z.B. Trompete), so vergrössert sich der Hallradius in die Hauptabstrahlrichtung oder anders gesagt, wenn ich vor dem Gesicht eines Sprechers messe, ist der Hallradius grösser, als wenn ich dies hinter seinem Kopf tue.

Formel des Hallradius: Man bildet den Quotienten aus Raumvolumen V und Nachhallzeit T und multipliziert die Quadratwurzel dieses Quotienten mit 0.057 (Sabin'sche Formel). Also Raumvolumen (V) geteilt in Nachhallzeit (T) und davon die Quadratwurzel x 0.057 = rH (in Metern).

Die Frequenz (Hertz)

Der Ton besteht aus Schwingungen. Die Anzahl der Schwingungen pro Sekunde ergeben die Tonhöhe (Frequenz). Die Masseinheit dafür ist „Hertz" (Hz), nach dem deutschen Physiker Heinrich Rudolf Hertz benannt. 1 Hertz bedeutet 1 Schwingung pro Sekunde, 1'000 Hertz sind also eintausend Schwingungen pro Sekunde usw.

Anhand der Frequenz können wir im Zusammenhang mit der Schallgeschwindigkeit die Wellenlänge errechnen. Beilspiel: 340 m/s geteilt in 1000 Hz ergibt eine Wellenlänge von 0.34 m. Oder andersherum, wir haben eine Wellenlänge von 17 cm und wollen deren Frequenz ermitteln: 340m/s geteilt in 0.17 m Wellenlänge ergeben 2000 Hz. Diese Berechnungen helfen, Phasenauslöschungen oder Kammfiltereffekte zu vermeiden.

Das menschliche Ohr kann Frequenzen zwischen 16 Hz (tiefster Ton auf dem 97-Tasten-Konzertflügel, das C2) und 18000 Hz (18 kHz) hören. Der Grundton eines Elektrobasses (4-Saiter) liegt z.B. bei 41.2 Hz. Einfachhalber geht man in der Fachliteratur für Mikrofon- und Lautsprechermessung von 20 Hz bis 20 kHz aus. Man nennt diesen Bereich Hörschall resp. Audiofrequenzbereich. Bei tiefen Frequenzen wird ein Schallsignal nicht mehr als Ton, sondern als Folge von Druckstössen wahrgenommen (Flimmergrenze). Frequenzen unterhalb dieses Bereiches nennt man Infraschall (z.B. beim Blauwal), die oberhalb heissen Ultraschall (z.B. bei Fledermäusen). Mit zunehmendem Alter des Menschen nimmt diese Hörbarkeit, vor allem in den höheren Lagen, jedoch stark ab, und zwar ca. 2 kHz pro Lebensjahrzehnt.

Der Kammerton a' hat eine Frequenz von 440 Hz. Geht man eine Oktave höher auf das zweigestrichene a (a'') erhält man Frequenzverhältnis von 2 bzw. die doppelte Anzahl Schwingungen, also 880Hz. Folgend einige (ungefähre) Angaben für menschliche Singstimmen:

Stimmlage	Notenumfang	Frequenzbereich (Hz)
- Sopran	c' – a''	261.63 – 880.00
- Mezzosopran	g – f''	196.00 – 698.46
- Alt	g – e''	196.00 – 659.26
- Tenor	c – a'	130.81 – 440.00
- Bariton	G – g'	98.00 – 392.00
- Bass	E – e'	82.41 – 329.63

Die obigen Angaben der Stimmlagen Bass, Bariton und Tenor sind wichtig für das spätere Arbeiten mit dem High-Pass- resp. Low-Cut-Filter (manchmal auch Low roll-off genannt).

Für die Musiker unter Ihnen, der C-Dur-Grundton (C-Stimmung) und deren Frequenzen in Hertz: C2 = 16.35 / C1 = 32.7 / C = 65.41 / c = 130.81 / c1 = 261.63 / c2 = 523.25 / c3 = 1'046.5 / c4 = 2'093 / c5 = 4'186.01.

Der übliche Sprachbereich ist ca. 350 bis 3'500 Hz. Ein Klang besteht neben dem Grundton noch aus vielen Obertönen. Wortpräsentationen gehen kaum über 10 kHz. Zum Vergleich: Der höchste Ton auf der Violine ist 3.5 kHz, der auf einer Oboe 1.8 kHz. Nur die Pfeifenorgel kommt über 5 kHz. TV und FM-Radio sind in den USA ab 15 kHz limitiert, da höhere Frequenzen Probleme im Broadcastsystem zur Folge hätten. Die meisten Filme vor 1970 brachten nicht mehr als 12.5 kHz. zustande. Ein Telefon kommt nicht über 3.5 kHz. Bei den meisten Hi-Fi-Anlagen kommen die Lautsprecher (obwohl „high-fidelity"-Standard von 20 kHz durch den Verstärker gegeben ist) kaum auf diesen Wert.

Die menschliche Stimme hat bei Männern einen Grundtonumfang zwischen ca. 125 Hz und ca. 155 Hz. Tiefer als 80 Hz kommt die männliche Stimme aber kaum. Die Obertöne reichen bis ca. 6 kHz. Bei weiblichen Stimmen ist der Bereich zwischen ca. 165 Hz und ca. 255 Hz und die Obertöne gehen bis zu einem Bereich von ca. 8 kHz. Sibilanten (Zischlaute wie „s", „sch", „z", „x") können aber bis zu 12 kHz gehen. Vokale weisen eine relativ konstante Tonhöhe mit nur wenig hochfrequenten Anteilen auf. Zwecks Sprachpräsenz werden die Frequenzen im Bereich zwischen 1 bis 3 kHz vielfach angehoben. Dies kann durch den Einsatz von spezialisierten Mikrofonen oder durch nachträgliche Bearbeitung in der Nachvertonung geschehen.

Zum Einmessen von Audiogeräten (Mikrofone, Lautsprecher, Wandler, Mischpulte, Verstärker usw.) benutzt man eine Sinusschwingung (Ton), deren Frequenz den gesamten Audiobereich durchläuft. Ein Klang jedoch beinhaltet noch eine Vielzahl von Teilschwingungen, die zum Grundton dazu kommen. Deren Verschmelzung wird von unserem Ohr als Klang wahrgenommen. Die tiefste Frequenz bezeichnen wir als Grundwelle (Grundton) und ihre Bezeichnung wird gemäss dem Musikton festgelegt. Alle weiteren Frequenzen (also Teilschwingungen) sind ganzzahlige Vielfache dieser Grundfrequenz. Diese werden Obertöne oder Harmonische genannt. Die 2. Harmonische bedeutet also den zweifachen, die 3. Harmonische den dreifachen und die 4. Harmonische den vierfachen Wert der Grundfrequenz (usw.). Das Amplitudenverhältnis (Amplitude = max. Auslenkung einer sinusförmigen Wechselgrösse) von Grund- und Obertönen ergibt dann den jeweils charakteristischen Klang einer Stimme, eines Instruments oder eines Geräusches.

Dezibel

Der Schalldruckwert, besser gesagt der Pegelwert, wird mittels der Pseudoeinheit Dezibel (nach Alexander Graham Bell, britischer Sprechtherapeut und Erfinder) in dB oder für Akustik auch dB-SPL (dB Sound Pressure Level) angegeben. Durch Messungen an Versuchspersonen hat man festgestellt, dass die Hörschwelle des Menschen bei ca. 20 µPa (0.00002 Pascal bzw. 20 Millionstel Pascal) liegt. Dieser Wert wurde mit 0 dB festgelegt. Die Schmerzgrenze des menschlichen Ohrs liegt bei ca. 140 dB (etwa 200 Pascal). Eine Pegeländerung von 1 dB entspricht dem für das menschliche Gehör kleinsten wahrnehmbaren Unterschied. Die theoretische Grenze für verzerrungsfreien Schall (bei Normaldruck) liegt bei 194.1 dB.

Das menschliche Ohr besitzt einen Dynamikumfang oder Dynamikbereich (hörbarer Schall vom leisesten Flüstern bis zum Starten eines Düsenflugzeugs) von ca. 130 dB. Ein gutes Mikrofon sollte min. 110 dB erreichen. Eine Schallplatte bringt es auf 80 und eine CD auf 96 dB. UKW-Radio erreicht nur 65 dB, d.h. zu leise Stellen verschwinden im Rauschen und zu laute Passagen verzerren. Der Frequenzgang des menschlichen Gehörs ist nicht geradlinig. Er hängt davon ab, wie laut die Schallquelle insgesamt ist. Das Ohr ist sehr empfindlich für Töne im 4 kHz-Bereich, jedoch nimmt es Töne ab 8 kHz erst bei einem grösseren Schalldruck wahr. Bei tiefen Tönen ist es noch unempfindlicher. Die Hörgrenze liegt z.B. bei einem 40 Hz-Ton 50 dB SPL höher als bei einem 1000 Hz-Ton. Das entspricht ungefähr dem 300-fachen Schalldruck. Relativ geradlinig im Frequenzgang ist das menschliche Gehör erst ab etwa 100 dB SPL. Dieser „verbogene Frequenzgang" ist vermutlich im Ursprung des Menschen zu suchen, als das Hören von Geräuschen zur Jagd oder zur Erkennung von Gefahren benötigt wurde. Da das Ohr bei geringer Lautstärke für sehr tiefe und hohe Töne unempfindlich ist, müssen diese Frequenzen bei leisen Passagen in der Regel angehoben werden. Um dies zu bewerten, werden Filter mit empirisch angepassten Übertragungsfunktionen eingesetzt. Folgend die Frequenzbewertungskurven bei gleicher Lautstärke in Phon (phon, durch den deutschen Physiker Heinrich Barkhausen 1925 eingeführt, ist die Massheinheit der vom Mensch empfundenen Lautstärke bzw. „Lautheit"):

A-Bewertung, dB(A):	ca. 20 bis 40 phon
B-Bewertung, dB(B):	ca. 50 bis 70 phon
C-Bewertung, dB(C):	ca. 80 bis 90 phon
D-Bewertung, dB(D):	bei sehr hohen Schalldrücken

Eine Schalldruckverdoppelung hat einen Pegelzuwachs von 6 dB. Der Mensch nimmt jedoch subjektiv eine Lautstärkenverdopplung erst bei einem Zuwachs von 10 dB wahr. Wenn eine Verdoppelung des Signals +6 dB bedeutet, so ist eine Zunahme von 12 dB eine Vervierfachung, 18 dB das achtfache, 20 dB das zehnfache, 24 dB das 16-fache, 42 dB das 128-fache, 60 dB das 1'024-fache, 90 dB das 32'768-fache usw. Natürlich gilt dies auch in die andere Richtung, d.h. bei einer Abnahme von 6 dB (-6 dB) halbiert sich die Lautstärke jeweils. Ein startendes Düsenflugzeug (ca. 130 dB) ist folglich fast dreieinhalb Millionen Mal lauter als der leiseste Testton beim Ohrenarzt.

Achtung: Eine über eine Lautsprecheranlage veränderte Lautstärke wird vom Gehör nicht identisch wahrgenommen. Möchte man übrigens die „gehörte" Lautstärke auf elektronischem Weg verdoppeln, so muss der Verstärker die zehnfache elektrische Leistung liefern, um die, für diesen Schallpegel nötige Leistung, zu erbringen. Beispiel: Bin ich bei einem 50 Watt-Verstärker mit dem

Volumenregler voll am Anschlag, und ich möchte die Lautstärke verdoppeln, so muss ich mir einen 500 Watt-Verstärker besorgen.

Hier einige Beispiele für verschiedene Schalldruckpegel (in dB SPL):

0   Menschliche Hörgrenze / Hörschwelle

10   Atmen, schalltoter Raum

20   Flüstern aus 1 m Entfernung (in akustisch gutem Raum)

30   Sehr leise Musik / Sprechzimmer beim Arzt

40   leise Unterhaltung / Aussenlärmpegel in durchschnittlicher Stadtwohnung

50   Flüstern in 10 cm Abstand oder leise Sprache in einem Meter Entfernung / Durchschnittlicher Geräuschpegel im Büro

60   Normales Gespräch resp. Unterhaltung aus 1 m Abstand

70   Geräuschpegel im Auto (bei schneller Fahrt) / Staubsauger aus 1 m Abstand

80   Lauter Strassenlärm / Durchschnittlicher Fabriklärm / Akkordspiel mit Plektrum auf akustischer Gitarre aus 40 cm Abstand

90   Grosses Sinfonieorchester / Saxophone oder Posaune aus 40 cm Entfernung

100   PA-Lautsprecher aus 1 m Entfernung bei Rockkonzert oder Tanzschuppen / Lauter Gesang aus 15 cm Entfernung

110   Gewitter / Kuhglocke aus 10 cm Entfernung / Kettensäge aus 1 m Entfernung

115   Donnerschlag

120   Starker Fabriklärm / 60-Watt-Gitarrenverstärker aus 30 cm Entfernung (Unwohlseinsschwelle oder gar Schmerzgrenze bei 1 kHz)

130   Startendes Flugzeug aus 3 m Abstand / Lauter Gesang direkt mit Ohr vor dem Mund (Schmerzschwelle)

135   Trompete direkt ins Ohr gespielt (Schmerzgrenze)

140   15-Zoll-Lautsprecher mit voller Leistung (200 Watt) in 5 cm Abstand / Gewehrschuss aus einem Meter Entfernung

150   Unmittelbar an einem Düsentriebwerk

Neben der besprochenen Masseinheit dB SPL für Akustik gibt es noch weitere Dezibeleinheiten, die in der Elektronik eingesetzt werden. Hier kurz die gängigsten Einheiten, die für unsere Arbeit wichtig sind.

dBA:	A-bewerteter Schalldruckpegel
dBV:	Spannung mit Bezugsgrösse 1 Volt
dBu:	Spannung mit Bezugsgrösse 0.775 Volt
dBv:	Siehe dBu. Diese ältere Bezeichnung wurde in Europa in dBu geändert, um Verwechslungen mit dBV zu vermeiden.
dBµ:	Spannungspegel mit Bezugsgrösse 1 Mikrovolt bei 50 Ohm
dBµV/m:	Elektrische Feldstärke mit Bezugsgrösse 1 Mikrovolt
dBm:	Leistungspegel mit Bezugsgrösse 1 Milliwatt
dBFS:	Full-scale-Pegel ist der max. Wert in der digitalen Wortbreite eines A/D-Wandlers (Analog/Digital-Wandler)

Kammfiltereffekte

Interferenzen ergeben sich, wenn sich zwei gleiche Frequenzen überlagern. Je nach Phasenlage der Wellen wird das Signal verstärkt, abgeschwächt oder gänzlich gelöscht. Letzteres ist jedoch nur bei zwei nahezu gleichen Frequenzen möglich, wie z.B. Orgelpfeifen oder Flöten, die der reinen (synthetisch erzeugten) Sinusschwingung am nächsten kommen. In der Natur existiert übrigens keine reine Sinusschwingung.

Mit „Übersprechen" (engl.: spill, bleeding[1]) meinen wir die exakte Addierung des zusammengemischten Signals von zwei oder mehreren zur Schallquelle im gleichen Abstand befindlichen Mikrofonen mit den jeweils gleichen Amplituden (Grössen). Es entsteht eine Pegelanhebung von 6 dB. Wenn nun die Abstände der beiden Mikros zur Schallquelle unterschiedlich sind, also der Schall bei

---

[1] Es wird auch häufig der englische Ausdruck „crosstalk" verwendet, obwohl damit eigentlich das Über- bzw. Nebensprechen (gegenseitige Beeinflussung/Störung) von elektrischen Leitungen gemeint ist.

einem der Mikros später ankommt, so sind die Kurven der Schallwellen verschoben (Phasenverschiebung). Daraus entstehen Verstärkungen (Addition), Abschwächungen (Subtraktion) oder, falls die Phasenverschiebung der beiden Signale genau die Hälfte der Wellenlänge beträgt, eine Phasenauslöschung (notches) in der Summe. Die beiden Signale laufen dann quasi spiegelbildlich zur Zeitachse. Das heisst, während das eine Mikrofon eine positive Halbwelle empfängt, erhält das andere Mikro eine negative Halbwelle. Dies geschieht natürlich auch mit Wellenlängen von verschiedenen Frequenzen (Phasenverschiebung bei einer 1.5-, 2.5-, 3.5-facher Wellenlänge usw. oder andersherum bei Signalen mit 3-, 5-, 7-, 9-fachen Frequenz).

Da eines der beiden Mikrofone von der Signalquelle weiter entfernt ist, den Schall also mit einer Laufzeitdifferenz aufnimmt, und wenn sich die Signalquelle auch noch bewegt (wie meistens bei sprechenden Talents), so kommt es durch die Verschiebung der Frequenzen, die ausgelöscht werden, zum gefürchteten Kammfiltereffekt (periodischer Wechsel von Überhöhungen und Kerben). Dies gilt auch bei Aufnahmen mit nur einem Mikrofon, aber zwei oder mehreren identischen Signalquellen oder nur einer Signalquelle, jedoch mit einer zusätzlichen Reflektion. In letzterem Beispiel findet der Kammfiltereffekt (engl.: comb filtering) nur in abgeschwächter Form statt, da das reflektierende Signal einen längeren Weg zurücklegen muss und dadurch bedeutend schwächer beim Mikrofon ankommt. Ausserdem wird ein Teil der Schallenergie von der Oberfläche (Wände, Decke, Fussboden usw.) nicht reflektiert, sondern von diesem Begrenzungsmaterial geschluckt. Für die Entstehung von Phasenauslöschungen/-verschiebungen ist nur entscheidend, dass mindestens zwei laufzeitverzögerte Signale vorhanden sind, egal ob auf elektrischer oder akustischer Ebene. Das Ergebnis ist ein störender Phasingeffekt, den Sie sicher schon bei Aufnahmen von Publikumsapplaus oder Meeresbrandung bemerkt haben.

Tonreflektionen ab einer Zehntelsekunde werden vom Menschen als Hall wahrgenommen. Bei Aufnahmen mit zwei oder mehreren Mikros sollte die „Eins-zu-Drei-Regel" angewendet werden, d.h. der Abstand zwischen den Mikros sollte mindestens dreimal grösser sein als der Abstand zur Signalquelle.

Bei Multi- resp. Polymikrofonie kann das Reduzieren der Anzahl Mikrofone ebenfalls zur Verminderung von Phasenverschiebungen beitragen. In diesem Falle wird das Ergebnis durch die Wahl von gerichteten Mikros noch verbessert. Für Aufnahmen mit Hauptmikrofonsystemen (Stereomikrofonie) gilt diese Regel natürlich nicht.

Teil 2: Tontechnik 1

Mikrofone

Das Mikrofon ist ein **elektroakustischer Wandler** (Schallwandler), der akustische Schallwellen in elektrische Wechselspannung umsetzt. Zuerst wird das Schallsignal mittels einer Membran in eine mechanische Schwingung gewandelt. Diese akustisch-mechanische Wandlung findet in der Mikrofonkapsel statt. In einer zweiten Stufe (elektro-mechanischer Wandler) wird die Membranbewegung in elektrische Spannung gewandelt.

Der **Frequenzgang** benennt die Empfindlichkeit (Ausgangsspannung bei gegebenem Schalldruck) des Mikrofons in Abhängigkeit von der Frequenz des Schallsignals. Der Frequenzgang wird als Kurve in einem doppelt logarithmischen Pegel-Frequenz-Diagramm dargestellt.

Die **Richtcharakteristik** beschreibt die Richtungsabhängigkeit der Mikrofonempfindlichkeit, also die bevorzugte(n) Aufnahmerichtung(en) des Miks und wird durch dessen Kapsel bestimmt. Sie wird in einem Kreisdiagramm (Polardiagramm) dargestellt.

Eine grosse **Kapselbauweise** (Membrandurchmesser grösser als 1 Zoll resp. 2.54 cm) ist vor allem in Tonstudios gefragt. Wegen der grösseren Membran ist diese jedoch etwas träger. Für unsere Anwendungen kommen Kleinmembran-Mikrofone in Stäbchenbauform mit einem Membrandurchmesser von unter einem Zoll, meistens ca. 1.5 bis 2.2 cm, zum Einsatz. Da die Masse der Membran kleiner ist und sie dadurch weniger nachschwingt als die der Grossmembran-Mikrofone ist ihr Impulsverhalten präziser. Ein weiterer Vorteil des kleineren Mikrofonkörpers ist der Umstand, dass er für Schallwellen, die von hinten auf das Mik auflaufen, ein kleineres Hindernis darstellt und somit nur die kurzen Wellen beugt oder gar reflektiert. Man bedenke, eine 10 kHz-Schallwelle ist nur 3.43 cm lang. Sollte der Schall vom Mikrofonkörper oder der Membran reflektiert werden entsteht ein Schallschatten an der abgewandten Seite des Miks. In solchen Fällen klingt das Signal bei Beschallung von hinten, wegen den fehlenden hohen Frequenzen, dumpfer als bei Beschallung von vorne. Die dadurch entstehenden Interferenzen (Überlagerungen) führen bei hohen Frequenzen zu einem ungleichmässigen Richtungsverhalten.

Mikrofonkonstruktionen

Mikrofone mit elektrodynamischen Wandlern nennt man **dynamische Mikrofone.** Sie funktionieren nach dem Induktionsprinzip. In einen, mit der Membran verbundenen Leiter, der sich in einem Luftspalt des Magnetfeldes bewegt, wird eine elektrische Ladung induziert. Wir unterscheiden zwischen Bändchen- und Tauchspulen-Mikrofonen. Erstere existieren schon seit den 1930er-Jahren. Ein elektrisch leitendes Bändchen (einige Millimeter breit und ca. eineinhalb Zentimeter lang) im Luftspalt des Magneten ist gleichzeitig Membran und elektromechanischer Wandler. Klanglich ist das Bändchen- dem Tauchspulen-Mikrofon zwar überlegen, es ist jedoch sehr körperschall- resp. stossempfindlich und auch anfällig auf Popgeräusche. Aus diesem Grund wird es nur im Tonstudio eingesetzt, wo es in den letzten Jahren von den Kondensator-Mikrofonen verdrängt wurde. Nur noch wenige Hersteller produzieren Bändchen-Mikrofone. Das heute gebräuchlichere dynamische Mikrofon ist das Tauchspulenmik, bei dem statt eines Bändchens, eine Schwingspule mit einer Membran fest verbunden ist und ringförmig im Luftspalt des Magneten sitzt. Dadurch erreicht man eine bedeutend grössere Leiterlänge auf kleinem Raum. Diese dynamischen Tauchspulen-Mikrofone sind mechanisch äusserst robust und unempfindlich gegen Temperaturschwankungen und Feuchtigkeit. Deswegen werden sie vorwiegend im Bühnenalltag eingesetzt.

Das **Kondensator-Mikrofon** ist ein elektrostatischer Wandler, der dem dynamischen Mik (was Übertragungsverhalten wie Dynamikbereich usw. anbelangt) überlegen ist. Dank ständigen technischen Verbesserungen, die in den letzten Jahren resp. Jahrzehnten im Bereich mechanischer Empfindlichkeit (Tritt- und Körperschall) stattfanden, ist dieses Mik nicht mehr ausschliesslich im Studiobereich anzutreffen. Das Kondensator-Mikrofon wurde bereits 1928 entwickelt. Kondensator-Mikrofone haben heute ihren festen und vor allem unverzichtbaren Platz im Konzert-, Life- und Film/TV-Bereich. Das Kondensatormik funktioniert auf Basis eines elektrostatischen Wandlers, in dem die elektrisch leitfähige Membran (metallisierte Kunststoff- oder Metallfolie) als Elektrode eines Platten- kondensators wirkt. Als Gegenelektrode fungiert ein massiver, durchlöcherter Metallblock, der in der Regel feststehend ist (engl.: back plate). Durch die Bewegung der Membran im Schallfeld ist der Plattenkondensator einer, dem akustischen Signal entsprechenden, Kapazitätsänderung ausgesetzt. Die Kondensatorkapsel kann entweder durch Hochfrequenzschaltung HF (engl.: RF = Radio Frequency) oder Niederfrequenzschaltung NF (engl.: AF = Audio Frequency) beschaltet werden. Mikrofone mit einer HF-Schaltung (z.B. Senn- heiser MKH-Serie) arbeiten intern quasi mit einem Radiosender/-empfänger. Deswegen sollte darauf geachtet werden, dass diese Miks eine RF-Ab- schirmung haben, da wir auf dem TV-Set in der Regel HF- resp. UHF-Funk- strecken einsetzen. HF-Kondensatormiks sind in unserer Branche vor allem wegen ihrer Robustheit beliebt. Sie sind den NF-Miks in Bezug auf Un- empfindlichkeit von Temperaturschwankungen und Feuchtigkeit überlegen. Kondensator-Mikrofone mit NF-Schaltung arbeiten lediglich mit einem Vor- verstärker. Beide Typen benötigen eine Versorgungsspannung. Die Speisung läuft in der Regel über das Anschlusskabel (meistens XLR-Kabel), ein Netzgerät oder Batterien. Heutzutage arbeitet man fast nur noch mit 48 Volt Phantomspeisung (Gleichspannung zwischen 9 V und 48 V).

Aber Achtung: Es sind auch noch Mikrofone mit Tonaderspeisung (engl.: T-power) mit 12 Voltspannung (T 12) im Umlauf. Falls man solche Mikrofone an eine 48 Volt Phantomspeisung anschliesst, können sie Schaden nehmen. Andersherum können dynamische Mikrofone, die ja keine Speisung benötigen, zerstört werden, wenn man sie an einen Tonaderspeisungsausgang an- schliesst. Für Besitzer von Miks, die Tonaderspeisung benötigen, jedoch nur Phantomspeisung an ihren Recorder- oder Mischerausgängen haben, gibt es günstige Phantom-/T-Power Adapter, z.B. von der Firma PSC (PSC Profes- sional Sound Corporation, California, USA). Ein grosser Vorteil von echten

Kondensator-Mikrofonen und Electret-Kondensatormiks ist die Möglichkeit ihrer Miniaturisierung (Lavalier- bzw. Ansteck-Mikrofone).

Eine weitere Bauform des Nieder-Frequenz-Kondensator-Mikrofons ist das **Electret-Kondensator-Mikrofon,** das in der Anschaffung meist günstiger ist als ein echtes Kondensatormik. Im Gegensatz zu der grossen Polarisationsspannung, welche das normale Kondensatormik für den Wandler braucht (siehe 48 Volt Phantomspannung), ist im Electret-Mikrofon diese Spannung in den Elektroden des Wandlers, die aus einem besonderen Kunststoff bestehen, eingeschlossen. Bei der Herstellung wird diese Ladung auf der Electretfolie (heutzutage Teflonfolie) durch Elektronenbeschuss permanent elektrisch eingeschlossen und sollte ein ganzes Mikrofonleben (was auch immer das genau bedeutet) halten. Bei früheren Werkstoffen war das „Abfliessen" der Ladung von der Electretfolie ein Problem, d.h. sie waren sehr temperatur- und feuchtigkeitsempfindlich. Irgendwann einmal war das Mikrofon quasi verbraucht. Heutzutage ist dies nicht mehr der Fall. Man ist sogar dazu übergegangen, anstelle der Membran, die Gegenelektrode mit Electretfolie zu beschichten (Back-Electret-Mikrofon). Somit kann die Membran aus geeigneterem Material, und zwar wie wir es aus der normalen Kondensatorkapsel her kennen, gefertigt werden. Electretmiks benötigen für die Speisung des Vorverstärker/Impedanzwandler ebenfalls Strom, jedoch bedeutend weniger als die richtigen Kondensatormiks. Obwohl man die Electretmiks auch über die Phantomspeisung betreiben kann, funktionieren sie auch über eine (in der Regel im Mikrofonbody einsetzbare) 1.5- oder 9-Volt-Batterie. Die meisten Mikrofone laufen mit einer einzelnen 1.5-V-Batterie mindestens einhundert, in manchen Fällen sogar mehrere hundert Stunden. Man nennt das Electret-Mikrofon auch dauerpolarisiertes Kondensator-Mikrofon (engl.: permanently polarised condenser, self-porarised condenser). Ein Vorteil des Electretmik ist sein hoher Ausgangspegel.

Kristallwandler resp. **Piezoelektrische Mikrofone** funktionieren auf Basis von bestimmten Kristallen oder Keramiken (PZT), die bei mechanischem Druck eine elektrische Spannung abgeben. Sie eignen sich am ehesten zur Abnahme von Vibrationen an einem Schallkörper (Klavier, Kontrabass usw.). Im Feldtoneinsatz sind sie jedenfalls nicht gebräuchlich. Die einzigen Piezo-Mikrofone, die sich in meinem Mikrofonkoffer befinden, sind ein Hydrophone (Unterwasser-Mikrofon), ein Saugnapf-Mikrofon zur Tonabnahme von Telefonhörern und einige Kehlkopfmikros.

Kohle-Mikrofone resp. Kontakt- und Kohlewandler sind nicht mehr auf dem Markt. Sie wurden zwar bis vor einigen Jahren noch als Telefonkapseln in Telefonhörern eingebaut, dort werden jedoch heutzutage Kristallwandler eingesetzt.

Digitale Mikrofone. Auch wenn ich der Meinung bin, dass vorläufig kein zwingender Grund besteht von analogen Kondensatormikrofone auf digitale Modelle zu wechseln, so möchte ich sie doch der Vollständigkeit halber erwähnen. Die Kapseln der MKH 8000er-Serie von Sennheiser (Sennheiser electronic GmbH & CO KG Deutschland) können statt auf den herkömmlichen Mikrofonverstärker auch auf das Digitalmodul MZD 8000 aufgeschraubt werden. Dabei steht ein zweikanaliger 24 Bit-A/D-Wandler und ein fernsteuerbarer DSP (Digital Signal Processing = digitaler Signalprozessor) zur Verfügung. In unserer Branche ist vermutlich das Rohr-Richt-Mikrofon SuperCMIT 2 U der Firma Schoeps (Schalltechnik Dr.-Ing. Schoeps GmbH Deutschland) das bekannteste digitale Mikrofon. Dieses Mikrofon besitzt zwei (nach vorne und hinten gerichtete) Kapseln. Der DSP kann durch Analyse der beiden Signale diskreten und diffusen Schall erkennen und somit die Richtwirkung des diskreten Schalls vergrössern bzw. den Pegel des diffusen Schalls absenken. Es ist zu beachten, dass beide Mikrofontypen nicht mit normaler Phantomspeisung sondern nur mit einer Speisung nach Standard AES42 mit DPP 10 Volt (DPP = Digital Phantom Power) betrieben werden können. Im Falle des CMIT 2 U von Schoeps wird eine AES42-Speisebox mit digitalem Ausgang mitgeliefert. Es gibt aber auch portable Audiorecorder und Production-Mixer-Recorder wie zum Beispiel die Modelle 788T, 664 und 633 von Sound Devices (Sound Devices, LLC, USA) oder die Typen Nomad und Zax-Maxx von Zaxcom (Zaxcom, Inc., USA) sowie der AETA 4MinX von Aeta Audio Systems, Frankreich, die AES42 bzw. Signale von digitalen Miks unterstützen.

Fazit: Wir benutzen praktisch nur Kondensator- resp. Electretmiks. Es kann jedoch bei sehr lauter Umgebung, wie z.B. Openairveranstaltungen oder ähnlichen Anlässen von Vorteil sein, dass ein schreiender Präsentator/Moderator ein Mikrofon mit robusterer Membran, sprich ein dynamisches Mikrofon benutzt. Bis vor ein paar Jahren war es sogar Pflicht, ein solches bei Aufträgen des Schweizer Fernsehesn dabei zu haben. Ich besitze für solche Fälle ein dynamisches Supernieren-Mikrofon (Sennheiser MD 425) mit vorgespannter Membran, um den nachteiligen Nahbesprechungseffekt (engl.: proximity effect) zu mindern. Bei diesen Mikrofonen ist die Membran so stark vorgespannt, dass die Empfindlichkeit der Frequenzen von weiter entfernten Schallquellen schon ab 1 kHz abnimmt, und der Reporter das Mikrofon sehr dicht (2 bis 4 cm) vor den Mund halten muss, um einen normalen Sprach-Frequenzgang zu erzielen. Gute Dienste geleistet hat mir dieses dyamische Mikrofon auch schon bei Aufnahmen von sehr lauten Signalquellen wie bei Beiträgen von Formel-1-Testfahrten oder Stuntaufnahmen unter Einsatz von Platzpatronen und Markierungsmunition für MGs und Panzergeschütze.

Richtcharakteristik und Frequenzgang

Mit Richtcharakteristik bezeichnen wir die Richtungsabhängigkeit der Empfindlichkeit und mit Frequenzgang die Frequenzabhängigkeit der Empfindlichkeit. In der Theorie sollte der Frequenzgang nicht richtungsabhängig und die Richtcharakteristik nicht frequenzabhängig sein. In der Praxis ist dies bei Mikrofonen jedoch nicht der Fall. Wir unterscheiden zwischen Druckempfänger auch Kugelmikrofon resp. Kugelrichtcharakteristik genannt (engl.: omnidirectional, nondirectional) und allen anderen, also gerichteten Mikrofonen (Richtmikrofone, engl.: unidirectional), den sogenannten Gradientenempfänger, auch Druckgradientenempfänger genannt. Der Bezugswinkel bzw. Einsprechwinkel von 0 Grad (engl.: on axis) informiert uns, aus welcher Einsprechrichtung die Membrane am empfindlichsten reagiert. Auf dem Richtdiagramm (engl.: polar pattern), das einem Mikrofon beigelegt ist, kann die Empfindlichkeit und Frequenzangabe im Verhältnis zum Besprechungswinkel abgelesen werden.

Das **Kugelmikrofon** mit seiner einfachen Druckempfängerkapsel (engl.: pressure transducer, pressure microphone) hat von allen Charakteristiken den ausgeglichensten oder anders gesagt geradesten Frequenzgang und kann im Gegensatz zu den gerichteten Mikrofonen (Gradientenempfänger) auch tiefe Frequenzen bis 20 Hz unverfärbt wiedergeben. Es werden für Messzwecke sogar Druckempfänger mit einer unteren Grenzfrequenz von weniger als 1 Hz gebaut. Ein weiterer Vorteil des Kugelmikrofons gegenüber dem gerichteten Mik ist, dass es bedeutend (ca. 20 dB) unempfindlicher gegen Pop- und Körperschall, also Wind sowie Griffgeräusche und Trittschall ist. Wegen seiner kugelförmigen Richtcharakteristik (engl.: omni-directional) nimmt es den Schall aus allen Richtungen gleich laut auf und wird daher selten im Film oder Fernsehen eingesetzt. Es sei denn, man möchte bewusst die akustische Atmosphäre (Raumhall in einem Dom oder Naturgeräusche in einem Wald) einfangen. Eine Ausnahme stellen einige Reportagemikrofone dar, die teilweise sogar mit einem verlängerten Handgriff versehen sind und somit dem Interviewer gestatten, diese an schwer zugängliche Orte (in eine Rennwagenfahrerkabine oder über eine dicke Mauer hinweg) zu positionieren. Da es sich um eine Kugelcharakteristik handelt, muss der Reporter auch nicht auf den Winkel des Miks achten. Eine weitere Ausnahme bilden die Ansteckmikrofone (Lavaliermiks) mit Kugel- bzw. Omni-Charakteristik. Da sie sehr nahe an der Signalquelle (Mund) angebracht sind und somit das Verhältnis von Nutzsignal zu Hintergrundgeräuschen in der Regel genügend gross ist, stellt die Kugelcharakteristik in diesem Fall kaum ein Problem dar. Darüber hinaus können Druckempfänger (Kugelcharakteristik) kleiner gebaut werden als Gradientenempfänger (Richtcharakteristik) und somit sind Omni-Lavaliermikrofone unauffälliger.

Das **Richtmikrofon** resp. Gradientenempfänger, Druckgradientenempfänger, Druckdifferenzempfänger oder auch Schalldruckdifferenzempfänger genannt (engl.: pressure-gradient microphone) hat eine von beiden Seiten akustisch zugängliche Membran. Die Kapsel ist also im Gegensatz zum Druckempfänger (Kugelcharakteristik) an der Rückseite offen. Da der Schall zwischen Vorder- und Rückseite der Membran einen kleinen Weg zurücklegen muss, entsteht zwischen den beiden Seiten ein Phasenunterschied im Schallsignal, der zu einem Druckunterschied führt. Je grösser der Druckunterschied zwischen

Vorder- und Rückseite, je stärker der Ausschlag der Membran. Dieser Druck-unterschied ist vom Einfallswinkel abhängig. Der grosse Unterschied zu Druck-empfängern (Kugelmikrofonen) ist die Frequenzabhängigkeit der Antriebskraft. Mit abnehmender Frequenz wird der Druckgradient (Gradient = sehr kleine Differenz) kleiner. Sehr tiefe Frequenzen werden von allen Richtmikrofonen schwach resp. unsauber wiedergegeben. Ein weiterer Unterschied zum Kugel-mikrofon ist der Nahheitseffekt resp. Nahbesprechungseffekt (engl.: proximity effect). Dieser Effekt äussert sich darin, dass die tiefen Frequenzen stärker wiedergegeben werden, je näher sich das Mikrofon an der Schallquelle be-findet. Dieser physikalische Effekt, der bei Stimmen zu einer dunklen, gar sexy Stimmfärbung führt, wird für Aufführungen und Aufnahmen von Sängern, Radiosprechern und vor allem Voice-over-Sprechern für TV-Werbe-Spots sehr gerne eingesetzt, hat jedoch bei Dreharbeiten für Film/TV nichts zu suchen. Es gibt Richtmikrofone, bei denen die Hersteller durch physikalische (bauliche) oder elektronische Massnahmen diesen Nahbesprechungseffekt zu eliminieren versuchen. Zumindest sollte ein Richtmikrofon durch einen zuschaltbaren Filter (low cut) die Bassanteile senken können. Das Richtverhalten der allgemeinen Nierenmikrofone (breite Niere, Niere, Superniere, Hyperniere, Acht) ist standar-disiert worden. Damit hat der Tonmeister einen Anhaltspunkt über das akustische Verhalten von, ihm eventuell unbekannten, Mikrofontypen. Dies gilt vor allem für den Bündelungsgrad bzw. dessen Kehrwert (engl.: Random Energy Efficiency – REE), der im Verhältnis zu einem idealen Kugelmikrofon angegeben wird.

Breite Niere (engl.: subcardioid). Diese Charakteristik hat grosse Ähnlichkeit mit der Kugel. Der rückwärtige Schall wird um 10 dB gedämpft, der seitliche Schall um 4 dB. Die relative Phasenlage ist (wie bei der Kugel) für alle Einfalls-richtungen gleich. Sie hat einen „weichen Klang", wird aber wegen ihrer eher schwachen Richtungsbündelung bei uns kaum eingesetzt.

Niere (engl.: cardioid). Der rückwärtige Schall wird vollständig ausgelöscht, der seitliche Schall um 6 dB gedämpft. Die relative Phasenlage für den gesamten Aufnahmebereich ist gleich. Der Abstand zur Schallquelle darf 1.7-mal grösser sein als bei der Kugel, um das gleiche Mischungsverhältnis von Direktschall und Diffusschall aufzunehmen. Es ist das meistgebaute Richtmikrofon und wird vor allem als Gesangsmikrofon eingesetzt. In unserer Branche wird es am ehesten für die Stereomikrofonie benutzt.

Superniere (engl.: supercardioid). Dämpfung des rückwärtigen Schalls um knapp 12 dB, des seitlichen Schalls um knapp 9 dB. Sie hat also einen sehr hohen Bündelungsgrad und bietet daher einen guten Kompromiss zwischen Rückwärtsdämpfung (optimal bei Niere) und Unterdrückung des Diffusschalls (optimal bei Hyperniere). Der Abstand zur Schallquelle darf 1.9-mal grösser sein als bei einem Druckempfänger, um das gleiche Mischungsverhältnis von Direkt- und Diffusschall aufzunehmen. Der rückwärtige Schall wird mit einer Phasendrehung von 180° aufgezeichnet, d.h. ein positives akustisches Signal führt bei Beschallung von vorne zu einer Membranschwingung zum Mikrofon hin, bei der Beschallung von hinten zu einer Schwingung vom Mikrofon weg (negatives Ausgangssignal). Dieses Mik wird gerne bei Livegesang eingesetzt. Bei Film und Fernsehen kommt dieses Mik vor allem in Innenräumen zum Einsatz.

Hyperniere (engl.: hypercardioid). Der seitliche Schall wird noch stärker unterdrückt (Dämpfung um 12 dB), gleichzeitig wird das Mikrofon aber von hinten empfindlicher (Dämpfung um 6 dB). Die Hyperniere ist optimal in halligen Umgebungen. Der Bündelungsgrad ist maximal, keine andere Charakteristik unterdrückt den diffusen Schall so gut (noch engere Bündelung erreicht man nur durch den Trick des Interferenzrohres). Der Abstand zur Schallquelle darf doppelt so gross sein wie bei einem Druckempfänger, um das gleiche Mischungsverhältnis von Direkt- und Diffusschall aufzunehmen. Rückwärtiger Schall wird wie bei der Superniere mit gedrehter Phase aufgezeichnet.

Acht (engl.: figure of eight, bidirectional). Rückwärtiger Schall wird im Vergleich zum frontalen Schall mit gleichem Pegel, aber gedrehter Phase aufgenommen. Seitlicher Schall wird vollständig gelöscht. Der Abstand zur Schallquelle darf wie bei der Niere 1.7-mal grösser sein als bei einem Druckempfänger um das gleiche Mischungsverhältnis von Direkt- und Diffusschall aufzunehmen. Das

Einmembran-Mikrofon mit Achtercharakteristik ist als einziges Mikrofon ein reiner Druckgradientenempfänger. In Studios wurde das „Achtermikrofon" früher gerne für Klavier- und Choraufnahmen eingesetzt. Es eignet sich vorzüglich für den Einsatz von zwei Personen, welche sich gegenüber sitzen und einen Dialog führen. In unserer Branche wird es vor allem für die MS-Stereomikrofonierung (MS = Mitte/Seite, engl.: mid/side) benutzt.

Umschaltbare Charakteristik. Umschaltbare Mikrofone bestehen in der Regel aus zwei elektrisch verschalteten Kapseln mit Nierencharakteristik (Doppel-gradientenempfänger). Dadurch lassen sich alle Richtcharakteristiken von Kugel bis Acht erzeugen. Dieses Mik bleibt jedoch auch in der Stellung „Kugel" ein Gradientenempfänger, es sei denn, es handelt sich um eine mechanisch schaltbare Kapsel. Dieser Mikrofontyp wird nur in Tonstudios eingesetzt.

Richtrohrmikrofon, Keule, Interferenzempfänger (engl.: interference tube, ultra-directional, shotgun, rifle microphone, club shaped, line microphone). Das Richtrohrmikrofon wird auch hierzulande meistens Shotgun genannt. Stärkste Richtcharakteristik mit sehr grosser Unterdrückung der Signale von den Seiten. Dieser Druckgradientenempfänger empfängt den Schall einerseits von vorne (axial) und gleichzeitig durch seitlich angebrachte Interferenzschlitze. Durch die dadurch entstehenden Signalverzögerungen kommt es zu Auslöschungen des seitlich eintreffenden Schalls, was wiederum zu einer Verstärkung des frontal eintreffenden Schalls für mittlere und hohe Frequenzen führt. Diese starke Richtwirkung von vorne wird aber erst bei Frequenzen ab ca. 5 kHz erreicht. Das Keulenmikrofon wird an der Tonangel geführt oder an der Kamera montiert. Shotgunmikros werden in zwei Gruppen unterteilt: kurze Richtrohre und lange Richtrohre (wovon letztere nicht für die Kameramontage bestimmt sind). Zumeist sind Interferenzrohrmiks Kondensator- resp. Electret-Mikros.

Shotgunmiks sind, wie auch andere Richtmikros, vielfach mit einem zuschaltbaren Roll-off Filter, auch Hochpassfilter oder Tiefensperre genannt (engl.: low-cut oder high-pass filter), ausgerüstet mit dessen Hilfe Nah-besprechungseffekte, tieffrequente Trittschallstörungen sowie Pop- und Wind-geräusche kompensiert werden. Die meisten Mikros haben einen einstufigen

Schalter. Die Schalterstellung Flat, Lin oder Off bedeutet keine Filterung. In der Stellung On oder einer Zifferangabe findet eine Bassabsenkung bei üblicherweise 80 Hz resp. gemäss der Ziffernangabe statt. Einige Mikrofone besitzen sogar einen mehrstufigen Roll Off-Schalter, z.B. 75 Hz und 150 Hz für einen nahen resp. sehr nahen Abstand zur Signalquelle (Sprecher). Etliche Mikrofone haben unabhängig davon, ob der Roll-off-Filter zugeschaltet ist, einen festen Cut-off-Filter, der den tieffrequenten Luft- und/oder Körperschall unterdrückt. Je nach Richtcharakteristik findet diese Beschneidung bei unterschiedlichen Frequenzen statt (etwaige Möglichkeiten sind z.B.: bei Superniere ab 30 Hz, bei kurzem Richtrohr wie Superniere/Keule ab 50 Hz und bei langem Richtrohr bei 70 Hz). Ohne diese Trittschall- bzw. Körperschallfilterung (egal ob im Mikrofon selber oder im Feldtonmischer vorhanden), wären diese Mikrofone kaum mittels Tonangel (Perche) zu handhaben. Günstigere Mikrofontypen oder Miks für den eher universellen Einsatz haben manchmal einzig einen M-S (Music / Speech) oder M-V (Music / Voice) Schalter, dessen Einstellung Musikdarbietungen oder Spracheinsätzen dient. Im Voice- resp. Speech-Modus wird ebenfalls ein leichter High-Pass-Filter zugeschaltet.

Ein weiterer, manchmal an diesen Mikrofonen zuschaltbarer Filter, ist der Präsenzfilter (engl.: presence filter), der die hohen Frequenzen anhebt. Dieser Filter gleicht den Höhenverlust aus, der durch Ausbreitungsdämpfung entsteht (Pegel von höheren Frequenzen nehmen mit der Entfernung zur Schallquelle mehr ab als die von tieferen). Der Höhenverlust, hervorgerufen durch Windschutzschirme (Zeppeline, Softies usw.) wird ebenfalls kompensiert.

Bei gewissen Miks ist noch ein Pad-Schalter (Vordämpfung) angebracht, um die Empfindlichkeit herabzusetzen (i.d.R. 10 dB Pegelabsenkung). Somit kann der Grenzschalldruckpegel des Mikrofons für sehr laute Signale um 10 dB erhöht werden, damit das Mikrofon in solchen Fällen nicht verzerrt. Der Pad-Schalter dient also der Anpassung eines zu lauten Eingangssignals an den Mikrofoneingang von Kameras, Mischern usw., die nicht für eine (durch starken Schalldruck entstehende) hohe Mikrofonausgangsspannung ausgelegt sind. Somit werden Verzerrungen durch ein hochpegeliges Tonsignal vermieden.

Mikrofonbauarten

Neben den gängigen Bauformen, die in der Hand gehalten (engl.: handheld mic, stick mic) oder an der Tonangel (engl.: boom pole) resp. am Stativ oder auf der Kamera montiert werden gibt es noch weitere Formen.

Das **Grenzflächenmikrofon** (engl.: boundary layer microphone, PZM = pressure zone microphone) ist meistens eine Druckmikrofonkapsel, die membranoberflächenbündig in eine Platte eingelassen ist. Dadurch ergibt sich in der Richtcharakteristik eine Halbkugel. Es existieren aber auch Boundaries mit Supernieren- oder Nierencharakteristik, wie z.B. das in Hollywood sehr beliebte Sanken CUB-01. Bei allen befindet sich die Kapsel nur ca. 1 mm über der Platte. Dieser Bereich, also die Druckzone (pressure zone), ist so klein, dass der Phasenunterschied zwischen den Signalanteilen nahezu Null ist. Man nutzt mit dieser Technik die vorteilhaften akustischen Eigenschaften, die an schallreflektierenden Flächen entstehen, da an diesen Stellen die Reflexionen überhaupt erst erzeugt werden. Dies geschieht ohne Beeinträchtigung des Schallfeldes. Durch die Phasengleichheit von direktem und reflektierendem Signal erhält man einen Schalldruckpegelgewinn (resp. Empfindlichkeit) von 6 dB und somit eine Verbesserung des Störabstands (S/N oder SNR = signal-to-noise ratio[2]). Da dieses Mikrofon meistens an einer grossen Begrenzungsfläche (Boden, Wand) angebracht wird, erhält es den maximalen Schalldruck mit verringerten Raumschallanteilen (Raumsignale sind gegenüber Direktsignalen um 3 dB gedämpft). Es entstehen keine klangfärbenden Kammfiltereffekte. Eigenresonanzen des Raums werden weniger stark aufgenommen. Das Grenzflächenmik hat einen geraden, ebenen Frequenzgang von Direkt- und Raumschall. Die Klangfarbe ändert sich weder mit der Entfernung, noch mit der Schalleinfallsrichtung (engl.: off axis coloration). Dieses Spezialmikrofon wird sehr gerne auf Bühnen (Theater, Musical usw.) eingesetzt. In unserer Branche werden sie fast zu selten eingesetzt. Es gibt aber durchaus Einsatz-

---

[2] Achtung: Mit S/N resp. SNR bezeichnen wir auch den Geräuschspannungsabstand, der durch das Eigenrauschen des Mikrofons selbst produziert wird. Dieses Störsignal wird durch Wärmebewegungen der Luftmoleküle auf der Mikrofonmembran und durch die Elektronik der Kondensatorenmiks hervorgerufen.

möglichkeiten, wie z.B. bei Aufnahmen eines Redners, der an einem Tisch sitzt. Da die menschliche Stimme nicht über sehr tiefe Frequenzen verfügt, also keine grosse Basswiedergabe vonnöten ist, kann das Boundary ruhig auf einer kleineren Begrenzungsfläche wie Tisch oder Pult positioniert werden. Neben dem grössten Vorteil, dass wir (im Gegensatz zu einem auf einem Tischstativ montiertem Mikrofon) keinen Kammfiltereffekt generieren, ist das Boundary kaum sichtbar zwischen den allgemeinen Gegenständen wie Büroutensilien usw., welche sich auf dem Tisch oder Pult befinden. Somit kann der Kameramann zu einer Halbtotalen aufziehen.

Lavaliermikrofon, Ansteckmikrofon (engl.: lavaliere microphone, lav, lapel microphone, body worn microphone, personal microphone). Es heisst, der Name Lavalier (französisch für Juwel, das vor der Brust getragen wird) stammt von Mme Louise de La Vallière, einer Vertrauten von König Louis XIV, die gerne Anhänger an einer goldenen Kette um ihren Hals trug. Diese Miniaturmikrofone werden in ca. 20 bis 25 cm Entfernung vom Mund (falls die verkabelte Person starke Kopfbewegungen plant, eher grösseren Abstand wählen) des Darstellers am Jackenrevers, an der Hemdknopfleiste, an der Krawatte usw. angebracht. Bei den Lavaliermiks handelt es sich fast immer um Electretmikrofone. Obwohl die meisten Hersteller diese Miks in Stäbchenform anbieten (engl.: round top mic), hat sich auch die flache Bauform (engl.: flat facing mic), bei der die Besprechungsrichtung seitlich, also senkrecht zur Mikrofonachse, etabliert. Da dieses Mikrofon i.d.R. an der Brust des Sprechers angebracht ist, ergibt sich eine resonanzartige Überhöhung der Frequenzen bei ca. 700 Hz für Männer resp. 800 Hz für Frauen. Das klassische Lavaliermikrofon hat daher eine vom Institut für Rundfunktechnik (IRT) standardisierte Frequenzentzerrung, die einen ebenen Frequenzgang erzeugt. Dies wird erreicht, indem diese Frequenzen herabgesetzt und die hohen Frequenzen, die vom Mund nicht in die Richtung des Mikrofons abgestrahlt werden, angehoben werden. Eine allfällige Lavalier-Entzerrungskurve kann nachträglich durch die Klangregelung am Mischpult erfolgen. Die meisten heutzutage verwendeten Ansteckmikrofone haben aber einen ebenen Frequenzgang. Diese neueren Ansteckmikrofone sollten zwecks höherer Präsenz der Stimme eine Frequenzanhebung haben. Diese Anhebung ist Hersteller- und Typabhängig zwischen 3 kHz und 5 kHz, bei anderen wiederum bei ca. 8 kHz, teilweise sogar erst ab 10 kHz. Dies ist besonders gefragt, wenn das Ansteckmikrofon unter den Kleidern des Darstellers angebracht wird (engl.: hidden mic). Die meisten Miniaturmiks haben eine Kugelcharakteristik und werden vor allem bei Reportagen, Dokusoaps, Reality-TV usw. eingesetzt. In Fällen, in denen sich der Cast nicht bewegt, wie z.B. bei gegenübersitzenden Zweierdialogen oder bei einem Quote (engl.: to quote = zitieren/anführen; wird aber von unseren deutschen Kollegen „O-Ton" genannt) kann auch ein gerichtetes Ansteckmikrofon eingesetzt werden (Nierencharakteristik). Es existieren sogar Supernieren-Ansteckmiks, die eigentlich für den Kopfbügel konstruiert wurden und von einigen Herstellern aber auch als Ansteckmik angeboten werden.

Kopfbügelmikrofone (engl.: headworn microphone) besitzen die gleichen Kapseln wie Ansteckmiks. Sie werden gerne eingesetzt, falls die Aufzeichnung an einem Anlass mit Publikum, also mit PA-Anlage, stattfindet. Da diese Mikrofone noch näher am Mund positioniert sind, ist die Gefahr von Rückkopplungen (engl.: feedback) durch die Beschallungsanlage vermindert. Da die Mikrofone statisch am Schädel des Präsentators befestigt sind, gibt es keine Pegelschwankungen durch etwaige Bewegungen des Kopfes. Zumeist tragen die Moderatoren Bügelmiks mit Kugelcharakteristik. Da diese Miks und deren Bügel sehr klein sind und etwa auf Höhe Mitte Wange platziert werden, sind sie sehr unauffällig. Bei sehr lauter Umgebung und/oder starken Rückkopplungsproblemen durch Lautsprechermonitore, kann man Bügelmiks mit Nieren- oder gar Supernierencharakteristik einsetzen. Diese Kapseln und vor allem deren Popschutz (auch Poppschutz, engl.: pop filter) sind in der Regel aber grösser und müssen näher am Mund positioniert werden. Dies kann einen visuell störenden Eindruck vermitteln.

Parabolmikrofon (engl.: parabolic microphone, parabolic dish microphone) bündelt und reflektiert die Schallwellen mittels einer, in der Regel durchsichtigen, Kunststoffparabolschüssel auf ein hochwertiges Mikrofon, welches in der Mitte des Parabolspiegels angebracht ist. Da die Grösse der Schüssel beschränkt ist (sie wird von einem Tonassistenten mit beiden Händen vor dessen Brust und Gesicht gehalten) eignet sie sich nur für hohe Frequenzen.

Tiefere Frequenzen müssen zusätzlich mit normaler Mikrofontechnik parallel dazu aufgenommen werden. Einsatzmöglichkeiten sind beim Naturfilm z.B. die Aufnahme von Vogelgezwitscher. Bei Szenen mit Einstellungsformen von Total oder gar Supertotal, kann das Parabolmik ebenfalls Sinn machen, auch wenn die Qualität in diesem Falle nur für einen Führungston reicht. Im ENG wird diese Technik für Sportproduktionen im Bereich Tennis, Fussball usw. eingesetzt.

Hydrophon bzw. Unterwassermikrofon (engl.: hydrophone) wird, wie der Name bereits sagt, für Unterwasseraufnahmen eingesetzt. Hydrophone sind i.d.R. piezoelektrische Wandler und zumeist als Druckempfänger (Kugelcharakteristik) konzipiert. Obwohl der Mensch unter Wasser Töne nicht lokalisieren kann, gibt es dennoch gerichtete Hydrophone wie z.B. das von der deutschen Firma Ambient Recording entwickelte Sonar Surround DS (DS = Directivity Sphere). Hierbei handelt es sich um eine Richtkugel, die mit einem normalen Hydrophon bestückt werden kann. Mittels einer speziellen Stereoschiene können mit diesem System auch Unterwasser-Stereoaufnahmen resp. mit einem Surround-Rig Unterwasser-Surroundaufnahmen gemacht werden.

Die meisten Hydrophone werden für Forschungszwecke, militärische Überwachung und in der industriellen Messtechnik eingesetzt. Professionelle Hydrophone, die vor allem für Expeditionen in die Arktis usw. konzipiert wurden, sind sehr teuer und ihre Anschaffung macht dementsprechend nur Sinn, wenn man sie für solche Einsätze häufig nutzen kann. Für weniger anspruchsvolle Aufgaben (z.B. Reality-TV) genügen jedoch günstigere Hydrophone die übrigens in den meisten neueren Unterwasserkameras bereits eingebaut sind. Mein Hydrophon kommt bestenfalls einmal alle zwei bis drei Jahre zum Einsatz.

Bewertungskriterien für Mikrofone

Bei der Wahl eines Mikrofons stehen uns Beurteilungskriterien zur Verfügung, die wir in den technischen Spezifikationen des jeweiligen Mikrofons finden. Folgend sind kurz die wichtigsten Fachausdrücke erklärt.

Wandlerprinzip (engl.: transducer principle, acoustic principle) gibt die Art der Umsetzung der elektrischen Wechselspannung an und beeinflusst das Übertragungsverhalten sowie den Frequenzgang. Dies wurde im obigen Abschnitt *Mikrofonkonstruktionen* bereits näher erklärt. Die beiden Hauptgruppen sind einerseits die elektrodynamischen Mikrofone (engl.: dynamic mics) und andererseits die elektrostatischen Mikrofone wie die extern polarisierten Kondensator-Miks (engl.: externally polarised mics, condenser mics), zu denen auch die dauerpolarisierten Miks resp. Elektret- bzw. Back Elektret-Mikrofone (engl.: pre-polarised condenser mics, electret mics, back electret mics) zählen.

Richtcharakteristik (engl. directional pattern, pick-up pattern, polar pattern directivity) gibt die Empfindlichkeit der Schalleinfallsrichtung an und wurde im obigen Abschnitt „Richtcharakteristik und Frequenzgang" beschrieben. Das Polardiagramm, das beim Kauf eines Mikrofons beiliegt, ist, je nach Hersteller, von unten nach oben oder umgekehrt dargestellt. Zur Orientierung: Die 0°-Marke zeigt die Hauptempfindlichkeitsachse an und die 180°-Markierung somit die Rückseite des Mikrofons.

Frequenzgang oder Audio-Übertragungsbereich (engl.: frequency response, frequency range) gibt an, mit wieviel Pegel der jeweilige Frequenzbereich übertragen wird. Je grösser der Übertragungsbereich, je besser. Ideal wären natürlich 20 Hz bis 20 kHz, also der gesamte Audiofrequenzbereich, den ein Mensch theoretisch wahrnehmen kann. Mikrofone mit Kugelcharakteristik im Studiobereich haben vielfach einen Übertragungsbereich von 10 Hz bis 60 kHz. Qualitativ hochwertige, gerichtete Mikrofone bringen es auf etwa 30 Hz bis 50 kHz. Die in unserer Branche üblicherweise eingesetzten Richtmikrofone sollten in etwa Werte (für Niere, Superniere und Achter-Charakteristik) von ca. 40 Hz bis 20 kHz haben. Für kurze Richtrohre (Superniere/Keule) und vor allem für lange Richtrohre (Keule) genügen 50 Hz bis 20 kHz.

Empfindlichkeit resp. Übertragungsfaktor (engl.: sensitivity) gibt die effektive Wechselspannung eines Mikrofons an, d.h. die Ausgangsspannung des Mikrofons bei einem bestimmten Schalldruck. Gemessen wird bei einem Schalldruck von 1 Pascal (94 dB SPL) mit einem Sinuston von 1 kHz. Angegeben wird dieser Wert in Millivolt pro Pascal (mV / Pa). Kondensatorenmikrofone haben im Schnitt eine Empfindlichkeit von etwa 10 mV / Pa. Einige erlangen jedoch bis zu 30 mV / Pa oder gar mehr. Dynamische Mikrofone dagegen haben eine Ausgangsspannung von ca. 0.5 bis 3 mV / Pa. Je höher diese Ausgangsspannung ist, desto weniger muss sie bzw. deren Signal an einem Mischer, AudioRecorder oder an einer Kamera verstärkt werden. Somit werden Störeinstreuungen, die auf dem Weg durchs Kabel auftreten können und vor allem die kleinen Signale tangieren, weniger mitverstärkt. Dieser Betriebsübertragungsfaktor wird auch Freifeld-Leerlauf-Übertragungsfaktor bzw. Feldbetriebsübertragungsfaktor (engl.: open circuit voltage oder sensitivity in free field – no load) genannt, falls für die Messung das Mikrofon nicht oder sehr hochohmig (Leerlauf) belastet wurde und die Messung im Freifeld (reflexionsarmer bzw. schalltoter Raum) erfolgte. In diesem Fall erhöhen sich die Millivoltwerte pro 1 Pascal. Sind zwei Werte angegeben, so handelt es sich beim zweiten (in Klammern vermerkten Wert) um die Angaben mit eingeschalteter Vordämpfung bzw. PAD-Schaltung (engl.: pre-attenuation).

Die Empfindlichkeit resp. Sensitivity kann auch (vor allem in den USA) in dB bzw. dBV angegeben werden. Dabei wird ein Minuszeichen (-) vor dB gesetzt. Der Wert gibt an, um wieviel dB die Empfindlichkeit kleiner ist als die bei einem Mikrofon mit 1 V / Pa. Je höher der Wert in mV / Pa, desto tiefer ist der Zahlenwert in -dB. Ein empfindlicheres Mikrofon hat z.B eine Wertangabe von 31 mV / Pa (-30 dBV / Pa), ein Mikrofon mit weniger Empfindlichkeit vielleicht 20 mV / Pa (-34 dBV / Pa).

Grenzschalldruck oder auch Grenzschalldruckpegel (engl: max. sound pressure level) gibt an, ab wieviel Schalldruck, gemessen mit 1 kHz, der Klirrfaktor (Verzerrung) grösser als 0.5% ist (engl.: THD – Total Harmonic Distortion). Er wird in dB angegeben und ist der übliche Messwert, an den sich die meisten Mikrofonhersteller halten. In manchen Fällen (vor allem im anglophonen Raum) erfolgen die Angaben für den Klirrfaktor mit 1%. Dadurch wird die Zahl des Grenzschalldruckwertes um 6 dB erhöht, was sich natürlich in den Spezifikationen der Mikrofone schöner darstellen lässt. Ein für unsere

Anwendungen geeignetes Kondensatormikrofon sollte einen Grenzschalldruck-pegel von mind. 130 dB bzw. im Falle eines stark gerichteten Mikrofons (Shot-gun) mind. 120 dB aufweisen. Sollte das Mikrofon über eine zuschaltbare Vordämpfung verfügen, so erhöht sich dieser Wert dementsprechend. Konden-sator-Gesangsmikrofone kommen nicht selten auf einen Grenzschalldruckpegel von 150 dB. Dynamische Mikrofone haben i.d.R. einen höheren Grenzschall-druckwert (z.B. 160 dB) da sie eine schwerere, sprich trägere Membran, besitzen. Bei dynamischen Miks wird dieser Wert jedoch in den Spezifikationen zumeist nicht angeben.

Geräuschpegelabstand auch Geräuschspannungsabstand oder Signal-Rauschabstand (engl.: signal-to-noise ratio, s/n ratio) ist der Abstand zwischen dem Eigenrauschen des Mikrofons und dessen Nutzsignal (Bezugspegel) bei einem Schalldruck von 1 Pascal (94 dB SPL). Dieser Wert sollte möglichst hoch sein. Ein guter Wert ist z.B. 70 dB (CCIR) oder höher.

Oder anders gerechnet, 94 dB minus 70 dB ergeben einen **Ersatzgeräusch-pegel** resp. Äquivalent-Schalldruckpegel (engl.: equivalent noise level) von 24 dB. Wenn also der Ersatzgeräuschpegel in den Spezifikationen angegeben ist, so sollte dieser Wert möglichst niedrig sein.

Es gibt also zwei unterschiedliche Bewertungsangaben für das Rausch-verhalten eines Mikrofons. Den Geräuschpegelabstand (möglichst hoher dB-Wert) und den Ersatzgeräuschpegel (möglichst niedriger dB-Wert). Nun ist es aber so, dass diese beiden Messmethoden auch noch nach zwei verschie-denen Normen erfolgen. Zum einen, wie im obigen Beispiel, nach der neutralen Norm CCIR 468-3 (Comité Consultatif International des Radiocommunications), also der Internationalen Fernmeldeunion in Genf und zum anderen nach der A-Bewertungskurve DIN IEC 651 (Deutsches Institut für Normung / International Electrotechnical Commission), welche die Eigenschaften des menschlichen Gehörs berücksichtigen. Im Falle einer Messung nach DIN IEC 651 ist der Wert des Geräuschpegelabstandes in etwa 10 bis 11 dB höher bzw. beim Ersatz-geräuschpegel tiefer, als bei einer Messung nach der CCIR-Norm. Meistens wird auf den CCIR-Wert geachtet. Sollten die Bezeichnungen für die Messart fehlen („CCIR" oder „DIN IEC") so geht man von CCIR aus. Im Falle der Messmethode A-bewertet DIN IEC 651 wird dies in der Regel zumindest mit dem Vermerk „A-bewertet" (engl.: A-weighted) oder „A" angegeben. Mikrofonhersteller (vor allem in den USA) heben gerne die A-bewertete DIN IEC 651 Norm hervor, da diese Zahlenwerte in Broschüren besser aussehen. Z.B. besitze ich Mikrofon-Datenblätter, in denen der Equivalent Noise Level, sprich Ersatzgeräuschpegel, mit „19 db (A weighted)" angegeben ist. Auf der nächsten Linie ist der Signal to Noise Ratio, also der Geräuschpegelabstand mit „75 dB", jedoch ohne Angaben der Messung, vermerkt. Dieser Signal to Noise Ratio ist somit gemäss der neutralen CCIR-Bewertung bestenfalls etwa 65 dB.

Angaben in Klammern geben in den Mikrofonspezifikationen die Werte bei eingeschalteter Vordämpfung an (PAD-Schaltung).

Dynamikumfang (engl.: dynamic range) beschreibt die gesamte Bandbreite zwischen den leisesten und lautesten Schalldrücken und wird in dB angegeben. Er ergibt sich aus der Differenz zwischen Grenzschalldruckpegel und Ersatzgeräuschpegel (A-bewertet). Wenn also ein Mikrofon einen Grenzschalldruck von 132 dB und einen Ersatzgeräuschpegel nach DIN/IEC 651 von 12 dB (A) hat, so ist der Dynamikumfang 120 dB. Auch hier gilt natürlich: je höher der Wert, desto besser der Dynamikumfang. Studiomikrofone verarbeiten teilweise einen Dynamikumfang von über 130 dB.

Nennimpedanz (engl.: nominal impedance), in unserem Falle die Ausgangsimpedanz, ist der Wechselstromwiderstand eines Mikrofons. Da diese Impedanz frequenzabhängig ist, wird sie bei 1 kHz in Ohm angegeben. Es wird zwischen nieder- und hochohmigen Typen unterschieden. Hochohmige Mikrofone sind aber im professionellen Bereich nicht anzufinden. Die professionellen, niederohmigen Mikrofone (Impedanz i.d.R. nicht über 200 Ohm) sollten eine mindestens drei- bis fünfmal geringere Ausgangsimpedanz haben als die Mikrofonverstärker-Eingangsimpedanz des angeschlossenen Gerätes (Mischpult, ENG-Mixer, Kamera usw.). Ist die Impedanz der Anschlussgeräte (mind. 600 Ohm) zu niedrig, so kommt es (wegen der zu hohen Belastung) zu einer

Verringerung des Mikrofonsignals bzw. zu einer Abnahme der Lautstärke und zu Klangverlusten.

Abschlussimpedanz (engl.: terminating impedance) ist die empfohlene Mindesteingangsimpedanz des anzuschliessenden Gerätes (Mischer, Kamera usw.), bei der die angegebenen Übertragungswerte, gemäss der Datenblätter des Mikrofonherstellers, garantiert werden. Die meisten Mikrofonfirmen geben hierfür den Standardwert 1 Kilo-Ohm an.

Impulsverhalten (engl.: impulse response) gibt Auskunft über die Impulsantwort des Mikrofons. Diese wird während einer Impulsmessung durch Schalldruckimpuls (Funkenknall) ermittelt. Diese Angabe ist sicherlich sinnvoll bei einem Mikrofon, das speziell für Aufzeichnung von kurzen, steilflankigen Signalen bestimmt ist, wie z.B. Schlagzeug- und Bläseraufnahmen, ist aber eher selten auf den Mikrofondatenblättern zu finden. Das Impulsverhalten hängt vor allem von der Trägheit der Membran ab. Somit ist klar, dass das Kondensatormikrofon resp. dessen kurze Impulsantwort dem dynamischen Mik (lange Impulsantwort) überlegen ist. Innerhalb der Kondensatormikrofone hat das, in unserer Branche üblicherweise eingesetzte Kleinmembranmik ein besseres Impulsverhalten bzw. eine kürzere Impulsantwort als das Grossmembranmikrofon aus dem Studiobereich. Druckempfänger (Kugelcharakteristik) weisen ein besseres Impulsverhalten aus, als Druckgradientenempfänger (Richtcharakteristik).

Speisespannung (engl.: power supply voltage) gibt die für Kondensatormikrofone geforderte Phantomspannung an. Meistens ist die Angabe „P48", vielfach auch „44 bis 52 Volt" oder „48 Volt / 24 Volt" bzw. „P48 / P24" usw. Auf jeden Fall sollten alle normalen Kondensatormiks mit der üblichen Phantomspeisung P48 (48 V ±4 V) betrieben werden können. Elektretmikrofone kommen mit weniger Spannung aus, können aber problemlos mit P48 (48 Volt) betrieben werden. Vielfach sind bei ihnen Angaben wie „12 – 48 V Phantom" zu finden.

Achtung: An den meisten ENG-Mischern kann man zwischen Phantom-spannung 48 und 24 Volt wählen. Falls der Mik-Eingang am ENG-Mixer versehentlich auf 24 V eingestellt ist, funktionieren Mikrofone, die mindestens 44 Volt benötigen, nicht. Andere Mikrofone hingegen übertragen bei 24 Volt Phantomspeisung trotzdem ein Signal, welches jedoch möglicherweise ein erhöhtes Rauschen aufweist, das bei Aufnahmen in lauter Umgebung nicht sofort wahrgenommen wird. Also unbedingt kontrollieren, ob der Phantom-Wahlschalter am Mischer richtig eingestellt ist.

Mikrofonierung

Die vielleicht wichtigste Aussage dieses Kurses auf die Frage „Wie erreiche ich eine gute Qualität bei meinen Aufnahmen?" ist: **Halten Sie die räumliche Distanz zwischen Mikrofon und Signalquelle so kurz wie möglich**. Das heutige Bildformat (für TV) 16:9 kommt uns, im Gegensatz zum veralteten Format 4:3, sehr entgegen. Da sich die Augen des Talents im Bild ca. am Anfang des oberen Drittels befinden, ist der Abstand zwischen dem geangelten Mikrofon und dem Mund des Protagonisten sehr klein und doch ist er nicht so nahe, dass wir einen unerwünschten Nahbesprechungseffekt erhalten (ausser vielleicht bei „übereifrigem" Angeln bei einem Italian-shot). Durch die nahe Positionierung des Mikrofons zur Signalquelle (Mund des Schauspielers) erhöhen wir den Nutzschall (Stimme) gegenüber dem Störschall (Hintergrundgeräusche und/ oder Reflexionen des Direktschalls). Wir versuchen also beim Perchen (Angeln) so nahe wie möglich an den oberen Bildrand zu „fahren" (amerik.: riding the frame line), ohne das Mikrofon ins Bild zu halten (amerik.: dipping the mic into the frame). Damit dieses Malheur nicht passiert, kleben wir bei heiklen Szenen ein Stück weisses Gaffertape an die Spitze des Popschutzes. Dies erübrigt sich natürlich, wenn der Bildhintergrund weiss ist und somit ein anthrazitfarbiger Schaumstoffwindschutz besser warnt. Diese Kunstfertigkeit, das Mikrofon so nahe wie möglich an der Bildkante zu positionieren, ohne dabei den sicheren Bereich (safe area) zu verlassen, macht einen guten, erfahrenen Tonangler aus.

Die Anwendung des **Inverse Square Law** zeigt uns auf wie viel „Qualität" wir durch Verringerung des Mikrofonabstandes gewinnen. Ich muss hier etwas ausholen, um den Begriff „inverse square law" zu erklären, damit es nicht zu Verwechslungen kommt. Mit Inverse Square Law wird in amerikanischen Unterrichtseinheiten die Berechnung des S/N-Ratio (das Verhältnis von Direktschall zu Störschall) bezeichnet. In diesem Falle ist mit Störschall einerseits der Diffusschall, also die Raumreflexionen des Direktschalls und allgemeine Störsignale wie Lüftungsrauschen, Gerätesummen und andere Hintergrundgeräusche sowie andererseits deren Reflexionen gemeint. Bei uns wird jedoch mit dem Abstandsquadratgesetz ($1/r^2$) die Energiegrösse bzw. die Schallintensität berechnet. Vor allem Ingenieure, die sich mit der Schall-dämpfung von Maschinen (Verursacher der Schallenergie) beschäftigen, müssen mit dieser Schallenergiegrösse arbeiten. Diese Schallfeldenergie hat jedoch nichts mit der Schallfeldgrösse zu tun (siehe auch Kapitel „Der Schall / Das Schallfeld"). Die Schallfeldgrösse ist für uns Filmset-Tonleute bedeutend wichtiger und zwar aus dem einfachen Grund, da das menschliche Ohr bzw. das Trommelfell genau wie eine Mikrofonmembrane auf Schalldruck-unterschiede reagiert. Und nun zu unserem Beispiel zur Verbesserung des Direktsignal-Störschall-Abstandes. Wir befinden uns mit unserem Mikrofon acht Meter vom Redner entfernt und unser Signal-Noise-Ratio ist S = 1 und N = 1. Nun halbieren wir die Entfernung des Mikrofons um die Hälfte auf vier Meter und somit ist das S/N-Verhältnis 2 zu 1, d.h. das Direktsignal (S) ist im Verhältnis doppelt so stark wie der Störschall (N). Wir verkürzen die Strecke nochmals um die Hälfte auf 2 m und erhalten nun einen S/N von 4/1. Nun ist das Direktsignal (S) also bereits 4 x stärker als das Hintergrundgeräuschsignal. Wir halbieren die Strecke noch dreimal und erhalten jetzt, bei einem Abstand von 25 cm, einen S/N von 32 zu 1. Unser Direktsignal (der Sprecher) ist nun 32 x lauter als zu Beginn der Aufnahme, während der Raumton bzw. Störschall (Reflexionen, Klimaanlage, Lüftung, Kühlschrank, allg. Hintergrundgeräusche usw.) noch den gleichen Schallpegel aufweist wie bei der Aufnahme aus 8 m Entfernung. Anders gesagt, wir haben eine Pegelzunahme beim Direktsignal von 30 dB. Nehmen wir an, dass wir unseren Tonmischer erfahrungsgemäss auf die für das Mikrofon übliche Einstellungen eingepegelt haben, die wir für Aufnahmen eines in normaler Lautstärke sprechenden Darstellers erwarten.

Der Mikrofonvorverstärker ist mittels dem Gain-Regler (auch Trim-Regler genannt) auf ca. 3/4 hochgedreht (entspricht etwa der 50 dB-Marke) und der Fader steht, sagen wir mal, auf halber Einstellung (linear oder 0 dB-Marke). Das Mikrofon ist 8 m vom wartenden Sprecher entfernt und wir haben auf der Pegelanzeige des Mischers einen Peak von etwa -24 dB, ausgelöst durch die Hintergrundgeräusche. Nun beginnt der Sprecher mit seinem Text und unser Peak erreicht vielleicht die -20 dB-Marke, also ein absolut unbrauchbares und „unsendbares" Ergebnis. Durch die Verkürzung des Mikrofonabstandes auf 25 cm und den dadurch entstehenden „Gewinn" von 30 dB erhalten wir auf unserer Pegelanzeige einen Peak von 10 dB (+10 dB). Somit haben wir für die Stimme des Sprechers einen perfekten Pegel, der ca. 32 x stärker ist als die Hintergrundgeräusche und das ist mehr als nur gut. Die Faustregel besagt, dass die Differenz zwischen dem Direktsignal (Sprache) und dem Störsignal (auch wenn es sich um willkommene Geräusche wie z.B. Vogelgezwitscher handelt) mindestens 12 dB betragen sollte, besser etwas mehr. Dazu noch eine Nebenbemerkung. Ist der Störschall 6 dB lauter als das gesprochene Wort, so hören resp. verstehen normalhörende Menschen nur noch etwa 40 Prozent dieser Worte. Unter Umständen können wir sogar mittels naher Mikrofon-positionierung, also Anhebung des Direktsignals, den Gain soweit herunter-fahren, dass der Störpegel (engl.: noise floor) quasi verschwindet.

Obiges Beispiel als Tabelle dargestellt:

Distanz	Schallintensität	Schallpegel	S/N-Verhältnis
0.25 m (1d)	**1**	**1**	**32 zu 1**
0.5 m (2d)	**1/4**	**1/2**	**16 zu 1**
0.75 m (3d)	1/9		
1 m (4d)	**1/16**	**1/4**	**08 zu 1**
2 m (8d)	**1/64**	**1/8**	**04 zu 1**
2.5 m (10d)	1/100		
4 m (16d)	**1/256**	**1/16**	**02 zu 1**
8 m (32d)	**1/1024**	**1/32**	**01 zu 1**

Der S/N-Ratio (S/N-Verhältnis) in obiger Tabelle konnte erst berechnet werden, nachdem die grösste Distanz von 8 Metern bzw. 32d (32r) bekannt war.

Eine weitere Verbesserung des Tons erreichen wir durch möglichst optimale Positionierung des Darstellers. Eine zu grosse Distanz zwischen Talent und Mikrofon ist schon wegen der Sprachverständlichkeit ein Problem. Nicht zu vergessen, dass bei einem Dreh auf Videomaterial (25 fps) bei einer Distanz von 13.72 m, bereits ein Versatz von einem Frame zustande kommt. Eine Asynchronität von zwei Frames (das wäre eine Strecke von 27.44 Metern) wird von manchen Laien (normale TV-Zuschauer) bereits wahrgenommen.

Ein quadratischer Raum (oder gar ein würfelförmiger) mit seinen rechten Winkeln verstärkt die Tonreflexionen extrem, was äusserst ungünstig ist. Aus diesem Grunde sind Live- resp. Aufnahmeräume in Tonstudios mit möglichst wenig 90-Grad-Winkeln gebaut. Falls der Sprecher direkt in ein Mikrofon spricht, so sollte er sich nicht zu nahe an der ihm gegenüberstehenden Wand befinden, da die Reflexionen (indirektes Signal) sonst zu stark von der empfindlichen Rückseite des Miks (z.B. Hypernierenmikrofon) mitgehört werden. Falls diese Position aber gegeben ist, kann man ein Sound Blanket (Schall-Absorber) oder einen Bühnenmolton an der reflektierenden Stelle der Wand anbringen.

Obwohl in stark hallenden Räumen (wie z.B. auch in Badezimmern oder Betonbunkern) eher gerichtete Miks benutzt werden, kann beim Einsatz einer Shotgun wegen der starken Frequenzabhängigkeit seiner Richtcharakteristik der diffuse Schall und somit auch der Gesamtklang sehr dumpf klingen. In so einem Falle besser eine Hyperniere einsetzen.

Handhabung der verschiedenen Mikrofone

Mikrofone sind empfindliche Geräte und sollten mit der nötigen Sorgfalt behandelt werden. Auch wenn sie für unsere Branche speziell robust konstruiert sind, heisst das nicht, dass man sie wie einen Hammer in eine Werkzeugkiste werfen darf. Man sollte tunlichst darauf verzichten mit zwei Fingern oder gar mit der flachen Hand auf den Einsprechkorb des Mikrofons zu schlagen oder darauf zu pusten (wie man es immer wieder in Filmen sieht). Kein professioneller Tontechniker würde so was tun, da es zu Verletzungen der Membran oder deren Aufhängung kommen kann. Falls ich prüfen muss, ob ein Mikrofon hochgefahren ist und ich kann/darf keinen Sprechertest machen, streiche ich sachte mit der Fingerkuppe über den Einsprechkorb oder Schaumstoffwindschutz.

Handmikrofon (Umgangssprache: Handknochen). Einsatzgebiet: Reportage, Vox Pop, Interview, television presenter usw. Den Einsprechkorb des Mikrofons nicht direkt vor den Mund und nicht in axialer Richtung halten da es durch die direkte Einsprache zu einem Druckstau auf der Membran kommen kann. Das Mikrofon etwas unter dem Mund in einem ca. 45 Grad Winkel oder gar senkrecht halten. Durch diese Position werden des weiteren Poppgeräusche (vor allem die Explosionskonsonanten „p" und „t") verhindert. Immer darauf achten, dass das Mikrofon im Besitz des Interviewers bleibt (dies geschieht durch selbstsicheres Halten). Vielfach versuchen Laien, die interviewt werden, meist unbewusst, das Mikrofon an sich zu nehmen. Im Falle eines Handsenders mit Stummelantenne (bei modernen Miks ist die Antenne im Mikrofonbody integriert), diese keinesfalls mit der Faust umschliessen. Überhaupt sollte bei der Handhabung mit Handmikrofonen auf das korrekte Halten des Miks geachtet werden. Wenn man ein Handmikrofon mit Nierencharakteristik soweit oben hält, dass man einen Teil des unteren Einsprachkorbes abdeckt, verwandelt sich das Nierenmikro in ein Omnimikrofon (Kugelcharakterristik), was wegen erhöhter Rückkopplungsgefahr, in Fällen von Einsätzen mit Beschallungsanlagen, nicht von Vorteil ist. Der Interviewer sollte, wenn möglich, an seiner mikrofonhaltenden Hand keine schweren Fingerringe tragen und das Mikrofon nicht zu fest umklammern, um Reibgeräusche zu vermeiden. Ist der Handsender mit einem Display ausgestattet, so sollte dieses möglichst nicht in Richtung Kamera zeigen, damit keine Lichtreflektionen auf dem Displayfenster zu sehen sind. Gleiches gilt für auffällige Firmenaufkleber (Rentalservice- oder Produktionsfirmen-Logos usw.).

Hypernieren- und Richtrohrmikrofon. Wie bereits beim Thema „Richt-charakteristik und Frequenzgang" erwähnt, haben Hypernierenmikrofone eine für den Schall unempfindliche Einfallsrichtung (engl.: dead zone) bei einem Winkel von ca. 110 Grad und Supernierenmiks bei etwa 125 Grad. Für tiefe Frequenzen (unter 500 Hz) gilt dies auch für die Shotgun. Bei hohen Frequenzen (über 2000 Hz) wird das Richtverhalten der Shotgun keulenförmiger. Dadurch entsteht bei ihr in einem Winkel von ca. 45 bis 65 Grad zusätzlich eine unempfindlichere Einfallsrichtung. Den Aufnahmebereich des Miks nennt man im amerikanischen „hot side" und den für das Mik unempfindliche Bereich „cold side". Wenn man nun mit einer „lauten" Filmkamera arbeitet (auch die geblimpten Kameras sind auf einem ruhigen Set noch laut), versucht der Tonmann das Mikrofon in einem Winkel von 0° zum Darsteller und einem Winkel von ca. 125° zur Kamera zu richten, somit befindet sich die Signalquelle (Sprecher) auf der hot side und das Störsignal (Kamera) auf der cold side des Mikrofons. Den direkten Schalleinfall von vorne nennt man „on-axis". Er gibt den präsentesten Klang wieder. „Off-axis" ist dem entsprechend die Richtung, die nicht zentriert, also etwas seitlich, jedoch immer noch in der Aufnahme-bereichsrichtung des Mikrofons liegt. Diesen Bereich nennt man im englischen auch lobe part (Lobe = Keule, Lappen, Ausbuchtung). Vor allem bei Shotguns ist der Präsenzunterschied von on-axis und off-axis sehr stark. Alle Richtmikrofone haben eine Verfärbung des Klangs zwischen dem Bereich on-axis und off-axis. Je gerichteter die Kapsel, umso stärker der Unterschied. Bei teureren bzw. hochwertigeren Miks sollte der Unterschied natürlich geringer sein. Bei Filmdrehs versucht man immer möglichst die anspruchsvollere "axiale Technik" einzusetzen. Da bei Filmarbeiten mehrere Probedurchläufe (engl.: rehearsals) gemacht werden, kann sich der Boom Operator die Positionen merken. Bei TV-Drehs (ausser natürlich Fernsehspielproduktionen) hat der Perchman diese Möglichkeiten nicht und sollte daher die Technik „Loebing" einsetzen. Bei dieser Technik ändert sich der Klang kaum wenn der Darsteller den Kopf bewegt oder im Gehen aufgenommen wird. Der Boom Operator muss lediglich darauf achten, dass der Darsteller sich im grösseren Lobe-Bereich befindet und nicht in den schmalen Axis-Bereich fällt. Das über den Kopf des Darstellers gehaltene Mikrofon zielt also nicht auf seinen Mund, sondern auf den mittleren Bereich der Brust. Das Schlimmste, was passieren kann, ist, dass der redende Darsteller, der steil von oben geangelt wird, einen unvorhergesehenen Schritt nach vorne macht. Dadurch würde das Richtmikrofon in Richtung des Hinterkopfes zielen und der Schädel würde das Signal so stark abschatten, dass dieses unbrauchbar wäre. Bei einer fixen Position (z.B. ein sitzendes Statement) eines Redners, der eine sehr weiche oder leise Stimme hat, würde ich eher zu der Arbeitsweise on-axis raten. Man stösst manchmal auf den Fachausdruck „Sweet Spot" im Zusammenhang mit On-axis Mikrofonierung. Das ist die beste Positionierung bzw. Einfallsrichtung für ein gerichtetes Mikrofon. Dies ist etwas irreführend, da eigentlich mit Sweet Spot die am besten geeigneteste Stelle des Klangkörpers für die Mikrofonabnahme gemeint ist. Zum Beispiel der sich je nach Mikrofontyp ändernde Winkel und Abstand zum Mund eines Sprechers/Sängers. Bei der Aufnahme einer akustischen Gitarre ändert sich diese Position (Sweet Spot) am Gitarrenkorpus sicherlich, wenn statt der tiefen E-Saite die höhere h- oder e'-Saite gezupft wird.

Wenn zwei Darsteller in einer Dialogszene geangelt werden, versucht man mit einer Hyper- oder Superniere beide gleichberechtigt im Aufnahmebereich des Mikrofons zu halten. Falls einer der Darsteller über eine stärkere resp. lautere Stimme verfügt, kann man mittels Veränderung des Mikrofonwinkels oder Verkürzung des Mikabstandes zugunsten des leiseren Schauspielers diese Lautstärkendifferenz ausgleichen. Die gleiche Situation, aber mit einer Shotgun mikrofoniert, stellt sich etwas schwieriger dar. Da die Shotgun eine engere Richtcharakteristik hat, muss das Mikrofon zwischen den beiden Darstellern hin und her bewegt werden („wedeln"). Dabei sollte das Mikrofon erst etwas angehoben, danach zum zweiten Darsteller gedreht und/oder hinbewegt und wieder gesenkt werden. Dadurch werden die Lautstärkenunterschiede im Falle von zu spätem oder zu frühem Bewegen des Miks abgeschwächt. Diese Technik ist jedoch sehr anspruchsvoll und kann z.B. bei ungescripteten Reality-Sendungen kaum eingesetzt werden. Überhaupt plädiere ich schon seit Jahren dafür, dass bei Ausrüstungen für ENG-Einsätze, die nur mit einem Shotgunmikrofon bestückt sind (also keine zusätzliche Hyper- oder Superniere), wenigstens Richtrohrmiks mit einer nicht extrem engen Richtcharakteristik bereitgestellt werden. Bei Dialogszenen mit zwei sehr weit auseinanderstehenden Darstellern werden zwei Tonangeln eingesetzt. In diesem Falle sollte der Tonmeister die beiden Kanäle am Mischer sehr sorgfältig pegeln. Da der Ambi-Ton mit grosser Sicherheit nicht identisch von beiden Miks aufgenommen wird, muss der Tonmeister auch darauf achten, dass die beiden Boom Operators ein möglichst trockenes Signal der jeweiligen Sprecher einfangen. Bei einem Filmdreh werden die beiden Spuren natürlich getrennt aufgenommen und das Angleichen kann in der Postproduktion stattfinden. Für das Anreichern mit Ambi-Ton wird dann eine dritte Spur, entweder während den Drehpausen oder bei teureren Produktionen (wie z.B. Natur-Dokus oder Features) an separaten Tagen aufgenommen.

Die in unserem Falle an der Perche (Tonangel, Mikrofonangel) befindlichen Mikrofone werden in der Regel von oben, d.h. über und etwas vor dem Kopf des Darstellers geführt. Falls möglich boomen (angeln) wir immer von oben nach unten, da zwischen dieser Mikposition sowie deren Mikrofoneinfalls- richtung, nämlich dem Boden, naturgemäss weniger Hintergrundgeräusche vorhanden sind. Es gibt aber Ausnahmefälle, in denen wir von unten nach oben mikrofonieren (engl.: scooping). Diese Technik macht Sinn, wenn der Darsteller über Schnee, Kies, trockenes Laub usw. geht. Es kann auch sein, dass durch die gesetzte Beleuchtung eine Tonangel wegen Schattenwurfs nicht von oben geführt werden kann. Ein weiterer Grund für „scoopen" könnte sein, dass wir uns an der Brüstung eines Balkons oder einer Terrasse befinden und unter uns starker Verkehrslärm herrscht. Es kann also verschiedene Gründe geben von unten zu perchen. Dabei ist immer zu bedenken, dass die Stimme wegen der kürzeren Distanz zur Brust des Sprechenden und die dadurch stärker wieder- gegebenen tiefen Frequenzen bassiger klingt. Auch wenn die akustischen Begebenheiten ein von unten geführtes Mikrofon anbieten, so lässt dies nicht jede Bildeinstellung zu. Hier ein Beispiel. Der Darsteller ist in einer Gross- aufnahme (close-up) oder Naheinstellung (shoulder close-up) zu sehen. Somit könnte das Mikrofon bequem in oberer Brusthöhe des Schauspielers positioniert werden und wir müssten uns keine Gedanken machen über einen allfälligen Schattenwurf der Tonangel auf dessen Gesicht. Nun zieht der Kameramann aber zu einer halbnahen (medium close-up) oder amerikanischen Einstellung auf. Naturgemäss wird bei diesen beiden Einstellungen mehr vom

Körper des Darstellers gezeigt aber kaum mehr vom Headroom über seinem Kopf. Das Mikrofon müsste sich also in diesem Falle unterhalb der Gürtellinie bzw. auf Höhe Mitte Oberschenkel befinden, womit kaum ein brauchbarer Ton (schon gar nicht bei normaler Sprechlautstärke) zu holen wäre. In diesem Falle muss also von oben geboomt werden und das Problem mit dem Schattenwurf muss lichttechnisch gelöst werden. Wichtig ist auch der Umstand, dass das Mikrofon nicht die gleiche Distanzänderung wie die Kamera resp. die Brennweite des Objektivs vornehmen muss. Wenn das Mikrofon erst nahe am Mund des Schauspielers positioniert ist und dann mit der Kamera gezoomt wird und dadurch das Mikrofon gute 50 cm tiefer oder höher zu stehen kommt, so entspricht dies klanglich nicht der gleichen subjektiven Wahrnehmungs- änderung wie sie das Bild vorgibt. Diese Einstellungsänderung ist ein Kunstgriff und soll dem Zuschauer nicht suggerieren, die Kamera würde sich von der Figur weg bewegen. Der Ton resp. die Stimme darf zwar etwas weniger präsent klingen (oder bei umgekehrter Schnittfolge präsenter werden), aber eben nur ein wenig und keinesfalls in gleichem Masse wie der gefühlte Distanz- unterschied der beiden Kameraeinstellungen.

Wann soll man ein Hypernieren und wann ein Richtrohrmikrofon einsetzen? Einige Lehrbücher geben die (mir eindeutig zu pauschal gehaltene) Empfehlung ab, für Innenaufnahmen die Hyperniere (oder die etwas offenere Superniere) und für Aussenaufnahmen ein Richtrohrmikro einzusetzen. Gerade bei Film- aufnahmen werden häufig Hyper- und Supernieren eingesetzt. Bei Aussenshots in lärmfreier Umgebung mit einer disziplinierten, also professionellen Crew gibt es keinen Grund nicht ein Hypernierenmik statt einer Shotgun einzusetzen, vor allem wenn es sich um eine Dialogszene in einer nahen Einstellung resp. Schuss/Gegenschuss-Montage (engl.: Shot-Reverse-Shot / SRS) handelt. Man bedenke, dass das Richtmikrofon durch dessen Interferenztechnik nie an den neutraleren Sound einer Hyperniere bzw. Superniere herankommt. Und, um beim Beispiel Close-Up-Kameraeinstellungen zu bleiben, das Hypernieren- mikrofon kann näher an die Darsteller gebracht werden als das Richtrohrmik. Beim Richtrohrmik befindet sich das Mikrofon im hinteren Teil des Mikrofon- körpers und der vordere, geschlitzte Teil, der bei einem langen Richtrohrmikro- fon fast 28 cm und bei einem kurzen Richtrohrmik immerhin noch ca. 16 cm ausmacht, ist lediglich eine Röhre. Beim Hypernierenmikrofon fällt dieser Umstand weg. Bei ENG-Einsätzen wird uns die Entscheidung vielfach abgenommen, da in den bereitgestellten Ausrüstungen oft nur ein Mikrofontyp, nämlich das Richtrohrmikrofon zu finden ist. Gerade bei einer (für Reality-Shows typischen) Überraschungs- resp. Überfallszene, die ja sinngemäss ohne Proben vonstattengehen sollte, ist einem weniger engen Shotgunmikrofon resp. einem Hypernierenmik oder Supernierenmik gegenüber einem schmalkeuligen Shotgunmikrofon der Vorzug zu geben. Es kann auch Aufnahmesituationen geben, für die man auf ein Mikrofon mit Nierencharakteristik zurückgreift. Der Sprecher befindet sich z.B. in einem Raum mit einer tiefhängenden Decke (vielleicht sogar aus einem stark schallreflektierendem Material gefertigt) und die reflektierende Zone an der Decke kann nicht mit schallabsorbierender Matte (Sound Blanket) abgedeckt werden, weil dies im Bild zu sehen wäre. Ein Nierenmik ist im Gegensatz zu einem Hyper- oder Supernierenmikrofon für Schalleinwirkung von hinten, also der rückwertigen Seite des Mikrofons, unempfindlich und kann somit in dieser Situation das beste Ergebnis erzielen.

Ansteckmikrofone und vor allem deren Klammern sind in der Regel durch die Bewegung des Casts und dessen Kleidung körperschallgefährdet. Es ist also sorgfältiges Arbeiten beim Verkabeln eines Darstellers nötig. Der Schiebergriff eines Reisverschlusses kann, obwohl er die Mikrofonklammer gar nicht berührt, gegen die Reisverschlusszähne klappern und die Aufnahme unbrauchbar machen. In so einem Falle mit einem kleinen Stück doppelseitigem Klebeband den Schiebergriff an dessen Zähne kleben. Die Klammern sollten wenn möglich so angebracht werden, dass keine Knöpfe, Halsketten, Schmuckanstecknadeln usw. mit ihnen in Berührung kommen. Ich ziehe Metallklammern den Kunststoffklammern vor. Es gibt auch lederüberzogene Klammern die den Körperschall am besten abschirmen. Es existieren verschiedene Systeme bei den Klammern, wie z.B. Alligator Clip (klassische Klammer), Dracula bzw. Vampire Clip (mit zwei Nadeln), Tie Tac Clip (Pin) und Magnetic Clip (Magnetscheibe). Amerikanische Tontechniker werfen die Klammern beim Kauf eines neuen Lavs oft in eine Aufbewahrungsschachtel und befestigen ihre Lavs nur mit Gaffa-Tape an der Kleidung der Protagonisten. Abgesehen von den Klammern sind auch die Mikrofonkabel, vor allem die ersten 60 bis 80 cm ab Kapsel, sehr anfällig für Körperschall. Kupferkabel, insbesondere wenn diese an der Kapsel noch gewinkelt sind, sind besonders körperschallarm. Kabel mit Stahlader sind dafür reissfester. Nach dem Anbringen des Miks resp. der Klammer sollte einige Zentimeter unter der Kapsel das Kabel zu einer Entlastungsschlaufe geformt und mit einem Stück Gaffa-Tape an die Innenseite der Jacke (oder was auch immer für ein Kleidungsstück) geklebt werden. Somit wird das Abreissen des Kabels von der Kapsel verhindert sowie der Körperschall des Kabels gemindert. Diese Entlastungsschlaufe (Loop) ist im Idealfall zweifach geschlauft, hat einen Durchmesser von ca. 4 bis 5 Zentimeter und wird mit einem kleinen Stück Gaffatape fixiert. Danach wird das Kabel oberhalb und unterhalb der Schlaufe an den Körper bzw. die Innenseite der Kleidung geklebt. Wenn es schnell gehen muss und kein allzu schlimmer Körperschall zu erwarten ist, kann auch mal die Schlaufe direkt mit Gaffa überklebt werden. Das beste Resultat erhält man aber, wie bereits erwähnt, wenn der Loop quasi frei hängt. Sollte die verkabelte Person heftig gestikulieren, kann es von Vorteil sein, wenn die Kabelführung über die Schulter den Rücken hinunter gelegt wird.

Omnis (Kugelcharakteristik) können mehr oder weniger überall am Torso angebracht werden. Sie sollten aber wenn möglich eher mittig an der Brust befestigt werden, um grosse Pegelschwankungen, die durch starke Kopfbewegungen erzeugt werden, auszugleichen. Dies gilt vor allem für Nierenansteckmiks. Die ideale Entfernung zum Mund beträgt bei normalen Omnis ca. 20 bis 25 cm. Im Falle von Nieren-Ansteckmiks muss wahrscheinlich ein etwas grösserer Abstand gewählt werden, da ein gerichtetes Mikrofon einen Nahbesprechungseffekt hat, dessen Intensitätswechsel vor allem bei starken Bewegungen des Kopfes des Sprechers wahrnehmbar ist. Muss eine Aufnahme resp. eine Einstellung, die mit einem Ansteckmik gemacht wurde, mit einer Einstellung, die mit einer Tonangel erfolgte, aneinander geschnitten werden, so sollte das Lavaliermik zwecks natürlicherem Klang etwas tiefer, also weiter weg vom Mund, montiert werden, um mehr von dem räumlichen Charakter des Aufnahmeraums (engl.: room tone, presence) zu erhalten. Somit ähnelt die Tonalität der Lavalieraufnahme eher der des Boom Mikrofons. Solche Situationen versucht man aber zu vermeiden, da der klangliche Unterschied dieser beiden Miks wegen ihren verschiedenartigen Charakteristiken resp.

Kapseln und der ungleichen Position (Boom über dem Kopf und Lav auf Brusthöhe) zu gross ist und somit Schwierigkeiten beim Zusammenmischen entstehen. Es gilt: Wenn man eine Szene mit einem Ansteckmikrofon beginnt, sollte man sie auch mit einem Ansteckmik beenden. Ein Spezialfall, bei dem das Lavaliermik ebenfalls eher tief angebracht werden sollte, ist, wenn nur ein HF-Set resp. Ansteckmik vorhanden ist und zwei Personen, die nahe beieinander sind und sich im Idealfall von Angesicht zu Angesicht gegenüber stehen, aufgenommen werden müssen. Man montiert in so einem Fall das Mikrofon an der Dame oder dem Sprecher mit der schwächeren, also leiseren Stimme und nimmt den männlichen Part bzw. die stärkere Stimme ebenfalls mit diesem Mikrofon auf. Es kann sein, dass in so einem Fall die Stimme der verkabelten Person hart im Limiter fährt, da sonst das Signal der anderen, also unverkabelten Person, zu leise wäre (deswegen Lavaliermik tief anbringen um dessen Distanzunterschied zu den beiden Mündern zu mindern). Natürlich kann dadurch die Anhebung des etwaigen Hintergrundgeräuschepegels nicht verhindert werden. Es gibt einen weiteren guten Grund nur ein einzelnes Ansteckmik für zwei Darsteller einzusetzen (obwohl 2 Miks vorhanden wären). Die Ausgangslage ist ein freier Dialog der beiden Talents und unser Mixer-Signal wird auf eine Monospur aufgenommen resp. gesendet. Angenommen, die beiden Protagonisten befinden sich dicht aneinander stehend an der Theke einer überfüllten Bar. Da es in dieser Bar sehr laut zugeht, müssen sich die beiden Darsteller sehr laut, wenn nicht sogar schreiend, unterhalten. Wenn beide Personen klassisch verkabelt sind, wird die Stimme des jeweilig redenden Darstellers auf beide Mikrofone treffen, was zu Phasenverschiebungen oder gar, durch ständig leichtes Bewegen des Sprechenden, zu Kammfiltereffekten auf unserer Monospur führt. Diese Technik erübrigt sich natürlich, wenn wir die beiden Sprecher mit ihren jeweiligen Miks auf zwei getrennte Spuren aufnehmen und in der Postproduktion die jeweilige, im Dialog nicht genutzte Spur, stumm schalten bzw. um einige Dezibel herabsetzen.

In der Regel werden Ansteckmiks senkrecht und gerade montiert, was ein schöneres Bild abgibt. Es gibt aber Situationen, in denen es Sinn macht den Mikrofonwinkel zu ändern. Beispielsweise atmet der Darsteller stark durch die Nase aus, was zu einer Auslenkung der Mikrofonmembran führen kann und durch ein Abdrehen des Mikrofons verhindert wird. Dies gilt auch für Präsentatoren, die von Moderationskärtchen ablesen. Viele Tonleute verkabeln die Darsteller so, dass das Stäbchen-Lavaliermikrofon immer nach unten resp. 180° vom Gesicht weg gerichtet ist. Ein weiteres Problem ist die Abschattung durch das Kinn, die oftmals auftritt, wenn man das Mik am Rundausschnitt eines T-Shirts anbringt. In so einem Fall: Das Mikrofon mittels eines Magnethalters oder Doppelkleber tiefer anbringen oder, falls man das vom Mikrofon zum T-Shirthalsausschnitt verlaufende Kabel als störend empfindet, ein Pin Mic einsetzen. Bei Pin-Mikrofonen ist die Kapsel und der Mikrofonverstärker durch drei Pins verbunden, d.h. der Mikrofonbody samt Kabel ist unter der Kleidung angebracht und die Kapsel mit den Pins wird durch die Kleidung gestochen und in die Backplate gesteckt. Bei Kleidung aus gröberem Gewebe funktioniert das sehr gut. Bei engmaschigem Gewebe, vor allem wenn es sich um eine helle Farbe handelt, kann man nach dem Entfernen des Pin Mics die gestochenen Löcher recht gut sehen; also vorher die Angelegenheit mit dem Besitzer des Kleidungsstücks besprechen. Übrigens hinterlassen auch die beiden Nadeln der Vampire Clips gerne kleine Schäden an den Kleidern. Vor allem Seidenkrawatten und Hemden und Blusen aus Feingewebe sind sehr empfindlich. Strickkrawatten und Wollpullover eignen sich wiederum sehr gut für Mikrofonklammern mit Nadeln.

Die Technik mit **versteckten Ansteckmikrofonen** (engl.: hidden mics, stealth mics) ist sehr anspruchsvoll und muss intensiv geübt und ausprobiert werden. Die Technik muss der jeweiligen Situation entsprechend angepasst und vorbereitet werden. Für „unsichtbare" Lavaliermikrofone kommen praktisch nur solche mit Omnikapseln, also Kugelcharakteristik infrage. Lavaliermikrofone mit Nierencharakteristik sind wegen ihrer Richtungsabhängigkeit nicht ideal, da sich der Kopf des Darstellers bewegt. Hinzu kommt das Problem, dass sie bei einer Positionierung nahe am Mund den unerwünschten Nahbesprechungseffekt aufweisen, was wiederum ein Zusammenführen mit Einstellungen, die mit geangelten Mikrofonen gemacht wurden, erschwert. Ein weiterer Nachteil ist der Umstand, dass Druckgradientenempfänger (gerichtete Mikrofone) bedeutend anfälliger für Körperschall sind und dies im Falle von am Körper angebrachten Ansteckmiks erst recht problematisch wird.

Bei Filmproduktionen wird schon seit längerem und vor allem dank verbesserten Spezialmiks immer häufiger mit Ansteckmiks gearbeitet. Häufig ist der Tonmeister schon in der Vorbereitungsphase in Kontakt mit der Kostüm- oder Stylistenabteilung. Wenn die Schauspieler während des Drehs immer die gleichen Kostüme tragen, werden die Ansteckmiks fest in die Kleider eingenäht. Auch können bei Filmdrehs vielfach Löcher in die Kleider geschnitten werden, um die Kabel zu verstecken. Beispielsweise ist das Mik unter dem seitlichen Kragenrand eines Hemdes versteckt, auf Nackenhöhe wird unter dem Kragen ein Loch ins Hemd gestanzt, durch welches das Kabel unsichtbar den Rücken hinunter verlegt werden kann. Dies ist natürlich nicht nötig, wenn der Darsteller ein Jackett oder einen Pullover über dem Hemd trägt. Falls das Stäbchen- mikrofon in einem Kugelschreiber versteckt wird, der in der Brusttasche eines Hemdes steckt, so muss ebenfalls ein Loch für die Kabelführung in das Hemd geschnitten werden. Bei TV-Produktionen kann man meistens nicht einfach an den Kleidern der Darsteller herumschnippeln. Da der Darsteller aber eher selten mit dem Rücken zur Kamera steht, kann man das Kabel im Falle der Kragen- mikrofonierung auf Nackenhöhe ankleben und dann über die Kragenkante den Rücken herunter führen. Achtung: Bei unrasierten Herren kann man das Platzieren am Kragen vergessen, da die Bartstoppeln am Hemdkragen scheuern und dieses Schabgeräusch geradezu infernalisch durch das Ansteckmik übertragen wird. Falls das Mikrofon in die Frisur oder Perücke eingearbeitet wird, unbedingt mit der/dem Hairstylistin/Hairstylisten zusammen- arbeiten. Alle meine Ansteckmikros, die ich für solche Fälle einsetze, habe ich in schwarzer und beiger Ausführung. Diese beiden Farben genügen meistens für die vielzähligen Haartöne. Es gibt Hersteller, die Lavaliermikrofone in bis zu fünf verschiedenen Farben anbieten (z.B. beige, braun, schwarz, grau und weiss). Falls dem Schauspieler dichtes Haar in die Stirn fällt (Ponyfrisuren usw.), kann das Mik darunter auf die Stirn geklebt werden (mittels Toupet- Klebestreifen); eine der besten Stellen überhaupt für ein verstecktes Lavalier. Erstens werden keine hohen Frequenzen beschnitten, da kein Stoff darüber liegt und zweitens hat das Mik immer den gleichen Abstand zum Mund. Ganz zu schweigen davon, dass das Mik nicht am Kleiderstoff reiben kann und höchsten durch die Haare touchiert wird, aber dafür gibt es ja Haarlack. Beim Befestigen an Baseballkappen oder Schirmmützen sollte das Mikrofon nicht vorne mittig am Schirm angebracht werden, da der Kameramann keinen Schatten im Gesicht des Darstellers möchte und dieser deswegen den Mützenschirm meistens hochschieben muss. Dadurch werden wiederum Mikrofon und Kabel sichtbar. Die beste Stelle ist an der Seite, wo der Schirm endet resp. anfängt. Das gleiche gilt auch für Hüte und Bauhelme. Bei Brillen wird das Mikrofon auf der Innenseite des Bügels, vorne beim Scharnier angeklebt. Das Kabel wird entlang der Bügelinnenseite hinter das Ohr und den Nacken heruntergeführt. Bei Frauen eignet sich der Busen (Brustkuhle) sehr gut. Mittels eines Fellwindschutzes (engl. umgangssprachlich: Furry) wird das Mikrofon in diese Brustvertiefung geschoben. Dieser kleine Windjammer ist sehr körperschallarm und kommt in dieser Position nicht mit der Kleidung in Berührung. Allerdings muss darauf geachtet werden, dass das Dekolleté nicht zu tief geschnitten ist und dadurch die Sicht auf den Furry freigibt. Bei Bikinis oder sichtbar getragenen BHs muss das Mik in bzw. unter das Körbchen und zwar möglichst torsomittig (beim Kreuz, wo die beiden Körbchen zusammen kommen) platziert werden. Das Kabel innenseitig am unteren Rand des Körbchens entlang zum Rücken führen. Den Sender eher etwas seitlich am Rücken an den Träger oder das Rückenband montieren, damit die Darstellerin ungehindert gegen eine Stuhllehne oder eine Wand lehnen kann. Gerade bei Modesendungen muss der UHF-Sender oft unter dem Kleid getragen werden und wird deshalb vielfach am Slip des Models befestigt. Für einen kurzen Take ist dies vielleicht noch zumutbar, jedoch nicht, wenn das Model auf dem Laufsteg oder sonstwie herumgehen muss. In so einem Falle immer einen Leibgürtel für die HF-Sender bereithalten. Ich benutze hierfür meistens einen hautfarbenen, extrem feinen Stoffstreifen. Viele Lavaliermikrofonhersteller führen als Zubehör einen sogenannten Rubber Body Mount (Gummiklötzchen). Das Mik wird in dieses Klötzchen geschoben und mit doppelklebendem Montage- oder Klebeband am Körper des Protagonisten befestigt. Wenn möglich den Gummiblock in die Brustmulde der Männer oder Frauen kleben, um auch hier den Kontakt mit Kleidungsstücken zu vermeiden. Bei Männern, die über eine gute Brustmuskulatur verfügen und dementsprechend eine

Brustmulde haben, werden die Bassfrequenzen stark angehoben. Man muss in diesem Falle den Low-Cut-Filter einsetzen. Es kommt vor, dass sehr schlanke Protas kaum Fettgewebe über dem Brustbein haben. Wenn man das Lav dann an dieser Stelle anklebt, können je nach Lauftechnik des Casts (schweren Schritt u./o. harte Schuhabsätze) Erschütterungen seiner oder ihrer Schritte über das Skelett an das Mikrofon weitergeleitet werden. Dies kann extreme Peaks im Bassbereich verursachen. Falls der Protagonist während des Gehens nicht spricht und die Fader noch nicht hochgefahren sind, kann man das Lav an dieser Stelle belassen. Wenn nicht, sucht man einen geeigneteren Punkt am Torso, d.h. eine Stelle mit mehr Körperfett und Muskelmasse, die dem Lav die nötige Isolation für über Knochen verbreiteten Körperschall bietet. Zum Thema Ankleben von Mikrofonen und/oder Kabeln an den Körper respektive auf die Haut eines Darstellers möchte ich noch folgendes anführen. Bei uns wird oft einfach mit Doppelklebeband und vorwiegend mit Gaffa-Tape gearbeitet. Sollten Sie einen Auftrag in den Staaten tätigen und Sie benutzen obiges normales Klebeband, werden Sie grosse Schwierigkeiten mit der Produktions-leitung bekommen. Die Amerikaner benutzen aus versicherungstechnischen Gründen nur Medizinalklebeband, das keine Allergien auslösen kann. Wenn ich mit meiner eigenen Ausrüstung gebucht werde, sind diese hautfreundlichen, medizinischen Vlies- und Fixierpflaster in meiner Gripkiste mit dabei. Wie schon erwähnt, sind die grössten Probleme beim versteckten Ansteckmikrofon die Geräusche von raschelnder und aneinander reibender Kleidung. Es geht nicht alleine um den Stoff, der unmittelbar am Mikrofon reibt, sondern auch um das Rascheln von Bekleidungsstücken, das in der Nähe des Miks stattfindet und von diesem gehört wird oder als Körperschall über das Gewebe an das Mikrofon geführt wird. Am besten kommen wir Tonleute mit Baumwolle und Wolle zurecht. Die Hölle sind Seidenstoffe und synthetisches Gewebe wie Nylon, Polyester, gewisse Viskosestoffe (Zellwolle) usw. aber auch Cord (Manchester) und natürlich Kunstseide. In so einem Fall kann man versuchen den raschelnden Stoff mit einem Wasserzerstäuber vorsichtig anzufeuchten. Destilliertes Wasser, wie es zum Bügeln eingesetzt wird, erhält man günstig in jedem Haushaltsladen. Sehr ungeeignet bzw. laut sind neue, also noch ungewaschene Kleidungsstücke. Gerade bei Werbeaufnahmen ist dies aber vielfach der Fall. Man muss aber bedenken, für Werbespotproduktionen wird sehr oft nur ein Führungston (engl.: scratch track) benötigt, der mit dem Boom Mikrofon aufgenommen wird um später in der Audio Post eine ADR bzw. eine komplette Nachvertonung zu erstellen. Um ein ladenneues Kleidungsstück weicher und somit leiser zu bekommen, muss es mehrmals gewaschen werden. Flachköpfige Mikrofone (engl.: flat facing mics), wie z.B. das VT500 bzw. VT506 von Voice Technologies, das TR50 von TramMicrophones, das EMW von Countryman oder das MilliMic von PSC eignen sich recht gut für die Montage an der Brust, in den Falten von Schals und weiten Kleidern oder etwa in der Mitte der Hinterseite einer Krawatte. Beim Anbringen in einem Krawattenknoten oder unter einer Hemdknopfleiste bevorzuge ich ein stäbchenförmiges Lavaliermikrofon (engl.: round top mic). Beliebte Lavs dieser Bauform sind etwa das Sanken COS-11D, das Countryman B6, das Voice Technologies VT403, sowie die Lavaliermiks der 4060er-Serie und das 4071 von DPA. Bei der Knopfleiste kann bündig zu deren Rand die Spitze eines solchen Mikrofons angebracht werden. Sogar wenn die Mikrofonspitze ein klein wenig unter der Leiste herausragt, sollte dies (vor allem bei gemusterten Hemden) kaum auffallen. Man bedenke, falls das Mikrofon von blossem Auge kaum zu sehen ist, so ist es für die Kamera praktisch unsichtbar. Bei Krawattenknoten wird ein Stäbchenmikrofon von oben durch den Knoten geführt und ruht am besten in der kleinen Falte unter dem Knoten (Dimple genannt). Da in einem Krawattenknoten nicht genügend Platz für Moleskin (fellartiges Spezialklebeband) oder Montageband vorhanden ist, benutze ich ein weiches, sehr elastisches Doppelklebeband, mit dem ich das Stäbchenmik umwickle, um es darin zu fixieren und etwaigen Körperschall zu eliminieren. Die richtige Hemdkragenseite, unter der das Kabel zum Nacken geführt und fixiert wird, ist die mit dem breiten Krawattenende, die sich beim Festziehen des Knotens nicht bewegt. Ungünstig ist das Anbringen des Miks im Krawattenknoten, wenn der Sprecher ein Doppelkinn hat oder, falls er während der Aufnahme von Textkärtchen abliest, den Kopf neigt und somit das Mikrofon abdeckt. Falls man das Mikrofon hinter der Krawatte (einige Zentimeter unter dem Knoten) anbringen will, so kann man einen kleinen, gewinkelten Draht oder eine offene Sicherheitsnadel an das Mikrofon tapen, bevor man es an der Rückseite der Krawatte befestigt. Somit entsteht zwischen dem Mikrofon samt Krawatte und der Brust resp. dem Hemd eine kleine Mulde, die etwaige Reibungsgeräusche verhindert. Achtung:

Falls Sie eine offene Sicherheitsnadel benutzen wollen, bitte die Nadel und nicht den Verschlussbügel an das Mikrofon tapen, damit Sie den Krawattenträger nicht in die Brust pieksen. Krawatten aus schwerem oder steifem Stoff reiben gerne am Hemd, wenn der Protagonist sich bewegt. Dies kann unterbunden werden, indem man mit einem Doppelklebebandstreifen der Länge nach die Krawatte an das Hemd pappt.

Das schwierigste an der Sache ist, ein Mikrofon so anzubringen, dass kein Gewebe daran scheuert. Es reicht nicht, dieses nur an die Unterseite der Oberbekleidung zu kleben. Auch die nächste Schicht, also das Unterhemd oder gar die Haut, muss mit dem Mikrofon resp. der Oberbekleidung (Hemd, Bluse, Pulli usw.) fixiert werden. Kurz gesagt, das Hemd und T-Shirt bilden mit dem Lavaliermikrofon dazwischen ein Sandwich. Für die einfachste Form nimmt man ein Stück Doppelklebeband, welches auf das Unterhemd oder, im Falle von Haut, auf ein Stück Medizinalpflaster geklebt wird. Darauf wird das Mikrofon platziert und darüber kommt dann das Hemd, das auf der oberen Seite, vom um das Mikrofon herum befindlichen Doppelklebeband, angedrückt wird. Wenn man dies mit Gaffer-Tape anstellen möchte, muss man ein Stück schmales Tape (1"-Band) zu einem beidseitig klebenden Dreieck falten (ähnlich wie ein Flaggenfalt). Danach klebt man das Mik (die Mikrofonspitze bündig an der langen Kante und das Kabel Richtung rechtwinkliger Ecke des Dreiecks) auf diesen Triangel. Nun kann man das Dreieck nochmals falten und erhält so eine doppelseitig klebendes, eingebettetes Mikrofon. Falls das Mikrofon zu gross oder das Gaffer-Tape zu schmal ist, bastelt man einfach zwei solcher Dreiecke und legt das Mikrofon dazwischen. Mit dieser einfachen Technik ist das Problem von etwaigem Körperschall noch nicht gelöst. Ein weiterer Trick ist, aus Gaffer-Tape einen kegelförmigen Becher zu formen (klebende Seite aussen), in dem das Mikrofon liegt. Die Spitze des Miks zeigt Richtung Öffnung und das Kabel läuft am anderen Ende des Bechers, also an der Spitze des Kegels hinaus. Nun kann man den Becher mit kleinsten Gazefetzen (Seihtuch aus Käsereien ist sehr gut geeignet) ausfüllen. Somit kann das Mikrofon bei Bewegungen nicht am Becherrand reiben oder dagegen „pöpperle". Ähnlich diesem Becher ist auch die Technik den Schaumstoff-Windschutz über das Ansteckmik zu stülpen, diesen danach zusammenzudrücken und mit Gaffatape zu umwickeln bzw. zu umkleben. Dadurch erhalten wir eine schaumstoffgefüllte, röhrenförmige Gaffatape-Tonne, die wir wiederum mit Doppelklebeband unter der Kleidung anbringen können. Dabei ist aber zu beachten, dass der Schaumstoff nebst der Bekleidung die hohen Frequenzen zusätzlich dämpft. Von der Firma Garfield werden vorgefertigte Schaumstoffzylinder (Hush-Lav) angeboten, die eine durchgehende Bohrung haben, um dies zu verhindern. Zumeist wird aber Moleskin (Baumwollgewebe) eingesetzt, um Körperschall zu dämpfen. Ich beziehe dieses Material aus dem Fachhandel in den USA. Man kann es blattweise am Stück à ca. 30 x 30 cm bestellen (in beige oder schwarz). Die eine Seite besteht aus eben dieser „Moleskin" (wird aber heutzutage nicht mehr aus Maulwurfsfell angefertigt), die Rückseite ist selbstklebend. Man schneidet einen kleinen Streifen ab, klebt ihn ringförmig um das Stäbchenmikrofon herum und haftet dieses wiederum mittels eines Gaffa-Tape-Dreiecks an die jeweilige Stelle des Protagonisten. Man kann aber auch den Moleskinstreifen mit der klebenden Seite nach aussen um das Mikrofon wickeln und es dann direkt unter die Kleidung kleben. Eine weitere Variante ist die Methode mit Hühneraugenpflastern. Das Mikrofon wird in das ringförmige Polster gebettet bzw. mit einem kleinen Stück Doppelklebeband darin befestigt. Ich benutze manchmal auch ein Produkt namens „Undercovers" der Firma Rycote. Das Mikrofon wird auf dieses tropfenförmige, doppelklebende Pad geklebt und darüber kommt dann noch ein weiches, filzartiges Gewebeplätzchen, das in den Farben schwarz, grau oder weiss geliefert wird. Viele Hersteller bieten auch einen Concealer für ihre Lavaliermikros an. Diese käfigförmige Klammer oder Halterung (engl.: cage style clip, guard mount) soll verhindern, dass Kleidung mit dem Mik in Berührung kommt. Bei weiten, losen Kleidungstücken geht dies recht gut. Im Falle von eng anliegenden Pullis oder Shirts funktioniert es leider nicht, da sich die Halterung abzeichnet.

Egal für welche Technik Sie sich jeweils entscheiden, achten Sie darauf, dass das Mikrofonkabel gut auf der Innenseite der Kleider resp. am Körper des Darstellers verklebt ist, damit es nicht abgerissen werden kann. Das Kabel darf auf keinen Fall gestrafft werden, da bei gespannten Kabeln der Körperschall verstärkt übertragen wird. Vergessen Sie also nicht eine Entlastungsschlaufe für das Kabel zu machen (wie schon beim Verkabeln von sichtbaren Lavaliermikrofonen beschrieben). Bei Aussenaufnahmen wirkt die Kleidung wie ein Windschutz. Bei starkem Wind oder falls das Kleidungstück aus dünnem Gewebe besteht genügt dies leider nicht. Das versteckte Lavaliermik muss also noch mit einem Windschtz versehen werden. Wenn der übliche Ansteck-mikrofon-Windjammer nicht geeignet ist, weil er sich unter der Kleidung abzeichnet oder das Ganze in Kombination mit Pulli oder Jacke zu dumpf klingt, sollte man es vielleicht mit der abgeschnittenen Kuppe eines Kinderwollhand-schuhs probieren (Babyhandschuhgrösse).

Achtung: Beim Ankleben von Lavaliermiks oder Entlastungsschlaufen an Kleidern ist darauf zu achten, dass keine Kleberückstände an den Kleidungs-stücken verbleiben. Vor allem, wenn es sich um ältere Gaffatape-Rollen oder bestimmte Doppelklebebänder handelt, kann dies vorkommen. Im Zweifelsfall sollte man dies mit den Leuten der Kostümabteilung oder den Stylisten be-sprechen. Vielfach werden Teile der Garderobe angemietet und müssen im Falle einer Beschädigung, also nicht entfernbare Klebereste, bezahlt bzw. von der Produktion gekauft werden.

Methoden der Mikrofonierung

Wir müssen beim Film- und Fernsehton immer daurauf achten, dass A) eine genügend grosse Separierung zwischen dem Dialog und des Ambi-Tons vor-handen ist. B) die Aufnahme in ein konstantes Ambiente eingebettet ist. Und C) die Tonalität des Dialogs zur Perspektive des Bildes passt.

Auf das Thema **Separierung zwischen Dialog und Ambi-Ton** wurde bereits im Abschnitt „inverse square law" eingegangen. Folgend möchte ich noch etwas näher auf den Aspekt der Verhältnisse von Nutz- zu Störsignal (Signal-Noise-Ratio) eingehen. Zunächst einmal zum indirekten Schall oder Störschall. Hintergrundgeräusche sind ja nicht per se Störgeräusche. Wenn wir uns in einem Wald befinden, hört man nun mal Vogelgezwitscher und an Haupt-strassen von Grossstädten wird es ja wohl kaum ohne Strassenverkehr zugehen. Diese Geräusche gehören zur Identifikation bzw. Authentifizierung des Drehortes, und ein Bild ohne diesen akustischen Hintergrund würde merkwürdig erscheinen. Unser Problem ist es diese Hintergrundgeräusche mit aufzunehmen, ohne den Nutzschall bzw. das Nutzsignal, also den Dialog oder Monolog des Darstellers, zu stören oder gar zu überdecken. Aus diesem Grunde setzen wir ja gerichtete Mikrofone ein. Nun ist es vielfach so, dass wir den Wortlaut oder zumindest den ungefähren Inhalt des Textes schon kennen und somit das Gefühl haben, der Vortrag des Reporters oder TV-Magazin-Moderators sei genug verständlich. Der spätere Fernsehzuschauer wird jedoch den Text nur einmal hören. Versuchen Sie während der Probe oder des ersten Takes die Augen zu schliessen und (so gut es eben geht) den Inhalt aus dem Gedächtnis zu löschen. Sind Sie danach immer noch sicher, dass jedes Wort trotz Strassenlärm gut verständlich ist, dann können Sie die Aufnahme machen. Um bei diesem Beispiel zu bleiben: Bei extrem starkem Verkehr mit Lastwagen, Autobussen usw. wird eine Aufnahme mit geangeltem Mikrofon sehr schwierig. Ein Handmikrofon oder ein Bügelmikrofon mit Nieren- oder Supernieren-charakteristik wird in so einem Falle das Nutzsignal bzw. das S/N-Ratio stark verbessern. Wir brauchen also die Hintergrundgeräusche für ein stimmigen Ton, ohne dass diese ablenken oder den Zuschauer gar verwirren.

Wir bevorzugen ein **konstantes Ambiente** für unseren Hintergrundton. Die Frage lautet aber auch: Was für eine Ambi möchten wir gerne oder besser gesagt, welchen Geräuschehintergrund brauchen wir eigentlich? Die Faustregel besagt, dass Geräusche immer auch im Bild visualisiert oder diese zumindest wahrnehmbar sind. Bei einer klassischen Stand-up-Einstellung ist dies kein Problem, da vielleicht erst eine Stadt etabliert wird und dann auf den stehenden, in die Kamera sprechenden Moderator geschnitten oder gar geschwenkt wird. Anders verhält es sich bei Geräuschen, deren Ursprung man nicht sehen kann. Sie drehen z.B. an einem regnerischen Tag draussen. Der Cast steht auf einer grossen, überdachten Veranda. Der Bildauschnitt wird von der Hausfassade und der Verandatür ausgefüllt, d.h. man sieht nichts vom Regen. Das Regengeräusch wird vom Zuschauer nicht als Regen, sondern als Störgeräusch wahrgenommen. Falls kein vorheriges Bild des Hauses bei Regen in einer Totalen gemacht werden kann, so muss der Sprecher irgendwie darauf hinweisen, dass er sich bei diesem schlechten Wetter auf der Veranda des Gebäudes befindet. Regen, Feuerprasseln, Wildbäche usw. werden beim Film (Spielfilm) nie echt während einer Dialogszene mitaufgenommen, sondern kommen immer aus dem Tonarchiv oder werden von der Toncrew als Nur-Ton angeliefert und in der Audiopost quasi zurechtgefeilt. Nicht immer ist es möglich ein Geräusch bzw. dessen Ursprung in der Kameraeinstellung zu zeigen. Natürlich kann ein Reporter in einer sehr nahen Einstellung oder gar Grossaufnahme gezeigt werden, und er sagt dann „... wir befinden uns hier in der grössten Stadt Europas...“ oder „... hier, auf dem Flughafen bla bla...“ und die Verkehrsgeräusche oder der Flugzeuglärm im Hintergrund sind erklärt. Ein grosses Problem haben wir immer wieder mit Hintergrundgeräuschen, die nicht identifizierbar sind. Ein Beispiel: Wir befinden uns in einem bürgerlichen, idyllischen Vorort. Man hört das leise Brummen eines Rasenmähers in der Ferne und ab und zu ein langsam vorbeifahrendes Auto. Vielleicht noch ein paar vereinzelte Kinderstimmen. Wie auch immer, der Moderator spricht seinen Text in die Kamera à la „in dieser friedlichen Wohngegend lebte einst ...“. Nun hören wir während des Textes ein kratzendes, fiependes Geräusch. Es handelt sich um das ferngesteuerte Spielzeugauto eines Jungen im Nachbargarten. So ein Geräusch kann man auf keinen Fall für die Aufnahme brauchen. Man wird versuchen, den Jungen zu überreden, für 2 bis 3 Minuten das Spielzeug ruhen zu lassen. Ein Stück Schokolade hilft da meistens recht gut. Ich kann Ihnen aber fast garantieren, sobald der Junge ruhig ist und Sie mit der Aufnahme beginnen, wird irgendjemand in der Nähe seinen Laubbläser starten. Zu guter Letzt sollte auf die Konstante des Ambi-Tons geachtet werden. Wenn man z.B. einen Moderator auf einem Weihnachtsmarkt filmt und im selben Moment, in dem er mit seinem Text beginnt, noch die letzten drei, vier Takte einer Heilsarmee-Band zu hören sind, ist dies eher ungünstig. In so einem Falle besser warten bis die Band eine kurze Pause macht oder die Moderation drehen, während die Musik ständig leicht im Hintergrund zu hören ist.

Die **Ton-Perspektive** ist ein weiterer wichtiger Punkt. Sie passt sich in der Regel der Aufnahmeachse der Kamera an, d.h. wir versuchen, die Bildperspektive auch akustisch wiederzugeben. Bei der Naheinstellung (Kopf und Schulter) eines sprechenden Darstellers ist die Stimme präsent oder gar intim mit einem reichen Bassanteil. Bei einem Medium Shot (Kopf bis Hüfte) oder einer amerikanischen Einstellung (Kopf bis oberhalb Knie) wird die Stimme durch den grösseren Abstand des Richtmiks dünner und wir haben mehr Anteil des Ambi-Tons. Dies ergibt einen natürlichen Unterschied im Klang der beiden Einstellungen. Wir werden aber versuchen, bei der zweiten Einstellung bzw. beim Wechsel von der Nahen zur Medium mit dem Mikrofon möglichst präzise auf die Lippen des Schauspielers zu zielen, um möglichst viel vom Nutzsignal zu erhalten. Wenn als dritte Einstellung eine Halbtotale, oder gar Totale folgen sollte, wird der vorgetragene Text des Darstellers kaum mehr zu gebrauchen sein, es sei denn, es handelt sich nicht um Aussenaufnahmen, und wir befinden uns in einem akustisch guten Raum, in dem ein eher grosser Hallradius herrscht. Falls es sich aber um Aussenaufnahmen handelt, werden wir wohl auf Lavaliermikros bzw. versteckte Mikrofonie (stealth mics) zurückgreifen müssen. Ein zusätzliches Richtmikrofon, das auf eine separate Spur aufgenommen wird, kann dann später in der Post sachte zum Signal des Ansteckmikrofons beigemischt werden, um die Einstellung resp. deren Tonalität anzupassen.

Trotz der oben beschriebenen Ton-Perspektive, die sich der Aufnahmeachse der Kamera anpasst, kann man nicht einfach stur mit dem Mikrofon der Kameralinse folgen. Bei Dialogaufnahmen ist die Situation natürlich klar. Wir boomen i.d.R. von oben herab und versuchen die Stimme so gut und trocken wie möglich aufzunehmen. Bei Einstellungen ohne Dialog folgen wir meistens der Kameraachse. Aber je nach Situation nur bedingt. Hier einige Beispiele.

Stellen wir uns vor, wir drehen eine Ausseneinstellung mit einem Richtmikrofon (Shotgunmic). Die Kameraposition ist fix auf dem Stativ (betonierte Einstellung). Vor uns verläuft horizontal eine Landstrasse und dahinter befindet sich ein Kornfeld. Als nächstes fährt ein Traktor von links durchs Bild und verlässt dieses wieder am rechten Bildrand. Nun zum Ton. Wenn wir stur auf der Kamerapespektive bleiben, also unbewegt parallel zum Objektiv, wird der Ton des ankommenden Traktors eher zu leise sein und in dem Moment, wenn er vor der Kamera durchfährt kurz sehr laut sein, um dann sehr schnell wieder abzuschwellen. Dies wird hervorgerufen durch die starke Richtwirkung eines Richtrohrmikrofons bzw. dessen extremer Abschwächung von seitlich anliegenden Signalen. Um den Sound des näherkommenden resp. weg-fahrenden Traktors realistischer darzustellen, macht es also Sinn, dem Traktor mit dem Mikrofon (zumindest teilweise) zu folgen. Wenn wir diese Aufnahme mit einem Stereomikrofon machen, was dem Richtungshören des menschlichen Gehörs sicher näher kommt, dann dürfen wir natürlich auf keinen Fall mitschwenken (was man mit Stereomikrofonen sowieso kaum macht). Dies würde ja bedeuten, dass der Zuschauer dem Traktor entgegen- und nachsieht. Unsere fixe Kameraeinstellung zeigt jedoch unentwegt denselben Bildausschnitt.

Ein weiteres Beispiel könnte sein, dass wir eine Person auf einer Holzbank in einem Stadtpark zeigen möchten, die entspannt sitzend ein Buch liest. Das Bild soll vielleicht darstellen, dass es auch in einer hektischen Stadt kleine Oasen des Friedens und der Erholung gibt. Die Kamera schwenkt also, sagen wir mal ca. 120 Grad, von einer stark befahrenen Strasse auf den angrenzenden Park bzw. auf die Bank mit unserem Darsteller (mit dem üblichen Ententeich und spielenden Kindern im Hintergrund). Falls wir diese Aufnahme bzw. den Schwenk mit einem stark gerichteten Mikrofon machen, wird der Lautstärkenunterschied des Strassenlärms während der Schwenkbewegung unnatürlich gross sein. Vielleicht ist dies sogar so gewollt, um den Eindruck von „Entspannung im Park" zu verstärken. Jedenfalls wirkt dies eher irritierend oder besser gesagt, es wird vom Zuschauer als unnatürlich wahrgenommen. Es kann in solchen Situationen hilfreich sein, wenn der Tonmann mit geschlossenen Augen den Kopf schwenkt (mit gleicher Dauer und Geschwindigkeit wie der vorgesehene Kameraschwenk) und dies dann mit dem Mikrofon und aufgesetzten Kopfhörern wiederholt. Natürlich kann ein (monophones) Mikrofon niemals mit der binauralen Hörfähigkeit des menschlichen Gehörs verglichen werden, aber zumindest kann man versuchen, die starke Richtwirkung des Richtmikrofons und den daraus resultierenden Intensitätsunterschied etwas zu mindern. In unserem Fall würde es also vielleicht schon helfen, wenn wir das Mikrofon zu Beginn des Schwenks bereits ca. 45 bis 60 Grad von der Strasse abgewandt halten und den Schwenk mit halber Geschwindigkeit ausführen. Unser Mikrofonschwenk ist also in der Länge der Distanz nur etwa halb so gross wie der Kameraschwenk, dafür auch nur halb so schnell.

Wir müssen uns immer bewusst sein, dass der Filmton (im Gegensatz zu Aufnahmen für Tonträger) der Unterstützung des Bildes dient und auf keinen Fall den Zuschauer ablenken bzw. irritieren darf. Obwohl wir i.d.R. so nahe wie möglich an die Tonquelle herangehen, gibt es auch hier Ausnahmen. Abgesehen von der Problematik des Nahbesprechungseffektes bei gerichteten Mikrofonen mit kurzem Abstand zur Tonquelle, kann die Stimme des Darstellers auch schlichtweg zu präsent klingen. Wenn also von einer halbtotalen Einstellung auf eine Halbnahe oder Nahe geschnitten wird, ist der Mikrofonabstand zu den Lippen des Schauspielers bei der Halbtotalen vielleicht ca. 60 cm und bei der Naheinstellung etwa 20 bis 25 cm. Auch wenn der Lautstärkenunterschied der beiden Mikrofonpositionen möglicherweise realistisch wirkt, so kann die Aufnahme der Close-up wegen der Überbetonung der Stimme und der zu starken Verminderung der Hintergrundgeräusche befremdlich wirken.

Im Falle von Multicamshots (auch wenn es sich nur um zwei Kameras handelt), die mit nur einem Boom Mikrofon aufgenommen werden, ist das Mikrofon logischerweise immer auf die Person gerichtet, die gerade spricht. Wenn es sich um Aufnahmen ohne Dialog handelt, so sollte die Tonperspektive der vorher definierten Hauptkamera folgen. Sollte während der Einstellung etwas Unvorhergesehenes passieren und nur die zweite Kamera reagiert darauf, muss der Perchman instinktiv handeln. Er sollte über genug Erfahrung verfügen, um sich das Endbild der Szene (nach erfolgtem Schnitt in der Post) vorzustellen.

Zusammenmischen verschiedener Mikrofontypen

Beim Zusammenmischen von mehreren Mikrofonen ist vor allem auf die Ungleichheit im Richtungsverhalten und auf die unterschiedlichen Distanzen, die die Mikrofone zur Signalquelle haben, zu achten. Wenn man zwei Mikrofone auf die beiden Kameraspuren oder gar mehrere Miks auf einen Mehrspurrecorder aufnimmt, ist die Situation insofern leichter zu bewältigen, da man ja in der Post in aller Ruhe den Mix aus den separaten Mikrofon-Spuren erstellen kann. Wenn aber vor Ort direkt auf eine Monospur abgemischt wird, muss äusserst sorgfältig vorgegangen werden. Es kann sein, dass Sie gleichzeitig ein Grenzflächenmikrofon mit einem Lav (Lavaliermik) oder einem Tonangelmikrofon einsetzen möchten oder neben dem Angelmik noch im Dekor versteckte Mikrofone mitaufgenommen werden sollen. Wie auch immer, am ehesten wird es der Fall sein, dass Sie zur Unterstützung des Boom Mikrofons noch ein bis zwei Ansteckmikrofone dazunehmen müssen. Wenn eines der Miks „nur" zur Sicherheit mitläuft, so sollten Sie sich auf das Mikrofon konzentrieren, welches am wahrscheinlichsten für die Endabmischung eingesetzt wird. Kein mir bekannter Film-Tonmeister oder Tonoperateur mischt gerne die Signale eines Perche- und das eines Lavalier-Mikrofons zusammen, aber manchmal geht es halt nicht anders. Wir geben eigentlich immer dem Boom Mikrofon den Vorzug, vor allem wenn es sich um szenisches Arbeiten handelt. Das Richtmikrofon an der Tonangel ist voller und natürlicher im Klang als das Ansteckmikrofon. Ausserdem wird die Stimmung des Raumes (Atmo) viel besser mit eingefangen. Das Lavaliermikrofon dagegen klingt steriler und es lässt kaum Perspektivenänderungen zu. Wenn sich ein Protagonist z.B. während eines Dialogs von der Kamera wegbewegt bis die Einstellung einer Totalen enstpricht, so prüfe ich als erstes, ob es noch möglich ist die Sache zu boomen. Falls dies nicht möglich ist, weil der Abstand des Mikrofons zum Darsteller zu gross ist (zuviel Hallanteil und Hintergrundgeräusche) oder die Einstellung keinen Platz für den Perchman lässt, weiche ich auf ein am Körper des Darstellers verstecktes Lavaliermikrofon aus. Wichtig bei dieser Technik ist, dass das Boom Mik trotzdem (auch bei grossem Abstand) mitläuft und dem Signal des Lavaliermiks beigemischt wird, um den Klang der gesamten Szene (bestehend aus Direktschall und reflektierten Schallwellen) natürlicher erscheinen zu lassen.

Wireless (Funkmikrofon)

Die kabellose Mikrofonierung existiert schon seit den Fünfziger Jahren und hat sich im TV-Bereich seit langem durchgesetzt. Drahtlose Audiofunksets arbeiten praktisch gleich wie ein Radiosignal. Der durch das Mikrofon in ein elektrisches

NF-Signal umgewandelte Schall wird durch den HF-Sender mittels Frequenzmodulation (FM) in ein HF-Signal gewandelt und strahlt dieses über die Sendeantenne (Dipol-Bauweise) ab. Über die Empfangsantenne gelangt das HF-Signal in den Empfänger, der es wiederum in ein NF-Tonsignal wandelt. Die Funkwelle hat die gleichen physikalischen Eigenschaften wie die Schallwelle. Eine Welle, die von einem Medium in ein anderes übergeht, wird zu einem Teil reflektiert und zu einem anderen Teil absorbiert. Der reflektierende Teil wird im selben Winkel wie dem Einfallswinkel zurückgeworfen. Dabei erfolgt die Reflexion von einer unregelmässigen Oberfläche nicht gleichmässig und linear, sondern gestreut in mehreren unterschiedlich abgelenkten Teilwellen. Der absorbierte Teil pflanzt sich deutlich schwächer im dichteren Medium fort. Mit jeder Reflexion, Absorption und Streuung nimmt das Energieniveau der Welle ab. Bewegt sich die Welle an einem Hindernis vorbei, so wird sie von ihrer linearen Bahn leicht abgelenkt. Sollten also auf engem Raum viele kleine Hindernisse (wie z.B. ein Drahtgitter) vorhanden sein, kann es trotz der offensichtlichen Durchlässigkeit des Gitters zu Abschattungen kommen. Aus diesem Grunde ist es von grossem Vorteil, wenn die Antennen des Senders und Empfängers quasi Sichtkontakt haben. Sollte dies nicht der Fall sein, weil wir uns z.B. in Innenräumen aufhalten und sich der Empfänger hinter einer Mauerecke befindet, so kann er das Signal über die Reflexion einer Wand erhalten, was ebenfalls zu einem guten Resultat führt. Sollte jedoch der Empfänger vom Sender ein direktes Signal sowie ein stark reflektierendes Signal (das z.B. nur einen kurzen Weg zurücklegt) gleichzeitig erhalten, so heben sich diese auf. Man nennt so einen Aussetzer (engl.: drop out) auch Feldstärkeloch. Aus diesem Grunde sollten die Antennen der Sender und Empfänger einen Mindestabstand von einem Meter zu etwaigen Wänden haben. Zu Stahl- und Betonträgern ist ein Abstand von mindestens 50 cm einzuhalten. Bei schweren Metallobjekten, speziell Metallgittern und Lichttraversen, besser sogar 1,5 Meter Distanz halten. Der Abstand zwischen Sender und Empfänger sollte 4 bis 5 Meter betragen, um Funksignalübersteuerungen am Empfänger zu vermeiden. Bei teureren Sendern gibt es einen „Low Intermodulation Mode", der die Störfestigkeit gegen Intermodulationen erhöht. Funksignalübersteuerungen können auch durch das Herabsetzen der Sendeleistung am Sender von z.B. 50 mW auf 10 mW erreicht werden, falls der

Sender über eine solche Sendeleistungsschaltung verfügt. Wird mit mehreren Funksets gearbeitet, so sollte darauf geachtet werden, dass die Sender untereinander einen Mindestabstand von einem halben Meter haben, um Intermodulationen von benachbarten Trägerfrequenzen zu vermeiden.

Elektromagnetische Wellen bzw. deren Frequenzen (Schwingungen) können ähnlich wie Schallwellen berechnet werden. Der Unterschied ist die Ausbreitungsgeschwindigkeit. Im Falle von Schallwellen sind es 343 Meter pro Sekunde. Bei Funkwellen findet die Ausbreitung in Lichtgeschwindigkeit statt, also 300'000 Kilometer in der Sekunde resp. 300'000'000 Meter pro Sekunde. Beispielsweise hat die Frequenz 470 MHz eine Wellenlänge von 0.63786 Metern und die Frequenz 786 MHz entspricht einer Wellenlänge von 0.38142 Metern (470 bis 786 MHz entspricht dem in der Schweiz seit 01.01.2013 üblichen bzw. meistgenutzten Frequenzbereich für unsere drahtlosen Mikrofon-Anlagen). Die durch Wechselstrom erzeugte elektromagnetische Welle dient dabei nur als Träger (Trägersignal, Trägerwelle, Trägerfrequenz) also quasi Transporter für die Information bzw. das Audiosignal (Niederfrequenz). Dies geschieht im Falle von analoger Funkübertragung mittels Modulation (i.d.R. Frequenzmodulation = FM).

Zumeist arbeiten wir im UHF-Bereich, also ultra hoher Frequenz oder Ultra-Hochfrequenz (engl.: **U**ltra **H**igh **F**requency), die von 300 MHz bis 3 GHz (3'000 MHz) reicht. Ihre Dezimeterwelle ist 10 – 1 (1 Meter bis 10 cm). Wir setzen aber auch Funksets im tieferen VHF-Bereich (**V**ery **H**igh **F**requency) ein, die von 30 MHz bis 300 MHz geht und deren Wellenlängen zwischen 10 Meter und 1 Meter liegen.

Zuerst sollte man den Empfänger (engl.: receiver) einschalten. Wenn kein Signal auf der RF-Anzeige (Funksignal-Pegel, wird auch HF-Pegel für Hochfrequenz-Feldstärke genannt) und somit auch kein Signal auf der AF-Anzeige (Audio-Pegel, wird auch NF für Niederfrequenz genannt) erscheint, ist das ein gutes Zeichen, weil wir dann wissen, dass kein anderer auf dieser Frequenz sendet. Danach schalten wir den Sender (engl.: transmitter) an und stellen diesen auf die gleiche Frequenz wie den Empfänger ein. Niemals mehrere Sender auf die gleiche Frequenz einstellen! Wir können jedoch beliebig viele Empfänger auf eine identische Frequenz schalten. Wenn wir mehrere UHF-Sets benötigen, schalten wir diese in der gleichen Reihenfolge ein (erst den Empfänger, dann den Sender). Die verschiedenen Frequenzen sollten einen Mindestfrequenzabstand von 400 kHz haben. Vor allem sollten die Frequenzen aus einer einzigen, vom Hersteller errechneten und programmierten „Bank" oder „Gruppe" zusammengestellt werden, da es sich bei diesen um intermodulationsfreie Frequenzen handelt. Einige Modelle haben im Empfänger eine Scanfunktion, mit deren Hilfe man freie Frequenzen scannen kann. Aber Achtung, bei einigen Modellen werden nur die vom Hersteller vorprogrammierten Frequenzen innerhalb der jeweiligen Bank bzw. Gruppe gescannt (Frequenz-Preset-Scan) und nicht der ganze Frequenzbereich des UHF-Bandes, in dem wir uns befinden. Bei der Intermodulation (engl.: IMD für Intermodulation Distortion) handelt es sich um eine multiplikative (nicht-lineare) Verknüpfung von Signalen mit unterschiedlicher Trägerfrequenz, wobei durch Verknüpfung Signale mit neuen Frequenzen (Intermodulationsprodukte) erzeugt werden. Die Ursache für Intermodulationseffekte sind: A) Ein HF-Signal in einem nicht linearen Übertragungssystem produziert Vielfache seiner Eigenfrequenz (Oberschwingungen, Harmonische). B) Mehrere HF-Signale rufen zusätzliche Summen- und Differenzsignale hervor. C) Die Harmonischen können ihrerseits mit den Summen- und Differenzsignalen weitere Kombinationen bilden.

Kurz einige Beispiele für Intermodulationseffekte (IM für Intermodulationsprodukte) mit zwei Funksets resp. 2 Frequenzen. Die erste Trägerfrequenz ist **800 MHz (f1)**, die zweite ist **800,4 MHz (f2)**.

IM „2. Ordnung" ist die Summer beider Signale: f1 + f2 = 1600,4 MHz

oder die Differenz der beiden: f2 − f1 = 0.4 MHz

oder die zweite Harmonische der Grundfrequenz 1:   2 • f1 = 1600,0 MHz

oder w. o. für Grundfrequenz 2:   2 • f2 = 1600,8 MHz

Alle diese Ergebnisse (IM 2. Ordnung) liegen ausserhalb unseres Empfangs-bereiches und stören uns daher nicht. Mit den IM der 3., 5., 7., und 9. Ordnung sieht dies jedoch anders aus. Intermodulationsprodukte von höherer Ordnung (5., 7., 9. usw.) sind im Vergleich zu denen der 3. Ordnung deutlich schwächer und spielen somit eine untergeordnete Rolle. Das IM der 3. Ordnung, das wesentlich schneller ansteigt als das Grundsignal, führt jedoch mit hoher Wahrscheinlichkeit zu Störungen.

IM „3. Ordnung"; 3. Harm. der Grundfrequ. 1: $3 \bullet f1 = 2400$ MHz

oder w. o. für Grundfrequenz 2: $\qquad\qquad 3 \bullet f2 = 2401{,}2$ MHz

oder deren Summe und Differenz: $\qquad\quad 2 \bullet f1 - f2 = \mathbf{799{,}6\ MHz}$

oder w. o.: $\qquad\qquad\qquad\qquad\qquad 2 \bullet f2 - f1 = \mathbf{800{,}8\ MHz}$

oder w. o.: $\qquad\qquad\qquad\qquad\qquad 2 \bullet f1 + f2 = 2400{,}4$ MHz

oder w. o.: $\qquad\qquad\qquad\qquad\qquad 2 \bullet f2 + f1 = 2400{,}8$ MHz

oder im Falle einer 3. Frequenz: $\qquad\ f1 + f2 + f3 = $ Summe MHz

IM „5. Ordnung": $\qquad\qquad\qquad\ 3 \bullet f1 - 2 \bullet f2 = \mathbf{799{,}2\ MHz}$

oder: $\qquad\qquad\qquad\qquad\qquad\ 3 \bullet f2 - 2 \bullet f1 = \mathbf{801{,}2\ MHz}$

IM „7. Ordnung": $\qquad\qquad\qquad\ 4 \bullet f1 - 3 \bullet f2 = \mathbf{798{,}8\ MHz}$

oder: $\qquad\qquad\qquad\qquad\qquad\ 4 \bullet f2 - 3 \bullet f1 = \mathbf{801{,}6\ MHz}$

Die fett gedruckten Resultate kämen also für ein drittes UHF-Set resp. Frequenz nicht infrage. Vor allem auf die IM der 3. Ordnung achtgeben. Die Anzahl der IM-Produkte steigt geometrisch, also exponentiell mit der Anzahl der eingesetzten Funksets (UHF-Systemen). Sie können in Sendern, Empfängern und Antennenverstärkern generiert werden. Das IM-Produkt wird vom Sender zusammen mit dem Originalsignal gesendet. Wichtig ist deshalb das sorgfältige Platzieren der Komponenten. Faustregel: Je weiter Sendeantennen vonein-ander entfernt sind, desto geringer sind die Pegel der IM. Die Sender sollten untereinander einen Sicherheitsabstand von mindestens 30, besser sogar 50 cm haben. Zwischen Sender und Empfänger sollte der Abstand mindestens 4 bis 5 Meter betragen. Es sollten nur so viele Sets resp. HF-Sender eingeschaltet werden, wie effektiv benötigt. Für den Fall, dass eine sehr grosse Anzahl von Frequenzen gleichzeitig genutzt wird (vor allem bei Kongress- und Veranstaltungstechnik), können uns spezielle Computerprogramme, die man bei einigen Herstellern gratis herunterladen kann, die Rechnerei abnehmen.

Störungen bzw. Interferenzen können aber auch durch Rundfunksender wie Digital Audio Broadcast (DAB), analoge TV-Rundfunkanstalten und Digital Video Broadcast-Terrestrial (DVB-T) auftreten. Falls man sich nahe an Sendern wie Mobiltelefonen (auch im lautlosen Betriebsmodus), AM- und FM-Radiosendern und drahtlosen Interkom-Systemen befindet, kann es ebenfalls zu Störungen kommen. Eine weitere Gruppe von Störern bilden digitale Audiogeräte und Effektprozessoren, die vor allem in Tonstudios (Effektgeräte, Synthesizer/Sampler, CD-Player, Recorder usw.) anzutreffen sind. Aber auch Computer bzw. deren CPUs, die auch in Palmtops und computergestützten Beleuchtungsscannern eingesetzt werden, können Probleme verursachen. Zu guter Letzt haben wir noch Störungen durch Wechselstromgeräte wie Dimmer, Leuchtstoffröhren, Schaltnetzteile, Hochspannungs-/Starkstromquellen, Kompressoren usw.

Am Dreh eines Anlasses, an dem mehrere unabhängig von einander gebuchte Kamerateams mit UHF-Funksets erwartet werden, gilt folgende Faustregel: Dem Team, das zuerst kommt und seine Funksets aktiviert, gehört die von ihm gewählte Frequenz. Das danach ankommende Team wählt dann wiederum eine oder mehrere der übriggebliebenen Frequenzen aus. Aus diesem Grunde sollte man während der Mittagspause den Sender eingeschaltet lassen, damit später anreisende Teams diese Frequenz nicht übernehmen (ungenutzte Empfänger jedoch abschalten). In der Praxis ist das leider nicht immer möglich, Stichwort VJs usw. Was jedoch auf keinen Fall toleriert werden kann, ist das Drehen mit Funksets an einem Anlass/Konzert, an dem ebenfalls „Funken" für die Bühne eingesetzt werden und sich nicht vorher mit dem leitenden Tontechniker der Show zu besprechen. Nehmen wir einmal an, ich hätte tagsüber eine Geschichte über einen Fussballtrainer gedreht und für diesen Zweck den Trainer, wegen der grossen Distanzen, mit einem 250 Milliwatt Gürtelanstecksender versehen. Am Abend wäre selbiger Trainer an einen

Galaanlass eingeladen und wir begleiten ihn filmisch dabei. Der Trainer ist natürlich immer noch verkabelt und wir senden (versehentlich) auf der gleichen Frequenz wie eines der Bühnenfunkmikrofone. Da wir mit 250 mW senden und die Handsender der Bühne vermutlich eine Sendeleistung von nur 30 mW, höchstens aber 50 mW haben, drücken wir das Signal des einen Handsenders, der auf der identischen Frequenz liegt, gnadenlos weg. Der Trainer könnte sich sogar auf der Toilette befinden und man würde ihn, falls wir seinen Sender nicht deaktiviert haben, vermutlich immer noch über die Bühnen-PA-Anlage (PA = Public Adress) hören. Ich selber hätte unglücklicherweise keinen Einfluss darauf, da sein Signal ja direkt von seinem Sender zum Empfänger der Bühnen-HF-Anlage geht und nur vom dortigen PA-Tontechniker unterbrochen resp. heruntergefahren werden kann. Obwohl sich der besagte Trainer auf der Toilette vielleicht zu weit weg vom Bühnenempfänger befindet, um das Signal des näheren Bühnenhandsenders zu überdecken, so würde es zumindest zu Störungen kommen.

Ein **Taschensender** (Gürtelsender) gehört so angebracht, dass die Antenne nicht direkt mit der Haut des Darstellers in Berührung kommt. Falls der Darsteller auch noch schwitzt, kann es durch Verstimmung der Antenne zu einer Absorption des HF-Signals von fast 100% kommen. In so einem Fall, und wenn es sich auch noch um einen Dreh mit verstecktem Mikro resp. Empfänger handelt und dieser nur auf der Haut angebracht werden kann, besteht die Möglichkeit, den Empfänger samt Antenne in ein Aquapac (wasserdichte Hüfttasche) oder in ein Kondom zu packen (nur trockene Kondome ohne Gleitfilm benutzen). Vorsicht ist auch geboten bei Stuhllehnen oder Mauern, an denen sich die verkabelte Person anlehnen möchte, da dann die Antenne abgedrückt oder das Signal gar vollständig absorbiert werden könnte. Gerade weil der menschliche Körper über einen hohen Absorptionsgrad verfügt, kann es Sinn machen, den Sender vorne am Körper statt am Rücken des Darstellers anzubringen, falls sich dieser in grosser Entfernung befindet. Bitte eine Kabelentlastungsschlaufe für das Ansteckmikrofonkabel (nahe an dessen Stecker) legen respektive tapen. Restliches Kabel mit bongo ties (Gummiband-schlaufen) festzurren oder direkt um den Sender wickeln, damit dieses nicht sichtbar ist und der Schauspieler daran nicht hängen bleiben kann. Batterie-status kontrollieren bzw. neue Batterien oder Akkus einlegen.

Um einen besseren Pegel zu erreichen, sollte die **Polarisation der Antennen** von Sender und Empfänger gleichartig sein, d.h. beide Geräte resp. deren Antennen entweder senkrecht oder horizontal positionieren. In der Regel montieren wir den Taschensender vertikal an den Gürtel oder den Hosen-/Rockbund eines Protagonisten. Der dazugehörige Empfänger hängt meistens senkrecht an der ENG-Mischer-Tasche oder der Tonkarre. Die beiden Geräte-antennen sind also in der gleichen, von uns gewünschten, Polarisation. Der Sender für das Kamerasignal, der sich normalerweise ebenfalls in senkrechter Lage am Mischer befindet und das abgemischte Signal an die Kamera weiter-leitet, muss gegebenenfalls in horizontale Lage gebracht werden. Dies ist dann nötig, wenn der Kameraempfänger mit abgewinkelten Antennen ausgestattet ist, die man nicht aufrichten und somit auch nicht in eine vertikale Position bringen kann. Bei ungleicher Polarisation (z.B. vertikale Senderantenne und horizontale Empfängerantenne) kann es zu einer Dämpfung des Signals von bis zu 20 dB kommen.

Mit dem Gainregler (Drehregler für die Eingangsempfindlichkeit, der mit einem speziellen Schraubenzieher oder bei Sendern mit Display über die Menü-funktion Sensitivity eingestellt wird) justiert man am Sender die Empfindlichkeit des angeschlossenen Ansteckmikrofons. Der Pegel des Audiosignals (AF) sollte möglichst hoch sein und darf bei lauten Passagen auch mal kurz die Audio-Übersteuerungsanzeige (AF-Peak) aufblinken lassen. Diese sollte aber auf keinen Fall ständig leuchten, da wir sonst Übersteuerungen haben, die zu Verzerrungen führen. Alle Funktionen eines Taschensenders sind identisch mit denen eines Aufstecksenders (engl.: plug-on transmitter) oder Handsenders (Funkmikrofon, engl.: radio microphone). Der Empfänger besitzt eine RF-Kontroll-LED, die uns angibt, ob wir überhaupt ein Signal empfangen. Der Empfänger sollte eine möglichst hohe RF- bzw. HF-Anzeige (Funksignalpegel) aufweisen. Ist der HF-Pegel zu schwach, so versucht man die Position und/oder Distanz des Senders und Empfängers zu ändern resp. zu verkürzen und erhöht u.U. den Squelchwert. Vor allem wenn, im Gegensatz zum HF-, der AF-Pegel hoch genug ist. Übrigens existiert vielfach auf Empfängerseite ebenfalls eine AF-Anzeige, um den Audiopegel ständig überwachen zu können. Am Empfänger befindet sich eine Schaltung für die Rauschsperren-Schwelle (Squelch). Durch den Squelch wird das Rauschen, das durch Ausschalten des Senders oder durch zu geringe Sendeleistung auftritt, eliminiert. Oder anders gesagt, der Empfänger „öffnet" erst, wenn ein anliegendes HF-Signal die erforderliche Feldstärke hat. Somit kann verhindert werden, dass fremde Signale durchkommen, falls unser Sender nicht sendet oder abgestellt ist. Der Squelch sollte nie ausgeschaltet, jedoch möglichst tief eingestellt werden. Wenn der Squelch zu hoch reguliert, werden nicht nur Grundrauschen, sondern auch die leisen Passagen des Audiosignals eliminiert. Je höher der Squelch eingestellt ist, je geringer ist die Reichweite der Übertragungsstrecke. Empfänger neuerer Generation haben einen verstellbaren Pegel des Ausgangssignals (AF Out), um diesen an den Eingangspegel des angeschlossenen Gerätes (Mixer, Kamera, Audiorecorder usw.) anzupassen. Einige Modelle besitzen sogar noch einen Kopfhörerausgang, um den Empfänger als In-Ear-Monitor zu benutzen.

Das **True Diversity System** ist natürlich die beste, aber auch teuerste Lösung, da es mit zwei Antennen und zwei Empfangseinheiten arbeitet, quasi wie zwei unabhängige Non Diversity Systeme in einem Gerät. Die beiden Signale (der zwei Antennen) werden permanent verglichen und das jeweils bessere Audiosignal gelangt an den Ausgang des Empfängers. Das Hin- und Herschalten der jeweiligen Empfangseinheit wird im Display des Empfängers (meistens durch Römisch I und Römisch II) angezeigt. Sollte diese Anzeige nicht alle paar Sekunden zwischen diesen beiden Marken wechseln, dann stimmt mit dem Empfänger etwas nicht, d.h. er ist defekt und arbeitet nur mit einer Empfangseinheit (wie ein Non Diversity Empfänger). Zumeist erkennt man True Diversity-Empfänger, im Gegensatz zu Non Diversity-Empfängern daran, dass sie zwei statt einer Antenne haben. Aber Achtung: Ältere Empfängersysteme mit ebenfalls zwei Antennen können z.B. Passives Diversity, Antenna Switching Diversity, Predictive Diversity, Antenna Phase Switching Diversity etc. sein. Dies sind keine echten True Diversity Systeme, da sie im Gegensatz zu diesen nur über eine statt zwei Empfangseinheiten verfügen.

Der portable UHF-Empfänger der neuesten Evolution G3-Serie von Sennheiser (mit nur einer Empfangseinheit) ist wiederum mit einer Stummelantenne sowie einer weiteren, in der Abschirmung des Anschlusskabel integrierten Kabelantenne bestückt und nennt sich Adaptive Diversity. Bei Non Diversity Systemen, also Empfängern, die nur mit einer Antenne und einer Empfangseinheit arbeiten, besteht die erhöhte Gefahr von (durch Mehrfach-Reflexionen bzw. Interferenzen, Absorptionen und Abschattungen ausgelöste) Drop Outs des Signals am Ort der Empfangsantenne. Statistiken sprechen bei einem Non-Diversity-System von einem zeitlichen Ausfall (durch Dropouts hervorgerufen) von ca. 1%. Es kommt nicht selten vor, dass wir nach einem Drehtag mit jeder Menge gedrehtem Material nach Hause kommen, sagen wir einfach mal drei Stunden. 1% von diesen 180 Minuten ergibt also 1 Minute und 48 Sekunden. Bei einem True-Diversity-System hingegen geht die Statistik von einer „Aussetzer-Zeit" von 0,01% aus, und das wären dann in unserem Fall nur 1 Sekunde und 8 Hundertstelsekunden. True Diversity Empfänger sind auch als Dual-Empfänger erhältlich. Das heisst, es können zwei Signale (für zwei Tonspuren) empfangen werden. Beim Dual True Diversity Receiver MCR 41 bzw. MCR 42 von Wisycom sind beide Kanäle im True Diversity-Modus empfangbar. Andere Geräte wiederum arbeiten lediglich im True Div.-Modus, wenn sie nur einen Kanal empfangen und schalten in den Antenna-Switch-Modus (keine echtes true diversity), wenn sie auf Doppel-Kanal-Empfang eingestellt werden.

Für die Stromspeisung der Sender und/oder Empfänger kann man problemlos Akkus statt Batterien benutzen. Batterien (bitte nur Alkaline Batterien benutzen) verfügen aber in der Regel über eine längere Betriebsdauer und eine etwas höhere Sendeleistung. Des Weiteren ist die Batterieladezustandsanzeige an den HF-Geräten präziser im Batteriebetrieb und die Spannung fällt im kritischen Entladebereich weniger schnell ab als im Akkubetrieb. Ich persönlich benutze sehr oft Akkus, ausser für Live-on-tape und Live-Sendungen oder in Situationen, in welchen aus zeitlichen Gründen, nur ein „One-Taker" möglich ist. Auf jeden Fall sollte die Batterieanzeige resp. die Ladeanzeige nicht völlig ausgereizt werden. Ich habe schon beobachtet, dass ein Sender (bei blinkender Warnanzeige) schon nicht mehr gesendet hat, bevor er dann ganz abschaltete.

Ein wichtiger Punkt allgemein ist die Stärke der Sendeleistung. Je nach länder-spezifischen gesetzlichen Vorlagen und Lizenzvergaben können HF-Sets mit verschiedenen Sendeleistungen eingesetzt werden. In der Schweiz sind vor allem Sender mit 30 oder 50 mW (Milliwatt) im Einsatz. Es können aber in bestimmten Frequenzbändern (seit Beginn 2013) auch konzessionslose Sender bis 100 oder 250 mW eingesetzt werden. Je höher die Sendeleistung desto grösser darf die Distanz zwischen Sender und Empfänger sein. Ein weiterer Vorteil der stärkeren Sendeleistung ist eine erhöhte Sicherheit, d.h. wir „drücken" einen schwächeren Sender, der auf der gleichen Frequenz sendet, eher weg als er uns.

Es macht kaum Sinn hier sämtliche Spezifikationen (wie Schaltbandbreite, Filter usw.) aller HF-Funkstrecken der verschiedenen Hersteller zu beschreiben. Der Markt reguliert sich automatisch. Im Profi-Bereich werden Sie vor allem UHF-Sets der Firmen Sennheiser, Lectrosonics, Zaxcom, Sony, Audio Ltd und Wisycom antreffen. Aber auch Firmen, die eher Systeme für Konzerte und Veranstaltungstechnik führen, bieten UHF-Sets an, die sich für Einsätze im ENG-Bereich und für Industriefime eignen wie z.B. AKG, Beyerdynamic, Shure usw. Film- und Medienschulen sowie Semi-Profis bedienen sich auch gerne bei günstigeren Anbietern wie Audio-Technica, Mipro, Azden, Samson, Nady etc. Diese Aufzählung soll nicht als wertend verstanden werden, sondern entspricht meinen persönlichen Erfahrungen mit verschiedenen UHF-Sets. Es versteht sich wohl von selbst, dass an einem Spielfilm- oder Fernsehspiel-Dreh für die Verkabelung der Akteure nur UHF-Funkstrecken eingesetzt werden, die höchsten Qualitätsansprüchen genügen. Gleiches gilt natürlich für Plug-On-Sender von Boom Miks. Was nicht bedeutet, dass man für den Führungston (Sichtungston), welcher an die Kamera gesendet wird, nicht eine günstigere UHF-Strecke benutzen kann. Der Führungs- bzw. Sichtungston wird ja nur als Orientierungshilfe für die Regie oder Post eingesetzt und niemals ausgestrahlt oder öffentlich aufgeführt. Speziell bei ENG-Drehs und im Bereich Reality-TV haben sich z.B. die günstigen Evolution-UHF-Sets von Sennheiser, die ein gutes Preis-Leistungsverhältnis bieten, durchgesetzt. Vermehrt werden von Funkmikrofonie-Anbietern auch Systeme mit digitaler Funkübertragung ange-boten. Für welches Produkt man sich entscheidet, hängt nicht nur von den jeweiligen technischen Bedürfnissen, sondern auch von den Kosten ab, die man bereit ist, auf sich zu nehmen. Wichtig erscheint mir die Robustheit der Geräte im harten Film- und TV-Alltag. Das heisst, die Komponenten sollten stossfest und möglichst unempfindlich gegen Staub und Nässe sein. Dies gilt vor allem für die Gürtelsender. Auch sollten die Antennen bzw. deren Verbindungen zum Sender oder Empfänger nicht zu fragil sein, um ein Abknicken oder gar Abbrechen zu vermeiden. Hier noch kurz ein Tipp für den Qualitätstest in Bezug auf die Übertragung von hohen bzw. sehr hohen Frequenzen. Natürlich erreicht eine Funkübertragung nie die Qualität eines kabelgebundenen Mikrofons, dennoch muss das Ergebnis, vor allem für den für uns wichtigen Frequenzbereich der menschlichen Sprache, befriedigend sein. Bassfrequenzen können hierbei etwas vernachlässigt werden. Hohe Frequenzen, wie sie bei Sibilanten (Zischlaute) entstehen, gehen teilweise weit über 20 kHz und stellen für den Eingangslimiter und Kompander des HF-Senders bzw. dessen Fähigkeit mit diesem Dynamikbereich fertig zu werden ein Problem dar. Natürlich sollte für diesen Test ein Ansteckmikrofon von höchster Güte eingesetzt werden. Man nimmt also ein HF-Set und justiert es auf die üblichen, für Sprache zu erwartenden Einstellungen. Nun klimpert man mit einem Schlüsselbund ca. 25 bis 30 cm vor dem Mikrofon (die übliche Entfernung die normalerweise ein Lavaliermikrofon zum Mund des Sprechers aufweist). Schon bei diesem ersten Teil des Versuches wird man einen grossen Unterschied feststellen zwischen einem hochwertigen HF-Set und einem von geringerer Qualität, wenn beide Sets mit Ansteckmiks der gleichen Marke und des selbigen Typs versehen sind. Während das bessere System den Klang des Klimperns zumindest noch als solches erkennen lässt, so wird dies bei einem minderwertigerem Gerät eher wie das Rascheln einer Blistertüte für Süssigkeiten klingen. Nun sollte eine Hilfsperson während des Klimperns des Schlüsselbundes einen Text in das Mikrofon sprechen. Vorzugsweise eine Textpassage mit möglichst vielen Sibilanten bzw. Zischlauten. Während dieser Sprechprobe wird der klimpernde Schlüsselbund mindestens einen Meter vom Mikrofon weg und wieder zurück bewegt. Man achte hierbei auf die Veränderungen bzw. Verzerrungen der Sibilanten, welche dadurch dumpfer klingen. Wie schon angedeutet, stellt dieser Test für jedes System einen Härtefall dar. Er lässt sich aber schnell und einfach bewerkstelligen und vermittelt uns einen guten ersten Eindruck über die Qualität der jeweiligen drahtlosen Mikrofonanlagen. Übrigens muss man in unserem Arbeitsleben betreffend Schlüsselbundeffekt gar nicht so weit suchen. Der eine oder andere Leser hat vielleicht auch schon Aufnahmen mit weiblichen Talents gemacht, die Armbänder aus Metall trugen. Natürlich sind wir immer froh, wenn die betreffenden Damen keine klimpernden Armbänder und Ohrringe tragen, aber manchmal geht es nicht ohne. Bei einer Modesendung sind Schmuck und Accessoires nun mal Bestandteile der Sendung. Wenn nun eine solche Darstellerin während der Moderation ihre Arme bewegt (wenn möglich zwischen den Sätzen), dann klingt das Klirren des Armschmucks bei Verwendung eines hochwertigen HF-Senders ziemlich natürlich. Im Falle eines HF-Sets von geringerer Qualität klingt es eher wie das Geräusch von brechendem Kunststoff oder das Klackern von aneinanderschlagenden Plastikkugeln. Oft kommt es sogar vor, dass der Tonverantwortliche diese Geräusche für Funkstörungen hält.

Digitale HF-Sets sind seit einiger Zeit auf dem Markt und werden auch vermehrt von Herstellern klassischer Analog-Funkstrecken angeboten. Im Gegensatz zu den analogen Systemen brauchen die digitalen keine integrierten Kompander (Kompressor/Expander). Anbieter von digitalen Funkstrecken streichen die bessere Ansprechzeit und Tonqualität ihrer Systeme heraus. Vor allem der Umstand, dass ein zu schwaches Signal oder unerwünschte Einstrahlung anderer elektromagnetischen Wellen nicht zu Rauschen und Interferenzen führen kann, wird hervorgehoben. Digital gefunkte Daten kommen entweder an oder eben nicht, d.h. die Binärcodes müssen leserlich sein. Hersteller, deren Funksets analog funken, machen aber diesen Umstand zu ihrem Vorteil. Es kommt nämlich vor, dass ein Signal (aus was für Gründen auch immer) so schwach ist, dass es vielleicht trotz Vorwärtsfehlerkorrektur (FEC) des digitalen Senders nicht beim digitalen Empfänger brauchbar ankommt. Ein analoges Funksystem würde eventuell ebenfalls eine unbrauchbare Qualität abliefern, vielleicht aber auch ein zwar vermindert gutes, aber immer noch benutzbares Signal, wie es wahrscheinlich den Ansprüchen von Realityshows und News in so einem speziellen Fall genügen würde. Die Funkstrecken der Firma Lectrosonics wiederum (die in Hollywood neben Zaxcom vermutlich meisteingesetzten Wireless-Systeme) bietet Digital Hybrid

Wireless an. Die Geräte basieren zwar auf digitaler 24 Bit Technologie, die Funkübertragung findet aber analog auf FM-Basis statt.

Fazit: Zuerst Empfänger einschalten und Frequenz prüfen, danach Sender auf die gleiche Frequenz einstellen. Beim Einsatz mehrerer HF-Sets die verschiedenen Frequenzen aus nur einer der Banken resp. Gruppen wählen. Eingangsstärke des Audiosignals am Sender einstellen. Achtgeben, dass die Sendeantenne nicht mit dem Körper der verkabelten Person in Berührung kommt oder abgeschattet oder gar abgeknickt wird. Möglichst Sichtkontakt zwischen Sender und Empfänger halten. Mindestabstände unter mehreren Sendern und deren Empfänger einhalten. Eventuell am Empfänger Squelch anheben; möglichst jedoch auf niedrigster Stufe halten (Erhöhung des Rauschsperreschwelle vermindert die Reichweite der Funkstrecke). Batterieladestatus an beiden Geräten prüfen.

Kabel und Anschlüsse

Bei Anschlüssen bzw. Audiokabeln wird zwischen symmetrischen (engl.: balanced) und unsymmetrischen (engl.: unbalanced) Kabeln unterschieden. Bei unsymmetrischen Kabeln wird die zweite Leitung, nebst Abschirmung und Masse, auch für die Rückleitung des Stromkreises benutzt. Im Profibereich werden fast ausschliesslich symmetrische XLR-Kabel eingesetzt. Im Gegensatz zu unsymmetrischen Verbindungen verfügen diese über 3 statt nur 2 Leiter. Neben der Masse besitzt die symmetrische Signalübertragung zwei Innenleiter, wobei der erste Leiter, der zeitgleich mit dem zweiten Leiter eingespeist wird, an der Quelle eine Verpolung (Phasenvertauschung) erfährt. Störungen, hervorgerufen z.B. durch elektromagnetische Felder von Stromkabeln usw., wirken auf beide Adern phasengleich. Durch Subtraktion der gedrehten Polarität des Nutzsignals am Zielgerät heben sich diese Werte (Störsignal) auf. Voraussetzung dafür ist natürlich, dass der Anschluss des Zielgerätes ebenfalls symmetrisch ist. Da Mikrofonsignale eine sehr geringe Spannung haben und somit anfällig auf Einstreuungen durch Magnetfelder reagieren, sind symmetrische Kabelführungen und symmetrisierte Eingänge an Endgeräten unumgänglich. So oder so sollten Audiokabel, wenn nicht anders möglich, in einem 90-Grad-Winkel über etwaige Stromkabel geführt bzw. gelegt werden, um eine möglichst kleine Berührungsfläche zu gewährleisten. Wenn Audiokabel parallel zu Stromkabeln verlegt werden müssen, so ist zwischen ihnen ein möglichst grosser Abstand einzuhalten.

Es gibt auch sogenannte Star-Quad-Kabel; ein vieradriges (nebst der Masse/ Abschirmung), paarweise verdrilltes Kabel. Falls Störsignale, die bei einem normalen symmetrischen, also zweiadrigen Kabel richtungsbedingt erst auf den einen und dann auf den anderen Leiter treffen und somit verändert auftreten, so sind diese nicht gänzlich löschbar. Durch die sternförmige Anordnung der vier Leiter in einem Star-Quad-Kabel wird diesem Umstand Rechnung getragen und mögliche Störsignale werden noch weiter minimiert.

Eingangs-/Ausgangsbuchsen

Wir arbeiten mit niederpegeligen (-60 dBu bis -10 dBu) und hochpegeligen (-10 dBu bis +6 dBu) analogen Tonsignalen. Die dafür vorgesehenen Audio-Eingänge (Input) bzw. -Ausgänge (Output) sind mit MIC resp. LINE gekennzeichnet. Des Weiteren verfügen professionelle Kameras und Aufnahmerekorder über einen AES/EBU-Anschluss (Audio Engineering Society/European Broadcasting Union) zwecks Übertragung von zweikanaligen, digitalen Tonsignalen. Eine weitere Bezeichnung dieser Schnittstelle ist AES3, die bis auf den Umstand, dass sie im Gegensatz zu AES/EBU nicht unbedingt eine galvanische Trennung haben muss, identisch ist. Semiprofessionelle Tonaufzeichnungsgeräte verfügen für die digitale Tonübertragung meist nur über eine S/PDIF (Sony/Philips Digital Interface) Schnittstelle, die im Falle von Consumer-Geräten über asymmetrische koaxiale Cinch-Anschlüsse oder optische TOSLINK-Anschlüsse verbunden werden. Profigeräte, die S/PDIF unterstützen, sind jedoch zumeist mit einem XLR-Anschluss ausgerüstet. Übrigens sollte darauf geachtet werden, dass für digitale AES/EBU-Verbingungen ein symmetrisches XLR-Kabel für digitale Verbindungen mit einer Impendanz von 110 Ohm bzw. für unsymmetrische Koaxialverbindungen ein Kabel mit 75 Ohm eingesetzt wird und nicht das übliche XLR-Audiokabel mit einem Wellenwiderstand von 40 bis 80 Ohm.

Kameras, Tonmischer und Tonaufnahmegeräte verfügen in der Regel über XLR-3-Pol-Eingänge mit folgenden Schaltern für die Wahl der Audioquelle: LINE, AES/EBU, MIC, MIC +48V. Abgesehen von der Mic +48V-Schaltung, gilt dies auch für die Ausgänge. Bei Kameras kommt in der Regel noch ein XLR-5-Pol-Eingang für ein Stereomikrofon dazu. Wenn kameraseitig ein Mikrofon angeschlossen wird, so muss die Schaltung auf MIC resp. MIC +48V für Kondensatormiks (was in unserem Bereich eigentlich immer der Fall ist) stehen. Falls Geräte wie Mischer, portable Mikrofonverstärker, teilweise HF-Empfänger sowie Ausgänge von Tonrekordern angeschlossen werden, so gehen diese auf den Line-Eingang der Kamera. Nun kommt es aber vor, dass HF-Empfänger eine niedrigere Ausgangsleistung haben und somit an der Kamera bzw. am Mischer über den Mik-Eingang resp. Mik-Schaltung (nicht aber mit +48V) angeschlossen werden müssen. In dem Fall wird das Eingangssignal um 40 dB (gegenüber dem Linesignal) verstärkt.

Kameraseitige Vorbereitung (TV- bzw. Video-Kameras)

Einmann-Equipe. Kameraleute, die gerade im Bereich ENG (electronic news gathering; in Deutschland „EB" für elektronische Berichterstattung) alleine unterwegs sind, haben in der Regel nebst dem Kameramikrofon (engl.: auch „on board microphone", ugs. in Deutschland „Japaner") ein kabelgebundenes resp. drahtloses Handmikrofon und/oder ein bis zwei Funkstrecken (HF-Sets) dabei. Falls die Kamera über einen eingebauten HF-Empfänger im Kamera-einschubfach verfügt, muss sich der Kameramann nicht um die Eingangs-signalstärke kümmern, da dies automatisch über den Kamerasteckplatz ge-schieht. Will man nun einen externen HF-Empfänger anschliessen, so sollte der dafür vorgesehene Kanal auf „Manual" eingestellt sein. Den Drehregler für den Aufnahmepegel (Level) auf ca. „2 Uhr" stellen, also auf etwa 2/3 der Skala oder gar (gilt vor allem für Prosumer- bzw. semiprofessionelle Kameras) etwas tiefer auf ca. „12 Uhr", also mittig. Ist der Audioeingangswahlschalter auf LINE gestellt und man erhält bei dieser oder höher gedrehten Tonpegeleinstellung kein Signal, so muss dass Eingangssignal verstärkt werden, indem man den Eingangswahlschalter auf MIC stellt. Achtung: Bei diesem Vorgehen muss unbedingt darauf geachtet werden, dass der MIC LEVEL Regler (nur bei Profi-TV-Kameras), der sich unterhalb der Objektivfassung befindet, im Menu der Kamera deaktiviert ist. Sollte diese Funktion aktiviert sein, so muss der MIC LEVEL Regler ganz offen sein. Der MIC LEVEL-Regler kann im Menu nicht im eigentlichen Sinne aktiviert oder deaktiviert werden. Es stehen lediglich folgende Funktionen für die Kanäle resp. Spuren zur Verfügung: SIDE (Aufnahmepegelregler seitlich an der Kamera), FRONT (Mic Level-Regler frontseitig an der Kamera), F + S (beide Regler verknüpft). Bei einigen Kamera-typen kann für Kanal 3 resp. 4 nur zwischen den Funktionen FIX und FRONT gewählt werden.

Obigen Abschnitt, also den Einsatz von einem HF-Mikrofon, dessen Signal direkt auf die Kamera-Tonspur geht, möchte ich kurz etwas vertiefen. Ein Kameramann, der alleine unterwegs ist, hat in der Regel keinen Tonmischer zur Verfügung und somit nicht die Möglichkeit, einen externen Testton zum Einpegeln der Kamera-Tonspur einzusetzen. Nachdem er den HF-Sender bzw. dessen Mikrofoneingangsempfindlichkeit auf die zu erwartende Sprachlaut-stärke reguliert und den Audio-Ausgangspegel des HF-Empfängers (falls dies am Empfänger möglich ist) auf einen mittleren Wert (z.B. -12, -6 oder 0 dB) eingestellt hat, kann der Aufnahmepegel an der Kamera justiert werden. Wichtig dabei ist, dass sich der Audiopegel im manuellen Modus befindet. Wäre der Audio Select-Schalter auf Auto (automatische Pegelung) eingestellt, so würde die Kamera mittels der automatischen Verstärkerregelung (AGC = automatic gain control) den Pegel selbstständig anpassen und zwar unabhängig davon, ob ein nieder- oder hochpegeliges Signal an der Kamera anliegt. Falls ein HF-Empfänger (oder ein externes Mikrofon) über die Schaltung „Mic" läuft, kann je nach Kameratyp im Menu eine Feinabstimmung der Empfindlichkeit vorgenommen werden. Dieses Trimmen geschieht in 6 dB Schritten. Es macht Sinn, diese Einstellungen zuerst auf den Werten der Werkseinstellung des Kameraherstellers zu belassen. Bei einer Sony PMW-EX3 ist die Werkseinstellung -41 dBu, bei einer Sony PDW-700 -60 dB und bei einer Canon EOS C300 und C500 wiederum 0 dB. Bei einer EOS C300 und C500 ist neben erwähntem Mic-Trimming noch zusätzlich ein Menupunkt „MIC-Level" vorhanden, der in Einerschritten von 0 bis 99 geht. Werksmässig ist dieser Mic-Level auf den Wert 50 eingestellt. Für den Fall, dass die Kamera über einen Mic-Attenuator (Dämpfung für hochempfindliche Mikrofone) verfügt, muss dieser ausgeschaltet werden. Sobald alles so eingestellt ist, dass das Ansteckmikrofon (oder Handknochen) sauber klingt und der Pegel auf der Anzeige korrekt ausschlägt, kann die Kamera wieder tonmässig auf Automatik (Audio Select AUTO bzw. A) geschaltet werden. Dadurch, dass wir die Kamera quasi im manuellen Modus eichen, können wir den Ausgangspegel des HF-Empfängers so einstellen, dass er der allgemeinen Eingangsempfindlichkeit der Kamera entspricht und somit beim Umschalten auf Automatik das Signal nicht unnötig verstärkt oder dämpft, was zum „Pumpen" des AGCs führen würde.

An dieser Stelle möchte ich noch kurz auf die Funktion **AUDIO SELECT (AUTO / MANUAL)** eingehen. Falls man im Modus MANUAL arbeitet, ist es möglich, während der Aufnahme mit dem MIC LEVEL-Regler den Tonpegel des Eingangssignals zu steuern. Da Einmann-Equipen zumeist für News eingesetzt werden, benutzen sie diese Funktion eher selten, d.h. sie arbeiten meistens im AUTO-Modus. Es ist nun mal so, dass sich der Kameramann in der Regel auf das Bild (Cadrage, Schärfe, sich verändernde Lichtverhältnisse usw.) konzentrieren muss und man ihm nicht noch das manuelle Pegeln resp. das Überwachen dessen zumuten sollte. Trotzdem kann es Sinn machen, die Aufnahme manuell vorzunehmen, wenn z.B. eine verkabelte Person in etwa gleichbleibender Lautstärke moderiert und der Kameramann genügend Zeit für eine Tonprobe hat. Die Pegelspitzen auf der dBFS-Anzeige der Kamera sollten etwa zwischen -12 dB und -9 dB liegen; damit ist noch genug Headroom (Aussteuerungsreserve) vorhanden. Falls nun der Moderator unvorhergesehen und trotz vorheriger Tonprobe lauter oder leiser wird, so kann der Kamera-operateur dies mit seinem linken Zeigefinger (möglichst feinfühlig) am MIC

LEVEL-Regler korrigieren. Im Gegensatz dazu ist das Arbeiten im automatischen Modus, vor allem wenn Hintergrundgeräusche vorhanden sind, vielfach problematisch. Da es sich bei genanntem AUTO-Modus nicht, wie häufig fälschlicherweise angenommen, um einen Limiter bzw. Begrenzer, sondern um eine Verstärkerregelung (AGC - automatic gain control[3]) handelt, entsteht in geräuschvoller Umgebung ein pumpender Effekt auf der Audioaufnahme. Die automatische Verstärkerregelung versucht, das Ausgangssignal des Verstärkers konstant zu halten, auch wenn sich die Eingangssignalstärke verändert. Wenn nun der Moderator eine Sprechpause einlegt, so verstärkt die AGC-Funktion die Hintergrundgeräusche und drückt diese wieder herunter, sobald der Sprecher mit seinem Text fortfährt. Der Pegelwert für die AGC-Funktion (quasi Sättigung) kann im Kameramenu eingestellt werden und ist werksmässig meistens auf -6 dB eingestellt. Falls der Kameramann zwei verkabelte Personen aufnimmt, und er aus Qualitätsgründen die Tonaufnahme manuell machen will, so sollte er sich auf den zu Interviewenden beschränken und den Interviewer (dessen Fragen in der Postproduktion ohnehin meistens durch einen Voice-over-Sprecher ersetzt werden) im automatischen Modus belassen. Falls sich mehrere Kanäle im manuellen Modus befinden und diese auch noch auf den MIC LEVEL-Regler geroutet sind, so führt dies schnell einmal zu einer „MIC LEVEL-Regler-Orgie".

Egal, in welchem Modus der Kameramann arbeitet, auch wenn nur ein Kanal manuell eingestellt ist, die Funktion **LIMITER** (im Kameramenu unter „AU LIMITER MODE") sollte eingeschaltet sein. Dieser Limiter, der die Pegelspitzen begrenzt, kann im Menu z.B. wie folgt eingestellt werden: OFF / -6dB / -9dB / -12db / -15dB / -17 dB. Im Einmann-Einsatz sollte der Threshold (Schwellenwert) des Limiters mindestens auf -6 dB eingestellt sein. Fernsehstationen haben die Limiter der eigenen Kameras (teilweise auch der ENG-Tonmischer) häufig auf -9 dBFS eingestellt (entspricht Absolut +6 dBu / 1.55 VRMS). Dies entspricht den Anforderungen resp. Richtlinien für Sendebänder bzw. Sende-

---

[3] In manchen Fällen wird auch von ALC (automatic level control) gesprochen. Dabei handelt es sich um eine automatische Lautstärkeregelung, die vielfach auf ein eingebautes bzw. angeschlossenes Mikrofon zugreift.

material. Somit können z.B. aktuelle Newsbeiträge, die aus zeitlichen Gründen nicht in die Postproduktion gelangen, quasi direkt auf Sendung gehen. Falls bei der Produktion ein Tonmann dabei ist, so wird dieser den Limiter der Kamera ausschalten, da er den hochwertigen und um einiges feiner abstimmbaren Limiter des ENG-Mischers benutzen wird. Es dürfen nie zwei Limiter gleichzeitig eingesetzt werden, die den gleichen Threshold (Schwellenwert) haben, da sie sich sonst gegenseitig stören. Es ist Aufgabe des Tontechnikers die Audio-einstellungen der Kamera nach dem Dreh wieder in ihre ursprünglichen Settings zu bringen, damit dem Kameramann, der vielleicht am nächsten Tag einen 1-Mann-Dreh hat, kein unnötiger Mehraufwand zugemutet wird.

2-Mann-Team. Falls dem Kameramann ein Tonoperateur mit ENG-Mischer zur Verfügung steht, so wird Kanal 1 und eventuell Kanal 2 manuell geschaltet. Kanal 3 und 4 werden in der Regel auf das Kameramikrofon geroutet und befinden sich im Automodus. Da viele Kameras immer noch mit einem 1-Kanal-Empfänger ausgerüstet sind, muss der Tonmann gegebenenfalls eine zweite Spur über ein XLR-Kabel speisen. In diesem Falle macht es Sinn gleich beide Kanäle mittels je einem XLR-Kabel resp. einem XLR-5-Pol-Kabel mit Peitsche (Hinterbandkabel, engl.: breakaway cable) zu bedienen. Dies erübrigt sich natürlich, wenn die Kamera über einen HF-Doppelempfänger verfügt. Aber Vorsicht: Oft sind portable Zweikanalempfänger nur im Einkanalmodus TrueDiversity- resp. Zweistufen-Empfänger, d.h. im 2-Kanal-Modus handelt es sich bei diesen Empfängern lediglich um Antennendiversity- bzw. Antennen-Ablöse-Diversity-Systeme. Bei uns in der Schweiz sind seit Anfang 2013 die meisten professionellen ENG-Kameras von TV-Crews- und Equipment-Anbietern mit TrueDiversitiy 2-Kanal-Kameraempfängern ausgerüstet.

Tonspuren-Belegung für ENG-Kameras

Seit ca. Frühjahr 2009 wird bei uns in der Schweiz, gemäss den Richtlinien des Schweizer Fernsehens, wie folgt belegt:

Kanal 1: Wireless (HF) oder externes Mik resp. ENG-Mischer-Signal (mono oder Stereo L)

Kanal 2: Zweites HF-Set oder ext. Mik resp. zweites ENG-Mischer-Signal (mono oder Stereo R) oder aber, falls ENG-Mischer-Signal mono auf Kameraempfänger sendet, identisches Signal wie Kanal 1 (doppelt mono)

Kanal 3 + 4: Kameramik im AUTO-Modus (wird zweimal in Mono oder im Falle eines Stereo-Kameramikrofons im Stereomodus aufgenommen)

Obwohl wir eigentlich immer nach obiger Tonspurenbelegung arbeiten, kann es Sinn machen, die „alte" Belegung anzuwenden. Es gibt immer noch Schnittplätze, die nur Spur 1 und 2 des Kameraaufnahmeträgers einlesen können. Ich hatte z.B. noch im Februar 2012 so einen Fall. Bei der alten Tonspurbelegung spielt dies keine Rolle, da man das Hauptsignal (HF oder Monospur von ENG-Mischer) identisch auf Spur 1 und 3, und das Kamera-Monomikrofon ebenfalls identisch auf Spur 2 und 4 aufnimmt. Spur 3 und 4 dienen also lediglich als Sicherheitskopie.

Bei MS-Stereofonie, die natürlich über einen ENG-Mischer läuft, ist die Tonspurbelegung auf der Kamera für das Kameramik bzw. Kanäle 3 und 4 gleich wie im ersten Abschnitt (neue Tonspurbelegung gemäss SRF). Das Mitten-Signal der MS wird diskret auf Kanal/Spur 1 und das Seiten-Signal diskret auf Kanal/Spur 2 gelegt. Sollte während der MS-Aufnahme noch ein oder mehrere HFs wie z.B. Ansteckmikros dazukommen, so werden diese ebenfalls vom ENG-Mischer, zusammen mit dem Mittesignal der MS, auf Kanal/Spur 1 der Kamera aufgenommen. Dies widerstrebt zwar jedem Toningenieur, ist aber leider so vorgeschrieben. Ich bin der Meinung, dass man im

Falle von M/S-Stereoaufnahmen mit zusätzlicher Spurbelegung durch Ansteck-mikrofone auf den Einsatz eines Mehrspurrecorders beharren sollte.

Wenn ich für eine freie Produktionsfirma arbeite und nur eine Monospur senden muss, bevorzuge ich (nach Abklärung mit dem Produzenten) folgende Methode: Es wird das Monosignal von Kanal/Spur 1 nochmals mit 4 bis 6 dB weniger Pegel auf Kanal/Spur 2 aufgenommen. Die Info dazu (zum Beispiel: Spur 1: 1 kHz @ -18 dB / Spur 2: 1 KHz @ -22 dB) sollte auf keinen Fall auf dem Tonrapport oder der Kamera-Tape/Disc-Etikette fehlen. Somit kann in der Postproduction Spur 2 eingesetzt werden, falls es auf Spur 1 zu Über-steuerungen durch Türenknallen, lautes Rufen usw. gekommen ist. Dies macht natürlich nur Sinn, wenn das Eingangssignal nicht schon im Vorverstärker des Mixers übersteuert wurde und somit schon verzerrt auf den Ausgang des Mixers bzw. den Eingang der Kamera geht.

DSLR-Kameras

Der Einzug der DSLR-Kameras (digital single-lens reflex) bzw. Video-DSLR brachte sehr viel Bewegung in die „Szene". Tonoperateure sowie 1-Mann-Teams müssen wieder wie früher, als semiprofessionelle Videokameras nur über eine qualitativ ungenügende Möglichkeit zur Tonaufzeichnung verfügten, mittels Dualsystem arbeiten. Unter Dualsystem-Aufnahmen (wird auch double-system recording genannt und hat seinen Ursprung im Bereich Filmarbeiten, bei welcher der Ton nur auf den separaten Audiorekorder aufgenommen wird und die Kamera lediglich das Bildmaterial aufnimmt) versteht man das Aufnehmen des Audiomaterials auf eine Kamera und einen (unabhängigen) Back-Up-Audiorekorder zwecks Sicherheit oder eben erhöhter Qualität.

Die vermutlich am meisten eingesetzten Kameras, die Canon EOS 5D bzw. 7D, hatten ursprünglich nur die Möglichkeit, den Ton mit automatischer Pegel-regelung (AGC) aufzunehmen. Um dieses Manko zu beheben, haben Zubehör-firmen wie JuicedLink oder BeachTek ihre Mikrofonvorverstärker/Mixer resp.

ihre XLR-SLR-Adapter mit einem AGC-Disabler ausgestattet, der, mittels eines Hochfrequenztons, welcher auf eine der beiden Audiospuren der DSLR-Kamera geschickt wird, die AGC-Funktion der Kamera quasi deaktiviert. Obwohl die Nachfolgermodelle obiger Kameras mittlerweile zumeist über eine manuelle Pegeleinstellung verfügen und auch die Möglichkeit des Mithörens während der Aufnahme haben, macht der Einsatz dieser XLR-SLR-Adapter immer noch Sinn, da diese über bessere Mic-Preamps verfügen. Sie sind in der Regel mit zwei oder vier Eingängen ausgestattet (wobei das 4-Kanal-Modell von JuicedLink nur über XLR-Buchsen für zwei der vier Eingänge verfügt). Zu beachten ist beim Kauf eines solchen Gerätes, ob man einen passiven oder aktiven Adapter wählt. Nur mit den etwas teureren aktiven SLR-Adaptern, die über Phantomspeisung verfügen, kann man neben HF-Empfängern oder dynamischen Mikrofonen auch professionelle Kondensatormikrofone betreiben. Die Firma Fostex hat zu Beginn des Jahres 2012 ihren DSRL Mixer/Rekorder DC-R302 auf den Markt gebracht. Dieser 3-Kanal-Mixer (mit 3 phantom-gespiesenen XLR-Eingängen) verfügt im Gegensatz zu obigen Geräten über einen zusätzlichen 2-Spur-Rekorder, der auf SD-Card aufnimmt und zwar in den üblichen Samplefrequenzen (44.1, 48, 96 kHz) mit einer Bitrate von 16 oder 24 bit. Der Fostex DC-R302 hat also bei ähnlicher Abmessung und Gewicht wie der JuicedLink DT454 und der Beachtek DXA-SLR PRO die Möglichkeit, Audioaufnahmen im Doublesystem zu bewerkstelligen, ohne dass ein zusätz-licher Handheld-Digital-Audiorecorder (wie z.B. von Tascam, Zoom, Roland, Edirol, M-Audio, Korg, Marantz, Olympus, Sony, Yamaha usw.) an das Stativ oder das Schulter-Rig montiert werden muss. Auch die Firma Tascam Teac Professional bietet seit kurzem (Frühjahr 2013) ein ähnliches Gerät an: den DR-60D. Dieser Audiorecorder, der wie obig beschriebene DSLR-Audiomixer bzw. Recorder über das Stativgewinde direkt an die Kamera montiert werden kann, verfügt sogar über 4 Kanäle und Aufnahmespuren.

Ein erheblicher Teil der Produktionen wird mittlerweile mit DSLR-Kameras getätigt. Und dies wird wohl noch eine ganze Weile so bleiben. Auch wenn z.B. das Audio-Recording-System der neuen Canon EOS C300 (2 Audiospuren über XLR-Eingänge, 16 bits, 48 kHz) in der Szene als gut genug und zuverlässig betrachtet wird und man bereits dazu übergegangen ist, diese Kamera im

Singlesystem (also ohne zusätzlichen Audiorekorder) zu betreiben, so werden in unmittelbarer Zukunft sicher noch viele Drehs mit den kleinen DSLR-Kameras produziert und diese sollte man schlicht und einfach nicht ohne zusätzliches Audioaufnahmegerät einsetzen. Einmal abgesehen von den Qualitäts- bzw. Sicherheitsvorteilen, welche ein Doublesystem mit sich bringt, so ist auch der Vorteil einer nachträglichen Bild/Ton-Synchronisation mittels Software wie z.B. PluralEyes von Singular Software Inc. nicht von der Hand zu weisen, solange DSLR-Kameras im Low-Budget-Segment noch nicht über TC (time code) verfügen. Neben der Aufnahme auf einen Audiorekorder senden Tonleute den Führungston (engl.: guide track, scratch track) meistens über eine HF-Strecke an die DSLR-Kamera. Nun kommt es aber vor, dass der Monitor der Kamera erlischt, wenn ein 3.5 mm Minijack-Stecker in die dafür vorge-sehene Mic-Eingangsbuchse der Kamera eingestöpselt wird. Ich habe sogar schon von Fällen gehört, in denen die ganze Kamera kollabierte, was auf einen Kurzschluss schliessen lässt. Wie auch immer, Produzenten oder Kameraleute, die solches schon erlebt haben, wollen auf keinen Fall, dass am Mic.-Eingang der DSRL-Kamera irgendetwas angeschlossen wird. In diesem Fall muss halt das eingebaute Boardmik der Kamera für den Führungston herhalten. Trotz des eventuell grossen Distanzunterschieds zwischen einem Ansteckmikrofon, das an einem Protagonisten in 8 Meter Entfernung vor der Kamera angebracht ist und dem Kameramikrofon (das logischerweise auch bedeutend mehr Hallanteil aufnimmt) sollte eine nachträgliche Synchronisation der Kameramikrofon-Audiospur und der separaten Harddiscrecorderspur mittels oben erwähnter Software PluralEyes ohne grössere Probleme in der Post zu lösen sein.

Teil 3: Tontechnik 2

Psychoakustik

Das menschliche Ohr, bestehend aus Aussen-, Mittel- und Innenohr, ist nicht nur für das Einfangen des Schalls, sondern auch für dessen Lokalisierung, also Ortung der Einfallsrichtung und der Entfernung zuständig. Dank der Fähigkeit des räumlichen Hörens, die ein Ergebnis des binauralen (beidohrigen) Hörens ist, können wir Richtung und Entfernung einer Schallquelle bewerten. Speziell das Richtungshören ist beim Menschen sehr gut entwickelt. Er kann die Bewegung einer (in Blickrichtung vor ihm befindlichen) Schallquelle schon bei einer Verschiebung von 3° erkennen.

1. Die Bestimmung der seitlichen Einfallsrichtung (links, geradeaus und rechts) erfolgt durch Laufzeitunterschied, also Laufzeitdifferenz (engl.: ITD für Interaural Time Difference) und Pegelunterschied resp. Pegeldifferenz (engl.: ILD für Interaural Level Difference) zwischen den beiden Ohren. Bei der Laufzeit-differenz erreicht ein von links kommender Schall das linke Ohr früher als das rechte, da es erst um den Kopf herumgebeugt werden muss, um das rechte Ohr zu erreichen, was zu einer Phasendifferenz führt. Dieses Beugen der Wellen um unseren Kopf herum gilt nur für tiefe Frequenzen unterhalb von ca. 790 Hz (Wellenlänge von 43 cm), die bei halber Wellenlänge grösser sind als unser Kopfdurchmesser bzw. der wirksame Abstand von Ohr zu Ohr von 21.6 cm. Hinzu kommt, dass am linken Ohr (wir sind immer noch beim Beispiel mit Schall von links kommend) ein höherer Pegel anliegt als am rechten, da der Kopf das Signal für das rechte Ohr abschattet. Diese Pegelunterschiede nehmen mit Erhöhung der Frequenzen zu und sind vor allem für solche oberhalb von 1000 Hz (der Bereich, in dem das menschliche Gehör am empfindlichsten ist) für die Orientierungsfähigkeit des Gehörs sehr wichtig. Besagte Frequenzen, d.h. kleine Wellenlängen (ab ca. 1600 Hz) werden am Kopf reflektiert. Durch diese Reflexion entsteht an der zum eintretenden Schall zugewandten Kopfseite eine Zone mit erhöhtem Schalldruck. Auf der anderen Kopfseite wird das Signal durch Abschattung gedämpft. Der Bereich

dazwischen (etwa 500 bis 1500 Hz) ist überlappend und wird quasi durch Laufzeit- und Pegeldifferenz „bedient". Frequenzen unterhalb 50 oder schon 80 Hz sind für das menschliche Gehör nicht mehr richtungsweise lokalisierbar, weswegen ja nur ein Subwoofer-Lautsprecher bei Stereo- oder den meisten Surroundanlagen eingeschleift wird. Darüber darf gestritten werden, da der Mensch diese tiefen Frequenzen zwar nicht räumlich lokalisieren kann, jedoch für das Räumlichkeitsgefühl (die Umhüllung) eben doch zwei Subs benötigt (sofern diese natürlich Stereo geschaltet sind). In den Surroundformaten 6.2 und 7.2 werden übrigens zwei asymmetrisch platzierte Subwoofer eingesetzt, um das Problem mit Auslöschungen von reflektierenden langen Wellen (Tieftonfrequenzen), also stehenden Wellen, zu umgehen.

2. Die Bestimmung der medianen Einfallsrichtung (vorn, oben, hinten, unten) wird durch Resonanzen des Aussenohrs ausgewertet. Durch die Ohrmuschel und den äusseren Gehörgang (bis hin zum Trommelfell) werden, je nach Schalleinfallsrichtung, unterschiedliche Resonanzen, die richtungsselektiv wirken, angeregt. Dieses eingeprägte richtungsspezifische Muster wird vom Gehör-Gehirn-System ausgewertet.

3. Die Entfernung der Schallquelle wertet das Gehör anhand der Reflexions-muster und Klangfarbe (Timbre), teilweise aus der Erinnerung, aus. Dabei stehen uns verschiedene Informationen zur Verfügung wie z.B.:

Frequenzspektrum - in der Luft werden hohe Frequenzen stärker gedämpft, womit weiter entfernte Schallquellen dumpfer wahrgenommen werden.

Lautstärke - entfernte, aber vertraute Signalquellen sind leiser als nähere.

Bewegung - an einem sich bewegenden Hörer ziehen näher stationierte Schallquellen schneller vorbei als entferntere.

Schallreflexionen - in Räumen erreicht uns neben dem Primär- oder Direkt-schall auch der durch Reflexionen entstehende sekundäre Schall, also Diffus-schall. Aus dem Verhältnis dieser beiden kann die Entfernung der Schallquelle geschätzt werden.

Anfangszeitlücke - die Zeit zwischen dem Eintreffen des direkten Schalls und der ersten starken Reflexion. Die Signalquelle wirkt nahe, wenn diese Zeitlücke lange ist und der Pegel des Raumschalls geringer ist als der des Direktschalls.

Umgekehrt wirkt die Schallquelle entfernter, wenn die Anfangszeitlücke kurz oder gar nicht vorhanden ist und der Pegel des Diffusschalls im Verhältnis zu dem des Direktsignals hoch ist. Achtung: Bei diesem Punkt behandeln wir immer noch die Entfernung der Schallquelle und nicht das Richtungshören. In geschlossenen Räumen wertet das Gehör, zwecks korrekter Richtungsbestimmung, nur den zuerst eintreffenden Direktschall und nicht den später eintreffenden reflektierten Schall aus.

Vor allem darf die ausserordentliche (wissenschaftlich noch nicht gänzlich erforschte) Fähigkeit des Gehirns, innerhalb Millionsteln von Sekunden die für uns wesentlichen Informationen aus einem klingenden Durcheinander von Audioinformationen zu filtern, nicht ausser Acht gelassen werden. Man spricht hier vom Cocktailpartyeffekt (oder auch einfach Cocktaileffekt). Dieser Cocktailpartyeffekt bedingt binaurales Wahrnehmen, also Hören mit zwei Ohren. Aufnahmen, die mit einem Mikrofon (monophon) gemacht und danach abgehört werden, lassen diesen Effekt nicht mehr zu. Menschen, die nur über ein gesundes bzw. funktionierendes Ohr verfügen, haben ebenfalls erhebliche Schwierigkeiten Störgeräusche zu eliminieren bzw. wegzufiltern. Die Fähigkeit des selektiven Hörens kann durch Training verbessert werden und ist vor allem bei Berufsmusikern i.d.R. gut ausgeprägt.

Stereomikrofonierung

Obwohl wir für Tonaufzeichnungen im Bereich Film und Broadcasting, einmal abgesehen von Konzertmitschnitten, nur eine begrenzte Anzahl von Stereomikrofonieanwendungen (hauptsächlich MS-, XY- und ORTF-Technik) einsetzen, sollen hier kurz alle gängigen Techniken der Stereomikrofonie abgehandelt werden.

Laufzeitstereofonie (auch AB- oder Phasenstereofonie genannt) ist, wie der Name sagt, abhängig von dem Laufzeitunterschied, der sich bei zwei auseinanderstehenden Mikrofonen, bildet. Der Schall einer links positionierten

Schallquelle erreicht das linke Mikrofon (jedoch mit ungefähr gleichem Pegel) früher als das rechte. Die Mikrofone stehen immer parallel zueinander. Bei der Gross-AB-Anordnung stehen die Mikrofone ca. 1 bis 1.5 Meter (teilweise bis zu 3 Meter) auseinander. Im Falle der Standard- resp. Klein-AB-Anordnung ist der Abstand kleiner als einen Meter, zumeist 17 bis 35 cm resp. Ohrabstand (welcher, je nach Quellenbezug, mit 17 oder 17.5 cm angegeben wird). Die klassische AB-Anordnung besteht meistens aus zwei Druckempfängern und bedingt eine gute akustische Umgebung, sprich Aufnahmeraum. In sehr halligen Räumen können aber statt den Druckempfängern (Kugelcharakteristik) auch gerichtete Miks, also Druckgradientenmikrofone (meistens Nieren) eingesetzt werden. Es besteht sogar die Möglichkeit, mit zwei Grenzflächen-miks (vorzugsweise Nieren- oder breite Nierencharakteristik) zu arbeiten. Die Laufzeitstereofonie bildet vor allem räumliche Tiefe gut ab, ist jedoch nur bedingt monokompatibel. Eine weitere Technik ist die AB mit drei Mikrofonen, bzw. einem zusätzlichen Stützmikrofon zwischen den beiden vorhandenen Miks. Diese Technik wird hauptsächlich bei der Gross-AB-Anordnung eingesetzt. Das dritte Mik, das zwischen den beiden AB-Miks (ebenfalls parallel zu diesen) positioniert wird, kann später im Studio in gleichem Verhältnis dem linken und rechten Kanal zugemischt werden. Damit kann ein etwaiges akustisches Loch, das beim Abhören mittels Stereolautsprechern auftreten kann, vermieden werden. Des Weiteren ist durch dieses dritte (auf einer eigenen Spur aufgenommene) Mikrofon eine Monokompatibilität gewährleistet. Eine sehr spezielle AB-Technik ist der Decca-Tree (oder Decca-Dreieck) der Firma Decca (Decca Records) aus Grossbritannien. Hierbei werden drei Druckempfänger (Omnimiks) in einem gleichschenkligen Dreieck mit einem Kapselabstand von 1.5 m aufgestellt (dieser Abstand kann vom Toningenieur je nach Bedarf selbst gewählt werden, sollte aber nicht unter 1 m liegen). Das mittlere, also vordere Mikrofon ist auf die Schallquelle gerichtet und ist dieser somit am nächsten; Oder es befindet sich sogar innerhalb des Klangkörpers (Orchesters). Da es sich um Kugelmikrofone mit besonderer Richtwirkung handelt, werden die beiden äusseren Miks jeweils bis zu 90° nach links resp. rechts zur Signalquelle ausgerichtet (Öffnungswinkel bis 180°). Die ganze Auslegerkonstruktion resp. der Tree wird in einer Höhe von 3 bis 4 Metern angebracht. Die Decca-Tree-Mikrofonierung führt bei Aufnahmen mit grossen Klangkörpern (Sinfonieorchester usw.) zu phantastischen Ergebnissen. Es kann durchaus sein, dass man die Anordnung resp. Form eines gleichschenkligen Dreiecks, im Fall eines sehr breiten Klangkörpers, verändert. In diesem Fall kann man den Abstand des linken und rechten Mikrofons etwas vergrössern, ohne jedoch die Position des vorderen Miks zu verändern. Das linke Mikrofon wird auf den linken Lautsprecher und das rechte Mik auf den rechten Lautsprecher geschaltet. Das mittlere Mikrofon wird zu gleichen Teilen auf den linken und rechten Lautsprecher verteilt. Ebenfalls möglich ist eine AB-Stereofonie mittels zwei Achtercharakteristik-Miks, die sogenannte Faulkner-AB (Tony Faulkner, britischer Toningenieur und Legende im Bereich klassischer Musikaufnahmen). In diesem Fall werden die beiden Achter-Mikrofone in einem Kapselabstand von 20 cm parallel zueinander aufgestellt und zwar mit der Vorderseite des Mikrofons, also der phasenrichtigen Seite, in Richtung zur Tonquelle und damit (logischerweise) das um 180 Grad phasengedrehte „Hinten" in die entgegensetzte Richtung.

Die AB-Stereofonie kann, historisch gesehen, als die amerikanische Stereofonietechnik betrachtet werden. Die folgende Koinzidentenmikrofontechnik ist ein eher europäisches Verfahren.

Intensitätsstereofonie oder Koinzidentenmikrofone. Bei der Intensitäts- oder Pegelstereofonie wird im Gegensatz zur Laufzeitsterefonie nur der Pegel und nicht die Phasenlage der beiden Mikrofone unterschieden. Das heisst, dass das Schallsignal von links auf dem linken Kanal lauter resp. intensiver ist als auf dem rechten. Diese Technik ist besonders zur Richtungsabbildung eines Stereosignals geeignet. Beim **XY-Verfahren** (X steht für den linken und Y für den rechten Kanal) werden zwei gerichtete Mikrofone (normalerweise mit Nierencharakteristik) in einem Öffnungswinkel (auch Achsenwinkel genannt) von ca. 90° kapselbündig übereinander positioniert, was zu einem Versatzwinkel von 45° zur Signalquelle führt. Die Mikrofonkapseln müssen unbedingt übereinander und dürfen nicht nebeneinander liegen, da es sonst neben dem Pegelunterschied auch noch zu einem ungewollten, gegenläufigen Laufzeitunterschied kommt. Die meisten Mikrofonhersteller bieten auch XY-Mikrofone an, in denen sich zwei Kapseln in einem Mikrofongehäuse befinden. Der Standardöffnungswinkel ist 90° und kann sogar bei manchen Mikrofonen mechanisch verändert werden. Da es sich um zwei Kapseln in einem Mikrofongehäuse handelt, ist das Mikrofonkabel mikrofonseitig mit einem XLR-5-Polstecker und am anderen Ende mit zwei XLR-3-Polsteckern versehen. Die Monokompabilität ist insofern problemlos, da die beiden Kanäle phasengleich sind und somit summiert werden können.

Eine andere Methode der Intensitätsstereofonie ist das **MS-Verfahren.** Das „M" steht für Mitte, das „S" für Seite. Für Feldproduktionen im Film- und TV-Bereich wird fast ausschliesslich diese Arbeitsweise eingesetzt. Für die MS-Methode wird einerseits ein Mikrofon mit Kugel-, Nieren-, Hypernieren- bis hin zu Keulencharakteristik für das Mittensignal (M der MS) und ein auf dieses Mikrofon kapselbündig montiertes Mik mit Achtercharakteristik (S der MS) für das Seitensignal eingesetzt. Die Achterkapsel wird quer zum Hauptmikrofon angebracht, damit die Acht seitlich resp. links und rechts aufnimmt. Da das Achtermikrofon zwei gleiche Empfindlichkeitsbereiche hat, die jedoch gegenphasig sind, kann mittels einer Matrixschaltung durch Addition und Subtraktion (Summen- und Differenzbildung) aus dem MS- ein XY-Signal erstellt werden. Dies sieht wie folgt aus: M + S = 2 • X und M − S = 2 • Y resp. M + S = 2 x links und M − S = 2 x rechts. Was das MS-Verfahren von allen anderen Techniken unterscheidet, ist die Möglichkeit, durch Matrizierung die Basisbreite (engl.: width), also die Stereobreite nachträglich in der Postproduktion bzw. im Tonstudio zu verändern, d.h. enger oder weiter zu gestalten. Hinzu kommt noch der Umstand, dass das M-Signal, das auf einer separaten Spur aufgenommen wurde, jederzeit 100% monokompatibel abgemischt werden kann, was den Richtlinien der Rundfunkanstalten entspricht. Wir werden noch später in diesem Kapitel auf das Thema MS-Stereofonie eingehen.

Ebenfalls zu den koinzidenten Verfahren zählt die Blumlein-Technik (Alan Dower Blumlein, 1903 − 1942, britischer Elektroingenieur und Erfinder mit zahlreichen Patenten) auch Stereosonic genannt. Vor einer Signalquelle werden zwei Achtermiks kapselbündig übereinander platziert. Die Mikrofone werden mit einem Öffnungswinkel von 90° zueinander positioniert, was einem Versatzwinkel von 45° ergibt. Deswegen spricht man bei dieser Technik auch von „gekreuzten Achten". Mit dieser Technik wird viel Raumsignal aufgenommen und sie bildet im Vergleich zum klassischen XY- und MS-Verfahren die Räumlichkeit besonders gut ab.

Vorteil der Intensitätsstereofonie ist die relativ einfache und schnelle Handhabung dieser Technik. Vor allem bei der MS-Sterefonie können im Fall von Aussenaufnahmen die beiden Mikrofone in einem Standardwindkorb untergebracht werden.

Äquivalenzstereofonie (auch gemischte Stereofonie genannt). Diese Technik verbindet die beiden Verfahren Laufzeit- und Pegeldifferenz und bildet die beim räumlichen Hören zwischen den Ohren stattfindenden Signaleinheiten nach. Vor allem beim Abhören mit Kopfhörern ist die Abbildung räumlicher Tiefe und Trennung der Quellen in der Stereobasis sehr zufriedenstellend. Für Monomischungen ist diese Technik jedoch weniger geeignet. In die Kategorie der Äquivalenzstereofonie gehören:

ORTF (Richtlinien des ehemaligen französischen Rundfunks „Office de Radiodiffusion Télévision Française"). Der Kapselabstand der Gradientenempfänger (Nierencharakteristik) beträgt 17 cm (auch hier geben einige Quellen 17.5 cm an). Der Öffnungswinkel der Miks beträgt 110°, d.h. die Mikrofone sind in einem Winkel (Versatzwinkel) von 55° zur Hauptrichtung bzw. der Signalquelle herausgedreht. Dieses Verfahren erfreut sich grosser Beliebtheit, da es in relativ kurzer und unkomplizierter Aufbauzeit eingerichtet werden kann. Die Firma Schoeps bietet speziell für Aussenaufnahmen wie z.B. Ambi-Ton beim Film das „Schoeps ORTF Outdoor Set" an. Es handelt sich dabei um einen horizontal liegenden Mikrofonkörper mit zwei auf jeder Seite angebrachten Nierenkapseln (CCM 4). Der Abstand der Kapseln beträgt 17 cm mit einem

Öffnungswinkel von 110°. Die Konstruktion wird mit einer speziellen, elastischen Aufhängung und einem Windkorb samt Fell geliefert.

NOS (Nederlandse Omroep Stichting). Bei dieser holländischen Version beträgt der Kapselabstand der Nierenmikrofone 30 cm, bei einem Versatzwinkel von 45° resp. 90° Öffnungswinkel. Soviel ich weiss, wurde dieses Verfahren nicht gross weitergeführt und selbst in Holland sehe ich zumeist ORTF-Systeme im Einsatz.

DIN-Anordnung. Ob diese Bezeichnung wirklich vom Deutschen Institut für Normung (DIN) kommt, lässt sich in diesem Zusammenhang nicht abschliessend klären. Die DIN-Anordnung ist eine Abart der ORTF-Anordnung. Der Abstand der Nierenkapseln beträgt 20 cm bei einem Öffnungswinkel von 90 Grad. Oder anders gesagt: mit gleichem Versatzwinkel wie bei der NOS-Anordnung, aber kleinerem Kapselabstand.

RAI (Radio Italia). Öffnungswinkel 100 Grad, Kapselabstand 21 cm.

LTE (level/time equality von Markus Brückner, deutscher Tontechniker, Komponist, Chorleiter und Sänger). Öffnungswinkel 90 Grad, Mikrofonkapselabstand 22 cm. Dieses Verhältnis von Aufnahmewinkel[4] und Mikrofonabstand führt zu einem Pegelanteil und Laufzeitanteil von je 50% (Pegelanteil = Laufzeitanteil).

Stereo-180°-Anordnung ist ein Verfahren, welches eher Richtung Koinzidenzmikrofone geht und wurde von Lynn Olson (amerik. Psychologe und Ingenieur) entwickelt. Es besteht aus zwei kreuzförmig übereinandergelegten Hypernieren-

---

[4] Unter Aufnahmewinkel (Gesamtwinkel) versteht man den gesamten Aufnahmebereich, der in der Stereobasis (linker und rechter Lautsprecher sowie Zuhörerposition bilden ein gleichschenkliges Dreieck) aus der Richtung der beiden Lautsprecher abgebildet wird. Hierfür wird mittels eines Stereopanoramapotentiometers ein Monosignal auf die beiden Lautsprecher gegeben. Bei gleichbleibender Gesamtlautstärke (Summenleistung) ergibt sich in der Mittelstellung des Panoramas eine Dämpfung der beiden Kanäle von 3dB. Aus Sicht der Mikrofone bedeutet dies, dass sich ihre Richtcharakteristik im -3dB-Punkt schneiden.

miks, deren Kapselabstand 4.6 cm beträgt. Der Öffnungswinkel ist 135°. Dieser doch recht grosse Versatzwinkel von 67.5° und der Umstand, dass Hypernierencharakteristikkapseln eingesetzt werden, führt bei einem 180° vor dem System stattfindendem Schallereignis zu einem gleichmässigem Abbild in der Stereobasis. Diese Gegebenheit prädestiniert dieses System für Aufnahmen von sehr breiten Klangkörpern.

Die **Trennkörpermikrofonie** und **kopfbezügliche Stereofonie** gehören quasi ebenfalls zur Äquivalenzstereofonie, können aber als eigene Untergruppe angesehen werden. Die Pegel- und Laufzeitunterschiede sind hier, im Gegensatz zur klassischen Äquivalenzstereofonie, frequenzabhängig. Ein Trennkörper zwischen den beiden Mikrofonen (immer mit Kugelcharakteristik) wirkt wie ein menschlicher Schädel. Hohe Frequenzen werden hinter dem Trennkörper abgeschattet, was zu Pegeldifferenzen zwischen den beiden Miks führt. Bei tiefen Frequenzen (sprich grossen Wellenlängen) wirkt der Trennkörper hingegen nicht mehr als Hindernis und es kommt nur zu Laufzeitunterschieden. Entspricht der Durchmesser des Trennkörpers einer halben Wellenlänge, so wird diese zu gleichen Teilen reflektiert und herumgebeugt. Der Pegel- und Laufzeitunterschied ist somit in diesem Falle bei der Stereowirkung im gleichem Masse vorhanden. Die Monokompatibilität ist soweit genügend, als dass bei hohen Frequenzen nur Pegeldifferenzen aufgenommen werden und es dadurch nicht zu Kammfiltereffekten kommt, die ja gerade in diesem Frequenzbereich als besonders störend empfunden werden. Obwohl in unserer Branche nicht mit Trennkörpermikrofonen gearbeitet wird, sollen hier einige Systeme erwähnt werden.

OSS-Mikrofon (Optimum-Stereo-Signal), vor allem unter der Bezeichnung „Jecklin-Scheibe" bekannt. Dieses System wurde von Jürg Jecklin (schweizer. Tonmeister) erfunden resp. modifiziert (es wurden schon in den 1930er Jahren ähnliche Verfahren entwickelt). Ein Trennkörper aus schallabsorbierendem Material in Form einer 1 cm dicken Scheibe von 30 cm Durchmesser ist zwischen 2 Mikrofonen mit Kugelcharakteristik angebracht und bewirkt so eine zu hohen Frequenzen hin zunehmende Kanaltrennung. Der Abstand der

Mikrofone beträgt 16.5 cm. Bei der neueren Version der Jecklin-Scheibe ist der Durchmesser der Scheibe 35 cm und der Abstand der Mikrofonkapseln 36 cm. Um die im Fall von diffusfeldentzerrten[5] Druckempfängern in der Mikrofonachse unvermeidlich auftretende Überhöhung des Frequenzgangs zu mindern, beträgt der Öffnungswinkel der Mikrofonkapseln 60° (obwohl Kugelcharakteristik).

CLARA, nach Clara Schumann benannte, von Prof. Johann Hinrich Peters (Deutschland) entwickeltes System. Es handelt sich hier quasi um eine Weiterentwicklung der Jecklin-Scheibe. Der Trennkörper ist eine, aus Acryl gefertigte, gebogene Platte. In der Form ist sie ähnlich einem Schiffsbug. Durch zwei Löcher in dieser Konstruktion sind die beiden freifeldentzerrten Kugelmikrofone praktisch bündig zur Aussenseite der gebogenen Wand „geschoben".

SASS (Stereo Ambient Sampling System). Das von der Firma Crown entwickelte System besteht aus einem Block, der aus speziellem Kunst- und Schaumstoff gefertigt ist. Seitlich an diesem Körper sind jeweils zwei PZM-Elektretkondensatormikrofone angebracht, die bei tiefen Frequenzen Kugelcharakteristik und bei hohen Frequenzen eine gerichtete Charakteristik aufweisen. Bei der älteren Version des SASS waren - statt der eingebauten PZMs - Bohrungen vorhanden, in welche beliebige Omnimikrofone von anderen Herstellern grenzflächenbündig zur Aussenseite des Blocks eingesetzt werden konnten.

Kugelflächenmikrofon (entwickelt von Dr. Günther Theile, Deutschland). Beschreibung anhand des Kugelflächenmikrofons KFM 6 der Firma Schalltechnik Dr.-Ing. Schoeps GmbH. In einem kugelförmigen, schallharten Körper von 20 cm Durchmesser sind bündig zur Oberfläche zwei gegenüberliegende, diffusfeldentzerrte Druckempfänger eingebettet. Der Aufnahmewinkel beträgt 90°.

---

[5] Diffusfeldentzerrte Druckempfänger haben einen linearen Diffusfeld-Frequenzgang, was im Gegensatz zu einem freifeldentzerrten Druckempfänger, der einen linearen Frequenzgang in der Summe hat, zu einer Anhebung der Höhen, vor allem für die Schalleinfallsrichtung von vorne resp. der Mittelachse des Mikrofons, führt.

Kunstkopf (Neumann KU 100). Hierbei handelt es sich um eine, aus Kunststoff gefertigten, Nachbildung eines menschlichen Schädels inklusive Ohrmuscheln. Die beiden Druckempfänger sind jeweils in den Ohren eingelassen. Für das Anhören so entstandener Aufnahmen mittels Kopfhörer eignet sich dieses Verfahren hervorragend. Beim Hören mit Lautsprechern aber treten gerne Probleme mit der Lokalisation und Klangfärbung auf. Um diesem Umstand entgegenzuwirken, werden auch Kunstköpfe mit diffusfeldentzerrten Druckempfängern (linearer Diffusfeldfrequenzgang) angeboten. Das Kunstkopf-Stereo-Aufnahmeverfahren ist nur bedingt monokompatibel. Dieses Verfahren wird gerne von Unfallverhütungsinstituten für Messzwecke eingesetzt.

Eine günstigere Methode der kopfbezogenen Stereofonie, die vor allem gerne von Klang-Tüftlern eingesetzt wird, ist die selbstgebaute Version. Man montiert zwei Kleinmikrofone (Kugelcharakteristik) an die jeweiligen Kopfhörerschalen eines Headphones. Durch Drehen des Kopfes kann schnell und einfach die Einfallsrichtung des Tons bestimmt oder verändert werden. Ob man das Signal über die Kopfhörer abhört oder die Schallwandler ausgebaut hat und den Kopfhörerbügel nur zur Befestigung der Mikrofone nutzt, ist von den jeweiligen Arbeitsweisen oder Vorlieben abhängig. Es gibt bereits einige Hersteller, die Earplugs mit eingebauten Miniaturmiks vertreiben. Eine besonders preiswerte Version für unter Euro 200.- wird von VoiceTechnology angeboten. Das VT202 Dual Stereo Mikrofon besteht aus zwei Miks (matched, Back electret, Kugelcharakteristik), welche jeweils an einem offenen Ohrstöpsel (Flexible open ear inserts) befestigt werden. Diese „Ohrstücke" werden in der äusseren Ohrmuschel getragen. Somit ist das Ohr nicht verstopft und man hört normal, was insofern wichtig ist, da dieses System nur aus den beiden Miks besteht und ohne Ohrhörer geliefert wird.

One-Point-Stereosystem. Bei der von der Firma Denon entwickelten One-Point-Technik werden zwei Mikrofone mit Kugelcharakteristik in einem Abstand von 50 cm zueinander eingesetzt. Da Mikrofone mit linearem Diffusfeld-Frequenzgang eingesetzt werden, sollte der Achsenwinkel 45 bis 60 Grad betragen. Achtung, vielfach wird unter One-Point-Mikrofon-anordnung ganz allgemein die kopfbezogene Aufnahmetechnik verstanden, des Weiteren gibt es

Mikrofonhersteller, die ihre Stereomikrofone (zwei Kapseln in einem Gehäuse) mit der Bezeichnung „One-Point Stereo Microphone" versehen.

Bei der Aufnahmetechnik mittels Stereomikrofonierung spricht man von Hauptmikrofonierung resp. Hauptmikrofonanordnung. Es kommt aber oft vor, dass im Falle des Intensitätsstereoverfahrens neben dem Hauptmikrofon (Stereoset) zusätzliche Stützmikrofone zum Einsatz kommen. Dies gilt vor allem für Aufnahmen im Bereich der klassischen Musik. Diese Arbeitsweise ist technisch sehr anspruchsvoll, da die Signale etwaiger Stützmikrofone (z.B. die der Solisten) zeitverzögert verarbeitet werden müssen, um eine saubere Lokalisation zu gewährleisten. Wenn mehrere Einzelmikrofone zur Aufnahme eines Klangkörpers (zumeist Musikbands oder Orchester) eingesetzt werden, spricht man von Multi- resp. Polymikrofonierung. Bei der Abmischung werden dann die verschiedenen Mikrofonkanäle mittels ihrer jeweiligen Panoramaregler auf die beiden Stereospuren verteilt.

Wenn zwecks Hauptmikrofonanordnung mit zwei Mikrofonen (Stereopaar) gearbeitet wird, so muss es sich um ein sogenanntes „matched pair" handeln. In diesem Falle sind die Mikrofone in ihrer Seriennummer fortlaufend und müssen aufeinander abgestimmt sein, was vom Hersteller zusätzlich geprüft wird. Aus diesem Grunde sind solche Paare in der Regel etwas teurer als zwei Einzelmikrofone vom selben Typ.

Aufnahmen im MS-Verfahren

Die Stereomikrofonierung mittels MS-Stereotechnik bietet - speziell für unseren Arbeitsbereich - viele Vorzüge. Einmal davon abgesehen, dass diese Mikrofonanordnung sehr kompakt und platzsparend ist (das Achtermikrofon findet in der Regel problemlos in einem für das „Mittensignalmikrofon" bestimmten Windkorb Platz), so ist vor allem der Vorteil der Matrizierung, die einerseits eine hundertprozentige Monokompatibilität und andererseits die Bearbeitung der Basisbreite des Stereosignals ermöglicht, der grösste Pluspunkt dieser Technik. Um ein MS-Signal in ein XY-Signal (L/R-Signal) zu wandeln, benötigt der Feldmixer resp. das Mischpult im Nachvertonungsstudio eine Matrix (siehe Abschnitt: Intensitätsstereofonie/MS-Verfahren). Sollte keine solche MS-Matrix zur Verfügung stehen, so kann man sich wie folgt behelfen: Auf Kanal 1 des Mischers wird das Mittensignal angelegt und der Panoramaregler (Pan Pot) ist in mittiger, also neutraler Position. Somit wird das M-Signal den beiden Masterkanälen L und R zugeführt. Das S-Signal des Achtermikrofons wird mittels einem Y-Kabel auf die Mischpultkanäle 2 und 3 gelegt. Der Pan Pot des Kanals 2 ist zu 100% auf L und der Pan Pot des Kanals 3 auf 100% R eingestellt. Nun muss noch die Phasendrehung des Kanals 3 aktiviert werden. Sollte kein Phasendreher am Mischpult vorhanden sein, so muss man den XLR-Stecker des Y-Kabels, der für den Eingang des Kanals 3 gedacht ist, umlöten, bzw. Pin 2 (Hot) und Pin 3 (Cold) vertauschen, also unsymmetrisch anschliessen. Nun kann durch Veränderung der Faderposition des Kanalzugs 1 zu den beiden Fadern von Kanal 2 und 3 die Basisbreite des Stereosignals beeinflusst werden.

Immer wieder fällt mir auf, dass Kursteilnehmer Probleme mit folgendem Thema haben: Es herrscht Verwirrung in Bezug auf die beiden Ausdrücke „MS-Verfahren" und „MS-Mikrofone". Beim MS-Verfahren handelt es sich um eine Schaltung; die MS-Matrix eben, mit deren Hilfe ein Links/Rechts-Signal in ein MS-Signal gewandelt wird. Mit der MS-Dematrix wird wiederum ein MS-Signal in ein L/R-Signal umgewandelt, sprich dematriziert. Wenn nun ein Tontechniker den Auftrag hat, am Set eine MS-Aufnahme zu machen, so braucht er keinen Feldmischer mit einer MS-Matrize oder gar ein portables Matrixgerät. Er muss lediglich die beiden Kanäle, auf denen einerseits das Mikrofon für die Mitte (Kugel, Niere, Hyperniere oder was auch immer) und andererseits das Mik mit Achtercharakteristik für das Seitensignal angeschlossen ist, mittels dem Stereo-Link-Schalter verriegeln. Dieser Stereo-Link-Schalter dient dazu, die beiden Kanäle (bei den meisten Mischern handelt es sich um Kanal 1 und 2, wobei der Fader von Kanal 1 der aktive ist, d.h. Fader und Panoramaschalter von Kanal 2 sind deaktiviert) zu verkoppeln. Somit kann der Tonmann, falls nötig, den Pegel der beiden Kanäle mit nur einem Fader während der Aufnahme anpassen. Kanal 1 mit dem Mikrofon für das Mittensignal wird auf den Ausgangskanal Links des Mischers geleitet und somit auf Spur 1 des Rekorders bzw. der Kamera aufgezeichnet. Kanal 2 mit dem Seitensignal geht dementsprechend über Mischerausgang Rechts auf Spur 2 derselbigen. Die Limiter der Mischerausgänge sollten ebenfalls gelinkt werden (Stereomodus). Diese sogenannten „diskrete M-S-Signale", die sich auf der linken und rechten Spur, resp. Spur 1 und 2 des Rekorders (oder Kameratape/disc) befinden, werden dann, wie bereits beschrieben, nachträglich in der Postproduktion dematriziert. Wir haben also in diesem Beispiel während der Aufnahme das MS-Mikrofon eingesetzt, ohne jedoch dessen Signal zu matrizieren (dies geschieht erst nachträglich in der Postproduktion). Mit anderen Worten, wir können den Auftrag, eine „diskrete MS"-Aufnahme mit einem MS-Mikrofon und einem Feldmischer, der über keine MS-Dematrix verfügt, bewerkstelligen. Wir können aber mit so einem Feldmischer keine L/R-Stereoaufnahme mittels eines MS-Mikrofons direkt am Set machen. Dafür braucht es in diesem Falle ein X/Y-, ORTF- oder ähnliches Stereo-Mikrofon. Ein weiterer Nachteil bei Mischern ohne Matrixschaltung ist, dass wir das Signal (obwohl wir eine diskrete MS-Aufnahme machen) nicht als MS-Stereoabmischung über das Monitoring bzw. den Kopfhörer kontrollieren können. Bei Mischern mit Matrixschaltung (die im Fall von „diskreter MS" nur auf den Kopfhörerausgang geschaltet wird) besteht diese Möglichkeit.

Nun zu dem Beispiel, in welchem wir während des Drehs die MS-Mikrofone resp. deren Signal mit der Matrix zu einem L/R-Signal dematrizieren. Der Auftraggeber möchte eine fertige Stereoaufnahme der Szene, weil eine nachträgliche MS-Dematrizierung aus Kosten- u./o. Zeitgründen nicht erwünscht ist. Wir könnten diese Aufnahme auch mit X/Y- oder ORTF-Mikrofonie bewerkstelligen, hätten in diesem Fall jedoch nicht den Vorteil, die Stereobreite den Gegebenheiten auf dem Set (durch einfaches Regulieren am Mischer) anzupassen. Das Mikrofon für die Mitte und das Achtermikrofon werden, wie auch im obigen Beispiel auf Kanal 1 resp. 2 gelegt. Am Mischer wird die MS-Matrix aktiviert. Genau wie beim Stereo-Link-Modus sind somit der Fader und der Panoramaregler von Kanal 2 deaktiviert. Der Fader von Kanal 1 dient nun der Lautstärkeregulierung der Kanäle 1 und 2. Der Panoramaregler von Kanal 1 ist für die Links-Rechts-Balance des dekodierten Stereosignals zuständig. Die Gainregler und Low-Cut-Filter der beiden Kanäle arbeiten nach wie vor unabhängig voneinander.

Wenn wir z.B. ein MS-Mikrofon einsetzen, so heisst das nicht automatisch, dass wir eine Aufnahme nach dem MS-Verfahren machen. Es kann durchaus sein, dass wir ein MS-Mikrofon (in dessen Gehäuse sich die beiden Kapseln und die MS-Dematrix befinden) einsetzen, um eine XY-Stereoaufnahme, also L/R-Aufnahme zu erhalten. So bietet der japanische (bei Filmproduktionen einer der führenden) Mikrofonhersteller Sanken das CMS-9 Mikrofon in zwei Versionen an. Zum einen in der gewohnten M/S-Ausführung (CMS-9 M/S), zum anderen in einer decodierten Stereosignalversion (CMS-9 Stereo), die ein L/R-Signal ausgibt. Wenn wir nun auf Dreh mit so einem CMS-9 Stereo Mikrofon arbeiten, so ergibt das zwar L/R-Stereoaufnahmen, wir können jedoch keine diskrete M/S-Aufnahme für die spätere Dematrizierung in der Postproduktion machen. Wenn auf dem Drehplan oder der Tagesdispo des Tondepartments „MS-Aufnahmen" oder „MS-Stereo" oder ähnliches steht, so ist immer die diskrete MS gemeint, d.h. wir nehmen das Mitten- und Seitensignal getrennt auf, damit es später in der Post dematriziert werden kann. Es gibt übrigens auch M/S-Mikrofone, die über eine im Mikrofongehäuse befindliche Matrix verfügen, welche per Knopfdruck zugeschaltet werden kann (z.B. Shure VP88 und Audio-Technica BP4029 bzw. BP4027). Mit solchen Miks kann man also diskrete bzw. „normale" MS-Aufnahmen und L/R-Stereoaufnahmen erlangen, ohne Mischer mit Matrixschaltung oder separater Matrixbox.

Normalerweise sind die Hauptmikrofone (Stereo-Mik-Sets) in ihrer Position mittels Stativen fest fixiert. In unserem Fall führen wir jedoch die MS-Mikrofone zumeist an der Tonangel. Dabei ist darauf zu achten, dass die Angel nur leicht in der Horizontalen geschwenkt wird, falls sie der schwenkenden Kamera folgen muss. Der Boom Operator befindet sich ja in der Regel hinter der Kamera, um eine exakte Stereoposition, die dem Bildausschnitt entspricht, zu erlangen. Dabei muss er die Mikrofone eher höher als gewohnt positionieren, da sonst das Seitenmik, also das Mikrofon mit Achterkapsel die Kamerageräusche mit aufnimmt. Des Weiteren reagieren Achterkapselmikrofone zumeist deutlich empfindlicher auf Körperschall. Der Boom Operator muss also äusserst feinfühlig hantieren, um allfällige Griffgeräusche zu verhindern. Er wird in der Regel den High Pass Filter (Low-Cut) des Achtermiks, also Kanal 2 an seinem

Mischer eher höher einstellen als denjenigen von Kanal 1, über den das Mikrofon für das Mittensignal läuft.

Surroundaufnahmen

Über die Thematik Surround (Umhüllung) existiert mannigfaltige Fachliteratur und sie ist immer wieder Gegenstand bei Tonmeistertagungen. Darum möchte ich nur kurz auf die für unseren Arbeitsbereich infrage kommenden Surround-Aufnahmetechniken eingehen. Der heutige Standard für TV ist 5.1 und bedeutet 5 Kanäle bzw. Lautsprecher (links L, Center C, rechts R, surround links resp. links hinten LS, surround rechts resp. rechts hinten RS) und die Zahl 1 hinter dem Punkt für den LFE-Kanal (Low Frequency Extension oder Low Frequency Effect), der im Falle von Heimkinoanlagen vom Subwoofer übertragen wird. Gemäss der Richtlinien bzw. Empfehlungen des ITU-R BS.775 (International Telecommunication Union) sollte der LFE-Kanal, der auf 120 Hz begrenzt ist, ausschliesslich für Tieftoneffekte genutzt werden. Der LFE-Kanal ist nicht mit den vom Subwoofer wiederzugebenden tieffrequenten Frontkanal-Anteilen zu verwechseln. Der LFE-Kanal wird nur für rumpelnde Kinoeffekte benötigt und sollte in Musikproduktionen keine Rolle spielen. Im Heimkinosystem gibt der Subwoofer auch den LFE-Kanal wieder. Dieser Standard stammt quasi vom 3/2-Stereo-Format (Drei-Kanal-Stereo plus 2 Surround) ab und hat ihren Ursprung im Filmton. Weitere Surroundformate sind Surround 6.1 mit einem zusätzlichen Kanal mitte/hinten (CS) und Surround 7.1 (SDDS - Sony Dynamic Digital Sound, 8 Channels) für Kinosäle, bestehend aus L, LC, C, RC, R, LS, RS und LFE.

Hauptsächlich betrifft das Arbeiten mit Surround unsere Kollegen in der Postproduktion resp. im Nachvertonungsstudio. Nichtsdestotrotz wird auch am Set für Ambiaufnahmen (oftmals für Dokfilme) Surroundmikrofonie eingesetzt. Für solche Atmoaufnahmen eignet sich vor allem eine Anordnung mit vier gerichteten Miks wie z.B. das IRT-Kreuz (nach Günther Theile) oder das ORTF-Surround-Set von Schoeps. Dabei werden die 4 Mikrofone diskret auf vier

Spuren aufgenommen. Zu dieser festen Atmo-Anordnung (L, R, LS, RS) kann nachträglich im Tonstudio die separat aufgenommene Dialogspur für den Centerkanal beigemischt werden, um Surround 5.0 resp. mit Einsatz der Effektspur Surround 5.1 zu erhalten. Der Centerkanal kann auch im Tonstudio durch Addition des L- und R-Signals angefertigt werden. Diese feste Atmo-Anordnung wird in der Regel auf die Kamera montiert, um eine genaue Lokalisation zu gewährleisten. Da der Mikrofonabstand beim IRT-Kreuz zwischen 14 cm und 25 cm liegt und somit die vier Ausleger des Kreuzes eine Länge von 9 bis 17.5 cm aufweisen, ist dieses System problemlos auf der Kamera anzubringen. Beim ORTF-Surround-Set von Schoeps ist das Gesamtmass etwa 20 auf 10 cm. Es muss wohl nicht speziell erwähnt werden, dass der Kameramann möglichst geräuschlos arbeiten muss. Falls der Tonoperateur mit dieser festen Atmo-Anordnung nachträglich (also ohne Kamerateam) Ambiaufnahmen vornimmt, kann er das Mikrofonkreuz auf ein Stativ montieren. Ich möchte hier aber nochmals festhalten, dass die meisten Atmoaufnahen, die man unmittelbar am Set aufnimmt, immer noch in Stereo (Stereomikrofonie mit zwei Mikrofonen) erstellt und dann, falls erwünscht, in der Postmischung zusätzlich auf die Kanäle C, LS und RS gemischt werden.

Bei effektiv fünfkanaligen Aufnahmen stehen diverse Systeme bzw. Mikrofone zur Verfügung. Zu den bekanntesten Systemen zählen Doppel-MS und Surround-Kugelflächenmikrofone (nach Jerry Bruck) wie z.B. das KFM 360 von Schoeps. Bei der Doppel-MS wird, im Gegensatz zur normalen MS-Mikrofonie, ein zusätzliches Nieren- bzw. Supernierenmikrofon eingesetzt. Die Anordnung besteht also aus einer Achterkapsel und zwei Nieren- oder Supernieren-mikrofonen. Dank einer Doppel-MS-Matrix können die drei Signale (M-front / S / M-rear) auf fünf Kanäle dekodiert werden. Das Surround-Kugelmikrofon KFM 360 der Firma Schoeps ist eine Kugel von 20 cm Durchmesser, bestückt mit zwei Druckempfängern und zwei Achterkapselmiks. Dank eines digitalen Mikrofonprozessors werden daraus 6 Surroundkanäle (5.1) gewonnen.

Die auf die Mikrofonherstellung für Film- und TV-Produktionen spezialisierte, japanische Firma Sanken bietet ein ebenfalls auf Doppel-MS beruhendes, kompaktes Mikrofon an. Das WMS-5, ein 5-Kanal-Mikrofon (5.0), hat die Matrix bereits eingebaut. Das Mikrofonkabel ist Mixer/Recorderseitig bereits mit fünf XLR-3-Pol-Steckern versehen, die mit den jeweiligen Kanälen (L, C, R, LS, RS) beschriftet sind.

Weitere kompakte Surround-Mikrofone, bei denen die Kapseln in einem Gehäuse untergebracht sind und die sich für die Arbeit im Film- und Broadcastbereich eignen, sind folgende Typen:

DPA 5100 der Firma DPA Microphones mit fünf Miniatur-Druckempfängern für 5.1, wobei der LFE-Kanal (.1) aus einer L/R-Summierung gebildet wird.

Das Holophone H2-Pro der Firma Rising Sun Productions Ltd. aus Kanada mit 8 Kapseln. Es hat acht Kabelausgänge (L / R / C / Low Frequ. / LS / RS / Top / Center Rear) für 8 diskrete Kanäle und kann somit die Formate 5.1, 6.1., 7.1, IMAX, Dolby EX und DTS ES bedienen. Holophone-Surroundmikrofone gibt es auch in extrakleinen Ausführungen mit Blitzschuhadaptern für die einfache Montage an einer Kamera, wie z.B. das Holophone H4-SuperMINI. Dieses etwa faustgrosse Mikrofon für das Format 5.1 ist mit einem integrierten Mehrkanal-Vorverstärker und einem Matrix-Surround-Encoder ausgestattet und ist dadurch vor allem für den Einsatz bei Livesendungen geeignet. Die sechs Kanäle können aber auch diskret aufgezeichnet werden.

Von der schwedischen Firma Milab Microphones AB kommt das Milab SRND 360 Coincident Surround Microphone mit drei Kapseln. Mittels eines separaten Prozessors werden durch Addition/Subtraktion aus diesen 3 Kapseln drei zusätzliche „virtuelle" Nierenkapseln gewonnen. Die externe Matrixbox hat folgende Ausgänge: LF (virtual capsule) / CF / RF (virtual capsule) / LR / CR (virtual capsule) / RR. Somit können die Surroundformate 5.0, 5.1, 6.0 und 6.1 bedient werden, wobei der LFE-Kanal durch zusätzliches Abmischen von einer oder mehreren Kapseln zustande kommt.

Speziell soll hier ein Mikrofontyp Erwähnung finden, dessen vier auf engem Raum platzierten Subcardioid-Kapseln (Breite Niere) in tetrahedraler Anordnung in einem Mikrofongehäuse untergebracht sind. Durch elektronische Phasenverschiebung und Summierung wird eine Anordnung von drei Achter- und einem Kugelmikrofon erreicht. Die Mikrofone der britischen Firma Soundfield können dadurch im Monobetrieb alle Richtcharakteristiken abbilden. Dank diesem firmeneigenen vierkanaligen System, genannt SoundField B-Format, bestehend aus W, X, Y, Z (W für kugelcharakteristisches Signal der Raumanteile und Entfernungsreferenz sowie X/Y/Z für drei Druckgradientensignale der „dreidimensionalen" Achsen), können mittels einem Digital Surround Prozessor in Form eines Hardware-Decoders oder Software-Plug-Ins sechs Surroundkanäle (5.1) oder zwei Stereokanäle erstellt werden.

Ein ebenfalls mit vier Nierenkapseln in tetrahedraler Anordnung bestücktes, sehr kleines und preisgünstiges Single-Point-Mikrofon für Ambisonics-Surroundaufnhamen ist das TetraMic der amerikanischen Firma Core Sound Microphones. Ambisonics ist ein in Grossbritannien, vor allem durch den britischen Mathematiker Michael A. Gerzon entwickeltes Verfahren, bei dem die jeweiligen Signale nach mathematischen Vorgaben für die einzelnen Kanäle bzw. Lautsprecherpositionen berechnet werden. Für die Konvertierung der TetraMic-Signale stehen Software bzw. Decoder-Plugins zur Verfügung.

Die französische Firma Trinnov Audio bietet unter dem Produktenamen Trinnov SRP ein System an, bestehend aus einem Signalprozessor im Rackformat und einem hufeisenförmigen Mikrofon-Array (Anordnung). Dieser Array bzw. Träger kann mit acht Omnimikrofonen von Fremdanbietern bestückt werden. Das System entspricht der ITU-775 Empfehlung für 5.1. Des Weiteren bedient dieses System neben 5.0 auch 6.0 und kann natürlich auch für die Formate 4.0, 3.0, 2.0 und mono eingesetzt werden. Der Kanal „.1" wird durch Extraktion generiert.

Systeme, die mit etwas grösseren Mikrofonabständen arbeiten, deren Ausleger-Spannweite bzw. Durchmesser aber immer noch deutlich unter 1 Meter liegen, werden zwar vorwiegend für Konzertmitschnitte verwendet, sind aber auch in unserem Arbeitsbereich anzutreffen. Wie z.B das Atmos Surround Miking System der Firma SPL electronics GmbH aus Deutschland: ein 5.1 Kontroller, der jeweils mit fünf Grossmembranmikrofonen für die Anordnungen INA 5 (INA

= Ideale Nierenanordnung) der deutschen Firma Microtech Gefell oder ASM 5 (ASM = Adjustable Surround Microphone) von Brauner Microphones, ebenfalls aus Deutschland, eingesetzt wird.

Weitere Systeme, die vor allem mit grossen Mikrofonabständen arbeiten, sind wegen deren langen Stativauslegern eher ungünstig für unsere Anwendungen und werden vorwiegend für Konzertmitschnitte verwendet. Solche Anordnungen sind z.B.: OCT (Optimized Cardioid Triangle) plus IRT-Kreuz, OCT Surround, Hamasaki-Quadrat (engl.: hamasiki-sqare) nach Kimio Hamasaki von NHK (NHK - Japan Broadcasting Corporation) resp. OCT plus Hamasaki-Quadrat, Decca-tree plus Hamaski-Quadrat, Fukada-Tree (von Akira Fukada, NHK), Multi-Microphone Array (nach Michael Williams), Three SASS Surround Methods von Crown nach John Klepko.

Zu bedenken ist, dass einige Hersteller ihre Systeme unter der Rubrik Anwendungen auch für Film- und TV-Arbeiten anpreisen. Vielfach handelt es sich ursprünglich um Indoor-Mikrofone, die nachträglich mit verbesserten Shockmount-Aufhängungen und Windschützern ausgestattet wurden. In so einem Falle sollte man sorgfältig prüfen, ob ein solches System wirklich den Anforderungen eines harten Aussenfilmdrehs gerecht wird. Gerade bei Systemen mit Grossmembranmikrofonen können bei Aussenaufnahmen Temperaturschwankungen und Luftfeuchtigkeit sowie Sand und Staub zu einem Problem werden.

Falls Hintergrund-Ambi bzw. Atmoaufnahmen wegen Störgeräuschen, hervorgerufen durch Crewmitglieder, Filmlampen, Dollyfahrten, ungeblimpten 35mm-Filmkameras usw., auf einen anderen Tag verlegt werden, so müssen für die Surround- oder Stereomikrofone die gleichen Verhältnisse und Positionen resp. Achsen wie zum Zeitpunkt der effektiven Dreharbeiten gegeben sein. Falls die Mikrofone der Kamerabewegungen folgen sollen, muss ein Plan (z.B. das Storyboard oder die Shot-List des Films) vorliegen. Ich rate dazu, eine Kopie der Ausspiegelung oder des digitalen Drehmaterials (am besten inklusive Führungston) auf einen Laptop zu laden. Dies ist vor allem von Vorteil, wenn nicht der Filmtonmeister oder sein Assistent, sondern die Tonleute der Second

Unit (die ja am Originaldreh nicht dabei waren) für die im Nachhinein zu erstellenden Atmos verantwortlich sind.

Leichte Schwenkbewegungen der Mikrofonanordnung, die synchron zu möglichen Kameraschwenks stattfinden, sollten eher weniger ausgeprägt als die der Kamera erfolgen und sehr vorsichtig ausgeführt werden. Gerade bei Surround können solche Lokalisationsverschiebungen den Zuschauer ablenken oder gar verwirren. Natürlich gibt es Fälle, in denen, zwecks dramaturgischer Unterstützung des Bildes, ein extremes Panning der Toninformationen Sinn macht. Ein Beispiel, das jedoch kaum auf dem Set, sondern eher im Tonstudio erarbeitet wird, wäre: Eine Filmfigur (unser Held) verfolgt rennend eine Person, die sie aus den Augen verloren hat. Wir drehen mit Handkamera subjektiv (Point-of-View-Shot). Das schwere Atmen unseres voranjagenden Helden hören wir ständig über den Centerkanal. Er eilt eine Strasse hinunter, auf der sich vor ihm, auf dem linken Gehsteig, eine Gruppe lärmender Kinder befindet. Er hastet an ihnen vorbei. Das Plärren der Kinder „wandert" also vom Centerkanal über den linken Kanal zum LS-Kanal (links hinten). Bis hierhin ist es noch keine komplizierte Angelegenheit für die Audiolokalisation. Nun hetzt unser Held aus der Ortschaft hinaus auf einen freien Landstrich. Vor ihm befindet sich eine kleine Holzhütte und davor sitzt ein Handwerker und bearbeitet ein Stück Metall. Unser Held hetzt auf den Handwerker zu und bleibt wenige Meter vor im stehen. Wir hören natürlich immer noch (wie schon während der ganzen Einstellung) die rasselnden Atemgeräusche der Hauptfigur über den Centerkanal und über denselben auch die Geräusche des Metall-arbeiters, die natürlich immer lauter wurden, während unser Held sich genähert hat. Von der Person, die von unserem Protagonisten verfolgt wird, fehlt immer noch jede Spur. Aus dem Off ist auf den Kanälen LS und RS oder im Fall von Surround 6.1 auf Kanal RC (Rear Center), also hinten in der Mitte, das entfernte Geräusch eines knackenden Astes zu hören und zwar nur ein einziges Mal. Unser Held dreht sich rasch links um 180 Grad herum. Nun springt der Klang des Metallarbeiters kurz über Kanal R nach hinten auf Kanal RS und LS oder eben auf Kanal RC. Unser Darsteller blickt nun also in die Richtung, aus der er gekommen ist und starrt auf zwei grosse Bäume in etwa 12 Meter Entfernung, die ca. 5 Meter auseinanderstehen. Sollte sich der Verfolgte etwa auf einem der

Bäume befinden, die unser Held gerade passiert hat? Es knackt ein zweites Mal. Nun natürlich aus dem Center-Monitor. Unser Darsteller blickt zwischen den beiden Bäumen mehrmals hin und her, d.h. unsere subjektive Kamera-einstellung wird leicht hin und her schwenken, um jeweils abwechselnd einen der Bäume im Bild zu zentrieren (was wohl nur in einer Komödie oder einer Sketchsendung gemacht wird). Nun komm ich zum Punkt. Ein Mensch würde normalerweise durchaus während solchen, wenn auch nur leichten, Dreh-bewegungen des Kopfes, die lediglich ein paar Grad ausmachen, den Metall-arbeiter in seinem Rücken abwechselnd links und rechts hinter sich wahr-nehmen. Wäre da nicht der Cocktailpartyeffekt. Er führt dazu, dass er sich auf das Geräusch aus der Richtung vor ihm konzentrieren kann, das in unserem Fall noch durch die Bildinformation (Ton = knackender Ast, Bild = Baum) hervorgehoben wird. Es wäre also völlig unnötig und lediglich verwirrend und ablenkend, wenn wir in unserem Mixdown die Metallgeräusche während dieser Einstellung zwischen den beiden hinteren Lautsprechern, also Kanal LS und RS (ebenfalls mehrmals den Bildschwenks entsprechend) in der Intensität ändern bzw. pannen würden. Stattdessen bleibt das Signal des Metallschepperns unverändert oder gleichberechtigt auf diesen beiden hinteren Kanälen bzw. auf dem Rear Center Monitor. Nach einem kurzen Augenblick hört das Klappern des Handwerkers auf. Unser Darsteller starrt immer noch auf die Bäume. Nun hören wir von scharf links eine Off-Stimme: „Was suchen Sie denn mein Freund?" Unser Held dreht sich nochmals um 90 Grad nach links und erblickt neben sich stehend den Handwerker, der sich anscheinend in der Zwischenzeit neben ihn gestellt hat. Dieser wiederholt: „Sagen Sie doch, guter Mann, was suchen Sie denn so verzweifelt?" Diesen Satz hören wir nun wieder aus dem Center Kanal. Wir könnten so noch Stunden weitermachen, aber irgendwann einmal wird die Handkamera die Subjektive bzw. den POV wohl hoffentlich wieder verlassen und zum Schuss-Gegenschuss überwechseln. Mir geht es bei diesem Beispiel darum, nochmals das Phänomen des Cocktailpartyeffekts in Erinnerung zu rufen. Wichtig dabei ist, dass die einzelnen Geräusche räumlich getrennt im Kinosaal zu hören sind, damit der Zuschauer sich auf die jeweiligen Klangereignisse konzentrieren bzw. diese gegenüber anderen herausheben kann. Aus diesem Grunde habe ich den zweiten Teil der Szene, wo das Metallgeklapper anfängt, auf einem offenen Landstrich angesiedelt und nicht in einer Ortschaft mit ihren schallreflektierenden Häuserzeilen. Des Weiteren soll das Problem im Fall von übertriebenem Surroundpanning dargestellt werden. Natürlich kommt die volle Wirkung dieser fiktiven Filmszene nur im Bereich der wenigen Kinoplätze, die sich im Sweet Spot eines Kinosaals befinden, zum Tragen. Unter Sweet Spot oder Sweet Area versteht man im Surround, genau wie bei der Stereoanordnung, die optimale Hörposition innerhalb der Anordnung der Lautsprechermonitore.

Wie bereits eingangs dieses Kapitels erwähnt, füllt das Thema Surround ganze Bücher und würde den Rahmen dieses Leitfadens sprengen. Aus diesem Grunde habe ich mich auf die nötigsten Informationen, die vor allem für das Arbeiten am Set (location recording) von Bedeutung sind, beschränkt. Ich rate Tontechnikern, die angefragt werden, einen Job für Surround-Aufnahmen zu übernehmen, im Vorwege Kontakt mit den Kollegen von der Audio-Post-Production aufzunehmen. In dieser Technik sind freie Produzenten vielfach (und das soll nicht als Kritik aufgefasst werden) zu wenig erfahren bzw. versiert. Wenn ein Kunde also einem Produzenten den Auftrag erteilt, dass der Ton in der Endabmischung im Surroundformat „was auch immer" zu erfolgen hat, so kann dies einerseits eine eher günstige Mehrkanalmischung, die im Tonstudio von einer bestehenden Stereoaufnahme gemacht wird (in dem das Stereosignal zusätzlich auf die S-Kanäle verteilt, die Dialogspur auf den C-Kanal gelegt und die Mono-Effekte mittels Panning verteilt werden) oder aber andererseits eine während des Drehs erfolgte (bereits codierte oder als diskrete Audiospuren aufgenommene) Mehrspuraufnahme bedeuten. Und dann wäre da noch die Frage, ob Surround für das jeweilige Projekt überhaupt Sinn macht? Vor einigen Jahren erhielt ich von einem der weltweit grössten Automobilherstellern den Auftrag, zu Dreharbeiten für eine Videoinstallation, die für das Kunden-informationszentrum am Hauptsitz der Automarke gedacht war, Surround-aufnahmen zu erstellen. Neben normalen, szenischen Einstellungen war die Idee, auf dem Dach eines Personenwagens ein Rig mit mehreren Kameras (Panoramakameras) zu montieren. Das Gleiche sollte mit einer Surround-Mikrofonanordnung geschehen. Das Fahrzeug sollte dann unter anderem durch Grossstädte fahren und die gewünschten Aufnahmen liefern. Ich machte den Produzenten darauf aufmerksam, dass Schallreflektionen vor allem in Strassenschluchten einer Stadt vorkommen und auf das Problem, dass sich nicht nur die Audio- bzw. Signalquellen (Geräusche der Motoren und Hupen anderer Fahrzeuge, sowie allgemeiner Stadtlärm) bewegen, sondern auch die Position des Aufnahmemediums bzw. des Mikrofonstandortes. Dies würde meiner Meinung nach zu einem "Lokalisationssalat", also unbrauchbaren Tonaufnahmen führen. Einmal davon abgesehen, dass man ständig und vermutlich hauptsächlich das Motoren- und Reifengeräusch des Kameraautos hören würde. Dazu kamen noch "Problemchen" praktischer Natur; wie sollte ich Windschützer für die Mikrofone installieren, die auch noch bei Fahrtgeschwindigkeiten auf einer Autobahn funktionieren würden? Man kann ja nicht mehrere Wolldecken um die Miks wickeln (irgendwie muss der Schall ja schliesslich auf die Mikrofonmembran treffen). Ich schlug dem Produzenten die einfachere Stereomikrofonierung vor, für welche ich auch im Besitz von qualitativ guten Windprotektoren war, mit denen eine zumindest zügige Fahrtgeschwindigkeit möglich sein sollte. Aber wie so oft in unserer Branche wurde uns die Entscheidung erspart. Man hatte nämlich im Vorfeld der Produktion bereits einen Wagen für die Aufnahmen ausgesucht und mit einem Rig zur Befestigung der Kameras ausgestattet. Es handelte sich bei diesem Fahrzeug um ein äusserst sportliches Modell mit einem sehr, sehr harten Fahrwerk. Es ist wohl nicht schwer sich auszumalen, dass die Bilder der Probeaufnahmen, die kurz vor Drehbeginn gemacht wurden, allesamt unbrauchbar waren (da halfen auch keine Bildstabilisatoren mehr). Wir strichen also diese "Fahrtbilder" aus dem Drehbuch.

Da solche Aufträge nicht zur Tagesordnung gehören, besitzen Toningenieure zumeist keine eigenen Surround-Mikrofonsets. Zu Übungszwecken können aber bestehende oder ausgeliehene Mikrofone eingesetzt werden. Es gibt Mikrofonzubehörfirmen, die Surround-Mikrofonstative (spinnenförmige Ausleger) für die Montage von 5 oder 6 Mikrofonen anbieten wie z.B. das Sonic 61 der Firma SonicSymphonic aus Deutschland oder das SMS 5.1 von Sabra-Som (wenn ich mich nicht täusche, handelt es sich hierbei um einen brasilianischen Hersteller).

Portabler Tonmischer (Feldmischer)

Wir unterscheiden zwischen sogenannten ENG/EFP-Mischern, deren Fader-
sektionen mit Drehreglern ausgestattet sind und solchen mit Flachbahnreglern
(Flachbahnpegelsteller), die vor allem für Filmproduktionen eingesetzt werden.
Im Gegensatz zu den ENG-Mischern, die mit einem Riemen über die Schulter
getragen werden können, sind die Film-Konsolen auf einer sogenannten Tonkarre (amerik.: sound cart, engl.: sound trolley) befestigt. Der Hauptunterschied
liegt jedoch darin, dass die Film-Mixer, nebst mehr Kanalzügen und ev. Equalizer (Filter zur Klanggestaltung), meistens über mehr Subgruppen bzw. Busse
für ein umfangreiches Routing verfügen. Film-Mixer spielen qualitativ und preis-
lich in der obersten Liga wie z.B. der Rolls-Royce unter den Filmmischern, der
aus einer Schweizer Manufaktur stammende Sonosax SX-ST (SONOSAX SAS
S.A., Le Mont-sur-Lausanne) oder das vor 30 Jahren lancierte Vorläufermodell
SX-S.

Bevor ich die Funktionen und das Handling am Beispiel eines ENG-Mixers
erläutere (es gibt mittlerweile auch ENG-Mischer mit EQs wie z.B. der Fostex
FM-4; und einige Hersteller, wie z.B. Sound Devices oder Zaxcom, bieten
optional Fader Controller mit EQs für ihre portablen Recorder oder Recorder/
Mixer an), möchte ich erst noch auf das Thema Equalizing (entzerrend, aus-
gleichend) eingehen. Soll der ENG-Tonoperateur (engl.: Location Sound Mixer
oder Location Mixer) bzw. der Filmtonmeister (Production Sound Recordist) vor
Ort das Equalizing vornehmen oder soll er es den Kollegen in der Postproduction überlassen? Über diese Frage wurde und wird des Öfteren gestritten. Erst kürzlich (2009) ist in den Blogs unserer amerikanischen Kollegen
wieder einmal eine heftige Debatte zu diesem Thema geführt worden.
Tontechniker, die in der Postproduktion tätig sind, sagen fast immer: „Hände
weg von den EQs, dies ist unser Job". Das war so quasi immer der Standard.
Aber heutzutage wird, im Falle von TV-Produktionen mit eher geringem Budget,
das Drehmaterial oft "nur" noch von Cuttern bzw. Video-Editoren bearbeitet.
Grundsätzlich muss unterschieden werden, ob wir nur mit einem Mischer
arbeiten und das abgemischte Tonmaterial mono oder stereo direkt an die

Kamera und/oder auf einen 2-Spur-Rekorder schicken/aufnehmen, oder wir aber mit einem Mehrspurrekorder arbeiten, auf welchem neben unserer 2-Spur-Mischung noch die einzelnen Kanäle als ISOs (isolation tracks / isolated tracks) aufgenommen werden. Im ersten Fall kann ein durch den Set-Tonmann erstelltes schlechtes Equalizing nachträglich nicht mehr ungeschehen gemacht werden. Bestenfalls kann man das Material in der Post (wiederum durch Equalizing) etwas korrigieren. Also, im Zweifelsfall kein Arbeiten mit den EQs. Sollte sich wirklich mal jemand über den "Klang" der aufgenommenen Stimmen der Darsteller beschweren, so kann der Tonmann getrost argumentieren, dass diese neutral aufgezeichnet wurden. Eine nasale oder vielleicht gar quäkende Stimme gehört nun mal zur Persönlichkeit des betreffenden Talents. Genauso sticht das Stimmorgan eines Opernsängers mit der Stimmlage Bariton oder Bass, der in einer Kindergruppe sitzt, in den tieferen Frequenzen hervor. Das liegt nun mal in der Natur der Sache. Nun zum zweiten Fall, also Aufnahmen mit einem Mehrspurrekorder bzw. mit ISOs. Wenn man mit ISOs arbeitet, werden deren Signale mischerseitig nur "pre-fader" abgegriffen, d.h. Faderbewegungen der einzelnen Kanäle werden nur an die Endsumme des Mischers (Mono- bzw. Stereoausgang, der z.B. als Zweispurabmischung auf die Kamera geht) gesendet. Auf die ISO-Spuren, die über die Direktausgänge des Mischers gehen, haben diese Faderbewegungen keinen Einfluss, d.h. die Signalstärke der ISO-Kanäle kann nur durch den Gainregler verändert werden. Nun muss dies natürlich genauso für die EQs gelten (ISOs Pre-EQ), damit, falls wir deren Werte verändern, dies nur auf unsere Endabmischung, jedoch nicht auf die isolierten Spuren der Direktausgänge Einfluss hat. Somit kann also, falls die "equalizte" Mono- oder Stereoabmischung des Locationrecordist nicht gefällt, in der Post auf die unbearbeiteten ISOs zurückgegriffen werden und eine neue Endabmischung (mit oder ohne Equalizing) erstellt werden. Dies ist zur Zeit der Standard. Das heisst jetzt nicht, dass wir uns in falscher Sicherheit wähnen sollten, da wir ja im Notfall auf die "neutralen" ISOs zugreifen können und deswegen an den EQs (Post-EQ) unserer separaten Abmischung experimentierfreudig bis zum Gehtnichtmehr herumschrauben dürfen. Falls Equalizer eingesetzt werden, so äusserst zurückhaltend und feinfühlig. Equalizer sind schliesslich in erster Linie für die Korrektur gedacht, also das Entfernen von ungewollten Frequenzen und nicht um (durch exzessiven Einsatz) einen bestimmten Klang zu erzielen. Das Arbeiten mit EQs setzt Erfahrung und Übung voraus. Am besten in einem Tonstudio, das mit einer guten Abhöre ausgestattet ist. Vom Tonmann auf dem Set wird (und das auch immer mehr bei Filmproduktionen) erwartet, dass seine Abmischung trotz vorhandenen ISOs in der Post für die endgültige Endabmischung (zusammen mit EFX und Musik) eingesetzt werden kann. Dies hat heutzutage natürlich mit Kostenersparnis zu tun, aber auch mit dem Umstand, dass schon früher bei gängigen Filmproduktionen die Abmischung des Filmtonmeisters so gut war, dass sie (abgesehen von einzelnen Sequenzen, die vielleicht einiger Korrekturen bedurften) übernommen wurde und sich damit eine nachträgliche Endabmischung durch ISOs erübrigte. Wie bereits erwähnt, ist dieses Verfahren (ISOs pre-fader und pre-EQ) Standard. Nun gibt es aber Vertreter unserer Zunft, die dafür plädieren, dass man nebst der Mono- oder Zwei-Spurmischung auch die isolierten Tracks Post-EQ "fährt". Die Argumentation ist folgendermassen: Zumeist wird die Abmischung des O-Tonmeisters vom Set benutzt. Ist nun eine kleine Stelle dieser Abmischung unbrauchbar (sei es wegen eines Mikrofonkontakts hervorgerufen durch Kleidung, die über eines der Ansteckmikros streifte oder aber das Mikro der gerade sprechenden Hauptperson wurde von anderen im gleichen Moment redenden Personen bzw. deren Mikros "übertönt"), so greift man an dieser Stelle auf die gleiche Passage eines ISOs zurück. In unserem Fall logischerweise auf die isolierte Spur der Hauptperson und setzt diese, inklusive der üblichen Ambi-Tonspur, statt der unbrauchbaren Set-Tonmischung an besagter Stelle ein. Wäre nun die Abmischung des Filmtonmeisters Post-EQ und die ISOs Pre-EQ, so müsste der Tontechniker des Nachvertonungsstudio den neu eingesetzten "ISO-Schnipsel" zeitaufwendig equalizen, bis dieser genau gleich wie der Rest der Sequenz klingt. Wurden die ISOs jedoch bereits bei den Dreharbeiten Post-EQ aufgenommen, dann sind sie natürlich identisch mit der Gesamtabmischung des Drehs. In diesem Falle muss der Toningenieur in der Post lediglich saubere Crossfades machen, die Lautstärke des "Schnipsels" anpassen und das Ganze noch sauber in den Ambi-Ton betten. Wenn der Tonmann auf dem Set eine Monoabmischung ohne ISOs macht, kann der Einsatz der Equalizer vor Ort ebenfalls Sinn machen. Nehmen wir an, dass zwei verkabelte Casts einen Dialog führen, der teilweise überlappend ist. Sei es nun, weil es im Drehbuch so steht oder im Falle eines

Drehs ohne Script (wie oft bei Realityshows) vonseiten der Produktion zwecks Erhöhung der Dramaturgie gewünscht wird. Die beiden (eventuell versteckten) Ansteckmikros sind nicht an der genau gleichen Stelle der jeweiligen Talents angebracht oder es handelt sich um zwei verschiedene Lavaliermikrofontypen. So oder so muss mindestens eines der Mikrofone equalized werden, um ein ausgewogeneres Klangbild beider Mikrofone (zueinander) zu erhalten. Im Nachhinein, also in der Post, kann dies nicht mehr gemacht werden, da es sich ja um eine Monoabmischung handelt und somit ein nachträgliches EQ-ing auf beide Mikrofone resp. Stimmen der Darsteller Einfluss nehmen würde und das Equalizing ja nur für eine der Stimmen vorgesehen ist. Ebenfalls ist ein Equalizing für eine Signalquelle, die bei einer Szene in einigen Einstellungen mit einem geangelten oder im Dekor platzierten Mikrofon (engl.: plant mic) und in anderen Einstellungen mit einem Lavaliermik aufgenommen wird, unabdingbar. Ein weiterer Grund für das Korrigieren des Klangbildes (ob auf Dreh oder in der Post) ist gegeben, wenn ein sehr dichter Mikrofonschaumstoff oder Hund (Fell-Windjammer) zum Einsatz kommt, da diese Windschützer die Höhen absorbieren und somit die Stimme dumpfer klingen lassen.

Funktionen und Handhabung des ENG-Mischers

Anschlüsse. Nachdem eingangsseitig die Mikrofone oder andere Signalquellen angeschlossen sind, stellen wir Eingangsempfindlichkeit (Mic oder Line) ein. In der Schalterstellung "Mic" wird die Empfindlichkeit gegenüber der Stellung "Line" um 40 dB angehoben, also erhöht. Falls es sich um ein Kondensatormikrofon handelt (Schalterstellung "Mic"), wird zusätzlich die Phantomschaltung aktiviert. Auch wenn die meisten Mikrofone "abgesichert" sind, so sollte man trotzdem immer erst das Mikrofon anschliessen und erst danach die Phantomspeisung aktivieren, um ggfs. Beschädigungen, vor allem an älteren Miks, zu vermeiden. Will man ein Oldtimer-Mikrofon mit Tonaderspeisung einsetzen, so muss statt Phantom die Einstellung "T" oder "T-Power" gewählt werden. Der bzw. die Ausgänge werden mit dem Aufnahmegerät (Kamera, Audiorekorder oder HF-Sender) verbunden. Auch hier müssen wir die Ausgangsempfindlichkeit an unserem Mischer (Mic, Tape -10 oder Line) bestimmen.

Andersherum als bei den Eingängen ist hier die Empfindlichkeit in der Stellung "Mic" gegenüber "Line" um 40 dB abgesetzt, also verringert. Bei der Position bzw. Einstellung "Tape", die vielfach auch mit "Tape -10dB" oder einfach "-10dB" angegeben ist, handelt es sich um die "alte" Bezeichnung für Tonbandgerät, deren Pegel für Consumergeräte bzw. semiprofessionelles Equipment ausgelegt ist (Nominalpegel -10 dBV = -7.78 dBu). Dieser Pegel ist gegenüber dem Leistungspegel resp. der Stellung "Line" (Studiopegel International +4 dBu bzw. Studiopegel ARD für Rundfunk und Fernsehen +6 dBu) um 14 dB abgesenkt. Sollte der ankommende Pegel am Aufnahmegerät trotzdem nicht unserer Vorstellung entsprechen, so kann mittels dem Masterfader (Master Gain Control) das Signal der Masterausgänge noch zusätzlich angehoben oder abgesenkt werden.

Testton. Um die im obigen Abschnitt beschriebenen Aufzeichnungsgeräte auszusteuern (quasi zu eichen), senden wir einen Testton/Pegelton von unserem Mischer an diese. Dafür aktivieren wir den Pegeltongenerator (Tonoszillator) an unserem Mischer, der z.B. bei 0 dBu einen 1 kHz Ton (Sinuswelle/ Sinuston) ausgibt. Dieser Testton wird am digitalen Aufnahmegerät (Kamera, Audiorecorder) auf -18 dBFS eingepegelt. Wenn ich mich recht erinnere, wurde der Pegel des genormten Referenzsinustons schon Anfang der 1990er Jahre von der EBU (European Broadcasting Union) auf -18 dBFS festgelegt. Viele Kameras haben jedoch immer noch eine Markierung bei -20 dBFS (gem. der amerikanischen SMPTE) auf ihrer AES/EBU Skala. Dementsprechend ist das interne Audiotestsignal der Kamera dann ebenfalls werksmässig auf -20 dBFS eingestellt. Im Gegensatz zu den alten Zeiten, als wir noch mit analogen Bändern gearbeitet haben, ist das Einpegeln des Testtons heutzutage, also bei digitalen Medien, nicht mehr von solch grosser Bedeutung.

Ältere Mischer, die über ein VU-Metering verfügen, haben meistens einen Vorlauf (Lead), der den Pegelton um 6 dB überbewertet, also höher anzeigt.

Limiter. Einschalten und, falls diese Möglichkeit mischerseitig existiert, den Threshold (Schwellenwert) auf den gewünschten Wert einstellen. Vielfach haben ENG/EFP-Mixer einen Hard-Knee-Limiter oder auch Safety-Limiter (Peaklimiter) für die Eingangssignale. Da für menschliche Stimmen (vor allem in Tonstudios) eher ein Compressor/Limiter mit Soft-Knee eingesetzt wird, macht es in unserem Fall ebenfalls Sinn, einen solchen Soft-Knee-Limiter für die Ausgangssignale einzusetzen. Es kann aber auch von Vorteil sein, zusätzlich ausgangsseitig die Möglichkeit eines Hard-Knee-Limiters zur Verfügung zu haben, da wir vielfach keine Probedurchläufe machen können und digitale Aufnahmen keinerlei Übersteuerung zulassen. Beim soft-knee (weiches Knie) handelt es sich um einen weicheren Lautstärkeknick, der mit zunehmender Lautstärke diese komprimiert. Dadurch wird der Threshold, also der eingegebene Schwellenwert, leicht überschritten und nicht, wie beim hard-knee, radikal beim Erreichen des Threshold "geknickt" resp. sofort begrenzt. Die Daten für unsere Limiter sind in etwa wie folgend. Für den Ratio (Regel-verhältnis bzw. Kompressionsverhältnis) mindestens 20:1, eher aber unendlich zu eins. Die Attack Time (Einschaltzeit), also der Zeitintervall, um das Signal, nach dem Überschreiten des Threshold auf diesen wieder herunterzuregeln, beträgt i.d.R. 0.5 bis 5 ms (Millisekunden). Die Release Time (Ausschaltzeit), mit anderen Worten der Zeitintervall, um das Signal nach Unterschreiten des Threshold wieder auf das normale Verhältnis von 1:1 zurückzuregeln, dürfte um 100 bis 500 ms liegen. Es ist nicht Sinn der Sache, ständig "hart die Limiter zu fahren" (riding the limiters), sondern sie für den Zweck, für den sie konzipiert wurden, einzusetzen. Es ist eine Sicherheit gegen Übersteuerung (clipping) unseres Signals.

Es gibt Situationen, in denen man den Limiter verstärkt einsetzen muss. Sei es, dass mehrere Personen mit sehr unterschiedlich lauten Stimmen aufgenommen werden, oder dass die Dynamik des Signals (Stimme) zu gross ist, d.h. die leiseste Passage wäre im Verhältnis zur lautesten kaum hörbar. Zu bedenken ist, je stärker der Limiter zugreift, weil wir den Pegel erhöht haben, um so lauter sind die Umgebungs- resp. Störgeräusche im Verhältnis zu dem komprimierten Nutzsignal (Stimme). Dies trifft natürlich auch zu, wenn das Tonmaterial beim Editing in der Postproduktion limitiert bzw. komprimiert wird.

Fader. Die Kanalzüge, in unserem Falle mit Drehpotentiometer-Reglern (Poti) ausgestattet, dienen für die Feinabstimmung während des Mischens. Der Fader sollte sich zu Beginn in der neutralen Position bzw. der Nominalstellung von 0 dB (auf 12:00 h) befinden. Im Falle eines geangelten Mikrofons mit einem etwas grösserem Abstand zur Signalquelle ist der Fader eher dreiviertel offen (Stellung 15:00 h). Der volle Umfang des Faders reicht von der Stellung Off (linker Anschlag), über die mittlere Position von 0 dB, bis voll offen (rechter Anschlag) von etwa +15 dB. Es sollte also klar sein, dass während der Aufnahme nur sehr feine und vor allem sparsame Korrekturen vorgenommen werden sollten. Immerhin bedeutet eine, aus der neutralen Stellung 12:00 h vorgenommene viertel Faderbewegung in Richtung 15:00 h, eine Zunahme von ca. 6 bis 8 dB. Eine viertel Faderbewegung in die andere Richtung (09:00 h) ergibt eine Abnahme von etwa 24 bis 26 dB.

Gain. Nachdem sich der Fader in der neutralen Stellung befindet, regulieren wir mit dem Gainregler (Trim) die Eingangsempfindlichkeit des Mikrofonvorverstärkers. Dieser Drehregler verfügt über eine sehr grosse Übersetzung und bei einem Sound Device Mixer beispielsweise reicht er von +22 dB bis +60 dB oder gar +72 dB (je nach Modell) und somit im Millimeterbereich bewegt wird. Sollte die Peak LED Anzeige (Warnanzeige) zu oft oder gar ständig aufleuchten, bedeutet dies, dass die Vorverstärkung des jeweiligen Kanals bzw. Mikrofoneinganges übersteuert. In diesem Fall muss der Gain etwas zurückgenommen und der Fader dementsprechend leicht angehoben werden, um den gewünschten Pegel zu erhalten. Der Gain (Verstärkervorspannung) dient also der Anpassung der Eingangsverstärkung resp. des Eingangspegels.

Panoramaregler. Im Gegensatz zu Monomixern verfügen Mixer mit Stereoausgängen für jeden ihrer Eingangskanäle über einen Panoramasteller. Mit Hilfe dieses Panpots (Panoramapotentiometer) wird die Lautstärkeverteilung (Balance) auf die beiden Ausgangskanäle vorgenommen (Panning). Eigentlich dient das Panning dazu, ein Monosignal oder Intensitätsstereofoniesignale auf zwei Stereokanäle (Stereopanorama) zu verteilen. Obwohl wir unsere Aufnahmen oft in Mono abgeben, setzen wir die Panoramaregler trotzdem häufig ein. Falls wir z.B. aus Sicherheitsgründen zwei oder mehrere Eingangssignale auf zwei Spuren der Kamera oder des Tonaufnahmerekorders verteilen möchten (wir sprechen hier nicht von Stereo- sondern von Dual-Mono-aufnahmen), so müssen die Panoramaregler der Eingangskanäle, die auf Spur 1 bzw. Spur Links gelegt werden, bis zum linken Anschlag gedreht und die Signale, welche wir auf Spur 2 bzw. Spur Rechts aufnehmen, dementsprechend am jeweiligen Panoramaregler ganz nach rechts gedreht werden. Wichtig dabei ist, dass wir die Regler wirklich bis zum jeweiligen Anschlag drehen, da sonst ein Teil des Signals an den falschen Ausgangskanal geschickt wird. Noch ein weiterer Tipp, auch wenn Sie vielleicht nur mit einem einzigen Eingangskanal arbeiten (den Sie mono an eine Kamera schicken), kann es durchaus Sinn machen, den auf der üblicherweise neutralen Position stehenden Panorama-regler stattdessen ganz nach links (oder natürlich nach rechts, falls die Kamera am rechten Mischerausgang angeschlossen ist) zu drehen, da Sie dadurch noch ca. 3 dB Signalstärke gewinnen. Im Falle eines schwachen Signals, hervorgerufen durch einen grossen Mikrofonabstand oder ein Mikrofon mit geringer Empfindlichkeit usw., ist man für jedes Dezibel dankbar. Kleinere Mixer sind wegen ihrer kompakten Bauform vielfach nur mit einem Schiebeschalter ausgestattet, der in die Position "Links", "Center" oder "Rechts" gebracht werden kann.

PFL. Das PFL (Pre-Fader-Listening), auch Solo-Schaltung genannt, dient dem Vorhören des jeweiligen Kanals über den Kopfhörer ohne jeglichen Einfluss auf die Mischung (Masterkanäle bzw. Mixerausgänge). Wir hören hierbei das betreffende Signal, bevor es vom Fader abgegriffen wird, jedoch post-trim, post-high-pass und post-limiter. Zumeist benutzen wir das PFL für den Kanal, über den das Mik an der Tonangel läuft, da das Angelmikrofon aus Gründen von Bewegung und Veränderungen seines Winkels mehr Kontrolle bedarf als die etwaigen Ansteckmikrofone, die gleichzeitig auf den anderen Kanälen anliegen. Die Technik, ein Boom Mikrofon und gleichzeitig ein oder mehrere Ansteck-mikros mono auf eine Kamera aufzuzeichnen, wird übrigens von den meisten Tonoperateuren und Tonmeistern, die ich kenne (mich eingeschlossen), gar nicht gemocht. Erinnern Sie sich bitte an den Abschnitt "Kammfiltereffekte" im Kapitel "Physik". Aber leider werden sehr häufig (zumeist bei Reality-TV-Produktionen) entweder zu wenig HF-Sets mit Ansteckmikros gebucht oder aber es befinden sich gleichzeitig mehr Protagonisten mit HFs in der Szene als Kanäle am Mischer vorhanden sind. Hinzu kommt noch, dass diese Protagonisten vielfach zu weit voneinander oder ungünstig positioniert sind, um sie alle angeln zu können. Ersteres ist besonders mühselig, da es meistens aus Kostengründen geschieht und der Umstand, dass die Tagesmieten für HF-Sets in den letzten Jahren bedeutend günstiger geworden sind, es uns nicht gerade leichter macht, diesem Argument zu folgen. Im zweiten Fall kann man das Problem lösen, indem man, nach Rücksprache mit dem Tonmann, einen zweiten Tonmischer mit dem bestehenden Mischer kaskadiert (verkettet bzw. hintereinanderschaltet), was kostentechnisch ebenfalls nicht gross ins Gewicht fällt. Im Falle einer Studioproduktion greift man sowieso am besten zu einer Studiokonsole mit 16 oder 24 Kanälen. Die Tagesmiete für eine qualitativ brauchbare Mischpultkonsole ist ähnlich wie die eines Highend-ENG-Mischers.

Trittschallfilter/Hochpassfilter. Der für jeden einzelnen Kanal zuschaltbare Hochpassfilter bzw. Tiefensperre (engl.: high-pass filter oder low-cut filter bzw. lo-cut filter) ist das vielleicht wichtigste Instrument am Mischer, um eine Aufnahme von hoher Qualität zu gewährleisten. Dieser Filter dient der Beschneidung von tieferen Frequenzen, die durch Windgeräusche, Griffgeräusche der Perche (Tonangel), Trittschall, der über ein Mikrofonstativ oder Körperschall, der über ein Mikrofonkabel weitergeleitet wird usw., entstehen. Aber auch tieffrequente Audioanteile von Hintergrundlärm wie Stimmengewirr in einem halligen Raum (z.B. Aula einer Schule oder Uni), das Dröhnen von schwerem Verkehrslärm, das Brummen von Grosskühlschränken und Gefriertruhen oder das Rauschen von Klimaanlagen in Büros etc. kann so effektiv gedämpft werden. Nicht zuletzt dient der Einsatz des Hochpassfilters dazu, den Unterschied zwischen Dialog/Monolog und Ambi (Atmo) hervorzuheben bzw. diese besser voneinander zu separieren. Bei kompakten Kleinmischern ist die Frequenz, ab welcher gefiltert wird, vielfach fix wählbar, z.B. ab 80 Hertz oder 160 Hz. Die etwas komfortableren Modelle verfügen über einen, mittels Drehregler, durchstimmbaren Hochpassfilter, der von 80 bis etwa 240 Hz, in einigen Fällen sogar bis 300 Hz reicht. Die Frequenz, ab welcher der Filter aktiv wird, ist bei fast allen ENG/EFP-Mischern sowie den meisten Studiokonsolen 80 Hz (bei einigen Geräten erst ab 100 Hz) und dämpft das Signal unterhalb dieser Frequenz mit einer Flankensteilheit (Steilheit der Bereichsenden bzw. der Übergang in den Sperrbereich) von 12 dB pro Oktave. Diese stark verlaufende Dämpfung dient vor allem der Eliminierung von Rumpelgeräuschen und beeinflusst nicht die Frequenzen der menschlichen Stimme, die kaum weiter als bis hinunter auf 80 Hz reichen. Bei einer Einstellung oberhalb von 80 Hz ist die Flankensteilheit vielfach 6 dB pro Oktave und dient vor allem der Kompensation des Nahbesprechungseffekts von gerichteten Mikrofonen. Da wir uns bei Frequenzen, die sich oberhalb von 80 bzw. 100 Hz befinden, bereits im Bereich von männlichen Stimmen sind, ist eine „weichere" Filterung (Flankensteilheit 6 dB pro Oktave) nötig. Es ist von Vorteil, wenn der Filter gerätetechnisch vor der Verstärkung des Mixers eingreift, da dadurch das tieffrequente Störsignal mit seiner hohen Energie nicht noch zusätzlich verstärkt wird. Somit ist mehr Aussteuerungsreserve der Vorstufe vorhanden.

Theoretisch versuchen wir während einer Tonprobe den Hochpassfilter so einzustellen, dass unerwünschte tiefe Signale gelöscht werden, ohne jedoch die Stimme des Sprechers zu tangieren. Als Faustregel gilt, dass die Bassanteile von männlichen Stimmen teilweise bis auf 100 oder gar 80 Hz reichen. Bei weiblichen Sprechern gehen wir von 150 bis 140 Hz aus. Gehen Sie beispielsweise folgendermassen vor: Zuerst sollte man die Kopfhörerlautstärke etwas höher fahren als die normale, gewohnte Einstellung. Während der Darsteller seinen Text spricht und zwar in der Lautstärke, in der später die Aufnahme erfolgt, wird der Hochpassfilterregler von 80 Hz auf ca. 120 Hz erhöht. Wird die Stimme nicht dünner, erhöht man wiederum auf ca. 160 Hz. Ist die Filterung in der Stimme nun bemerkbar (weniger Bassanteile als vorher), fährt man zurück auf 120 Hz und erhöht nun bis zur Frequenz von 140 Hz. Ist in dieser Einstellung die Veränderung immer noch hörbar, fährt man nochmals zurück auf den Wert von 120 Hz und geht dann langsam auf z.B. 130 Hz. Man wiederholt diese Prozedur bis ein Wert erreicht ist, der möglichst nahe an die tiefen Frequenzen der Stimme reicht, ohne diese jedoch zu „berühren". Wenn man also den Punkt erreicht hat, bei welchem die Stimme nicht tangiert wird, jedoch die Hintergrund- und Störgeräusche beschnitten werden, sollte die Stimme im Vergleich zum Hintergrund präsenter klingen als zuvor. Sollten die Frequenzen der Störgeräusche resp. des Hintergrunds in die unteren Frequenzen der

Stimme reichen, so kann man die Grenzfrequenz soweit erhöhen bis die Stimme (die in den Bassanteilen nun ebenfalls etwas gefiltert wird) klarer und dadurch lauter als das Hintergrundambiente klingt. Bei Filmarbeiten oder hochwertigen Fernsehproduktionen ist dies, dank der Wahl der Location oder wegen optimalen Produktionsbedingungen (genügend Vorbereitungszeit, technische Hilfsmittel usw.), meist leicht zu realisieren. Im Falle von News-beiträgen oder speziell im Bereich von Realityshows und Dokusoaps bleibt dieser Vorsatz meist auf der Strecke. Dies hat vor allem mit dem Umstand zu tun, dass die Verständlichkeit des Inhalts, also des Gesprochenen, absolute Priorität hat („Dialogue is King"). Ganz egal, ob der Cast sein Statement neben einer kompressorbetriebenen Eismaschine oder inmitten einer grölenden Menschenmenge in einer Turnhalle abgibt, man muss ihn oder sie akustisch verstehen. In so einer Situation drehe ich den Hochpassfilter auch schon mal fast bis zum Anschlag hoch. Bei letzterer Aussage werden einige Puristen unter den Tonstudiotechnikern vielleicht verzweifelt die Arme in die Höhe reissen, aber ich versichere Ihnen, dass diese Leute vermutlich noch nie Mikrofon-aufnahmen während einer Segelregatta auf hoher See oder Aufzeichnungen auf einem Berggipfel gemacht haben; und dies bei Windstärken, die schon ein aufrechtes Stehen erschwerten. Hierbei geht es vor allem um den tief-frequenten Störschall im Bereich von 10 bis über 200 Hz, hervorgerufen durch Wind (und nicht durch Schallwellen), der auf die Mikrofonmembran trifft und diese somit zu stark auslenkt. In solchen Extremsituationen kann es gar Sinn machen, den Trittschallfilter des Mikrofons (falls vorhanden) und den des Mischers einzusetzen.

Stereo-Link. Mit dieser Funktion werden zwei Kanäle (i.d.R. Kanal 1 und 2) verkoppelt. Dadurch wird bei der Stereomikrofonierung die Signalstärke beider Kanäle über nur einen Fader (Kanal 1) kontrolliert. Das Stereopanorama wird ebenfalls nur noch über einen Panoramaregler (Kanal 1) geregelt und auch die Eingangslimiter sind gekoppelt. Nicht betroffen von der Stereo-Link-Funktion sind der Gain und der High-Pass-Filter der beiden Kanäle. Einige Mischer-modelle haben sogar zwei oder drei Kanalpaare, die man verlinken kann. Somit können zwei oder gar drei Stereomikrofonsets zum Einsatz gebracht werden.

Stereo-Link-MS. In diesem Modus (MS Stereoverkoppelung) werden die beiden Kanäle genau wie im obigen Abschnitt (Stereo-Link) verkoppelt. Der Unterschied beim Arbeiten im Stereo-Link-MS-Modus zum „normalen" Stereo-Link-Modus ist der Umstand, dass das MS-Signal eine MS-Matrix durchläuft und in ein XY-Stereosignal gewandelt wird, welches auf die L/R-Ausgänge des Mischers geroutet wird.

Kanal 1 bzw. Kanäle mit ungerader Zahl sind für das Mittensignal (gerichtetes Mikrofon) und Kanal 2 resp. Kanäle mit geraden Zahlen sind für das Seitensignal (Achtermikrofon) zuständig. Mit dem Gainregler von Kanal 1 wird das Signal des Mittenmikrofons eingepegelt. Mittels Gainregler von Kanal 2 kann die Signalstärke des Seitenmikrofons eingestellt werden. Durch die beiden Gainregler können somit die Signalstärken des Mitten- und Seitensignals zueinander verändert werden, d.h. das Verhältnis der beiden Gainregler zueinander bestimmt die Stereobreite. Die Gesamtlautstärke beider Signale wird dabei wie bereits erwähnt über den Fader von Kanal 1 geregelt.

Um die beiden Signale ausgewogen aneinander anzupassen, geht man nahe an eine Schallquelle (am besten zu einem Darsteller oder Crewmitglied). Diese Person soll dann einen durchgehenden Ton singen oder summen. Man hält die Mikrofonanordnung (oder MS-Mik) in einem 45 Grad Winkel vor den Mund des Helfers und stellt mittels Gainregler und Fader von Kanal 1 das Mittensignal auf die gewünschte Signalstärke ein. Nun fährt man den Gainregler von Kanal 2, also das Seitensignal hoch, bis das Stereosignal stimmig ist. Durch leichtes Hin- und Herbewegen des Mikrofons bzw. ändern dessen Winkels kann der Unterschied der beiden Signale zusätzlich kontrolliert werden. Im Falle von dekodierter MS-Mikrofonie (matriziert für XY-Stereo) sollte das Seitensignal (Achtermik) nicht zu hoch gefahren werden, da dies zu einer ungenauen Abbildung des Stereobildes und zu mangelnder Transparenz im Gesamtklang führen kann.

Phasenumkehr. Mit dieser Funktion (engl.: polarity reverse) kann die Phase des betroffenen Kanals umgedreht werden. Somit kann die links/rechts Ausrichtung umgekehrt, bzw. vertauscht werden, wenn bei der MS-Mikrofonie das

Mikrofon z.B. um 180 Grad in seiner Position gedreht wird. Warum aber sollte man ein MS-Mikrofon um 180° drehen? Zwei Schauspieler stehen frontal zur Kamera in einer halbnahen Einstellung und führen einen Dialog. Das MS-Mikrofon wird vom Boom Operator über die Kamera hinweg auf die beiden Darsteller gerichtet. Einer der beiden hält eine Strassenkarte in den Händen, anscheinend suchen die zwei etwas. Zwischenschnitt close auf den Stadtplan. Nächste Einstellung (wieder Halbnah), die beiden drehen sich um (also mit dem Rücken zur Kamera) und fahren mit ihrer Unterhaltung fort. In dieser Einstellung könnte der Tonangler das Mikrofon über die Köpfe der beiden Akteure vor deren Gesicht positionieren. Dafür müsste der Windkorb in einem spitzen Winkel zur Angel gedreht und die Perche verlängert werden. Kann sein, dass die Tonangel zu kurz ist oder der Perchman zu wenig Kontrolle über die Position des Mikrofons hat. Jedenfalls entscheidet er sich, das Mikrofon vor den Schauspielern auf einem kurzen Mikrofonstativ zu positionieren. Da es sich um einen halbnahen Bildausschnitt handelt, darf das Mikrofon bis zur Gürtellinie der Darsteller reichen. Nun müsste aber der Windkorb bzw. das Mikrofon in seiner Längsachse um 180 Grad gedreht werden, da sonst links und rechts vertauscht sind. Wir hören ja schliesslich aus der Position der Kamera. Falls das aus technischen Gründen nicht zu bewerkstelligen ist, das Mikrofon also in der gewohnten Stellung auf dem Stativ montiert ist, kann der Tonmann einfach den Phasenumkehrschalter des Kanals mit dem Seitensignal (Achtermikrofon) aktivieren und somit links/rechts vertauschen. Sollte danach die Kamera für die nächste Einstellung vor die Schauspieler in Position gebracht werden, um wieder deren Gesichter zu filmen, muss der Tonmensch die Phasenumkehr wieder ausschalten, da sich jetzt Kamera und Mikrofon wieder auf der gleichen Achse befinden und dasselbe „Links" und „Rechts" sehen und hören.

Das Beispiel ist vielleicht etwas sehr theoretisch, da Monologe und Dialoge nach wie vor zumeist mitttels Monomikrofonen geangelt werden. Meistens wird die Phasenumkehrung zwecks Korrektur bei Phasenverschiebungen bzw. Phasenauslöschungen, wie sie vor allem bei der Laufzeitstereofonie (AB-Stereomikrofonierung) vorkommen, eingesetzt. Dabei ist es eine Hilfe, wenn man das Kopfhörermonitoring auf Mono stellt und abwechselnd den Phasen-umkehrschalter ein- und abschaltet. Das Gleiche gilt auch für Monoaufnahmen (d.h. alles wird auf eine Monospur aufgenommen), die mit zwei Mikrofonen gemacht werden, wie z.B. beim gleichzeitigen Einsatz eines geangelten und eines Ansteckmikrofons.

Master Fader. Dieser Stereoregler (Master Gain Control) dient der zusätzlichen Regelung des Gesamtpegels beider Ausgänge. Er reicht von totaler Dämpfung (also kein Signal) bis zu +6 dB Verstärkung. Normalerweise befindet sich dieser Regler in der neutralen Stellung bzw. Position 0 (12:00 h).

Metering. Es gibt verschiedene Aussteuerungsanzeigen. Aus der analogen Welt kennen wir den Aussteuerungsmesser „VU-Meter" (**V**olume **U**nit) der die Lautstärke des Audiosignals nach dessen Impulsverhalten misst. Diese Anzeige ist dem Lautstärkeempfinden des Gehörs nachempfunden und besitzt eine Trägheit (Einschwing- und Rücklaufzeit) von 300 Millisekunden (plus/minus 10%). Aus diesem Grunde haben VU-Meter von ENG-Mischern manchmal für den Pegelton einen Lead (Vorlauf / Überbewertung) von 6 dB, der vor Über-steuerungen schützen soll, da die VU-Meter wegen ihrer Trägheit nicht auf kurzzeitige Spitzenwerte reagieren. Für digitale Aufnahmen, die bekanntlich keine Übersteuerungen tolerieren, eignen sich die VU-Meter, die vor allem auf dem amerikanischen und japanischen Markt heimisch sind, nicht, obwohl einige dieser VU-Messgeräte über eine einzelne LED für die Spitzenwertanzeige verfügen.

Da heutzutage für die Tonaufzeichnung praktisch nur noch digitale Kameras und Tonaufnahmegeräte eingesetzt werden, arbeiten wir mit PPM (**P**eak-**Pr**o-gramme-**M**eter) oder QPPM (**Q**uasi **P**eak **P**rogramme **M**eter). Beim Peakmeter handelt es sich um einen Spitzenpegelmesser, der auch kurze Spitzen-spannungswerte des Signals misst. Die Ansprechzeit eines analogen Signals liegt bei 5 bzw. 10 Millisekunden, die eines digitalen Signals bei 1 ms oder ist gar samplegenau.

Beide Aussteuerungsmesser, also VU und PPM, gibt es sowohl in Form von mechanischen Zeigern oder Lichtzeiger-Instrumenten wie auch als Bargraphs mit LED- oder LCD-Anzeigen. Wichtig dabei ist, dass die jeweilige Skalierung resp. Aussteuerungsmethode angegeben ist.

Die Feldmischer des amerikanischen Herstellers Sound Devices bieten sogar die Wahl zwischen PPM und VU umzuschalten oder gar beide Messmethoden gleichzeitig zu nutzen.

Mixer/Kamera-Bezugspegel (Testton) anpassen. Der analoge Bezugs- oder Nennpegel dBu (Spannungspegel mit 0.775 V), mit dem unsere Mischer arbeiten, kann nicht in dBFS (Dezibel full scale) der digitalen Kameras umgerechnet werden (wir sprechen von Kameras mit 24 Bit). Es handelt sich hier quasi um zwei verschiedene Welten, nämlich Voltmessung für dBu und Binärzahlen für dBFS. Trotzdem gibt es Richtlinien, wie die der EBU (European Broadcasting Union), die Vorgaben machen oder besser gesagt Vorschläge machen. Demnach sollten +6 dBu Studiopegel (ARD-Studiopegel) -9 dBFS entsprechen. Der Studiopegel in den USA (internationaler Studiopegel) ist +4 dBu, wird aber zumeist nicht mit -9 dBFS, sondern mit -20 dBFS (gem. der amerikanischen Society of Motion Picture and Television Engineers - SMPTE) angegeben. In Europa wird unser Testton, der mit 0 dBVU auf unserem analogen Mischer ausgesteuert ist, mit -18 dBFS auf der Decibel Full Scale Anzeige der Kamera eingepegelt. In den USA wird aber +4 dBu (1.228 Volts RMS), ebenfalls mit 0 VU bezeichnet, für -20 dBFS angegeben. Das ist etwas verwirrend und hat damit zu tun, dass die EBU für den 1 kHz Testton als Orientierung bzw. Kalibrierung -18 dBFS und für den Bezugspegel (Begrenzung) -9 dBFS angibt. In den USA jedoch wird der Testton **und** der Bezugspegel mit -20 dBFS angegeben. Ein weiterer Umstand ist die Tatsache, dass die EBU festlegte, dass 0 dBFS +18 dBu (6.16 V RMS) entsprechen, wohingegen die amerikanische SMPTE 0 dBFS mit +24 dBu (12.28 V RMS) ansetzte. Somit sind diese beiden Skalen quasi verschoben. Einzig gleich bleibt der Umstand, dass die höchste (digitale) Aussteuerung nicht über 0 dBFS gehen kann. Dies ist soweit auch kein Problem, da man auf seinem Mischer den Pegel anhand von verschiedenfarbigen Leuchtanzeigen oder Markierungen kontrolliert und dessen Übersteuerungsreserve grösser sein muss als der Headroom der dBFS von digitalen Kameras. Oder aber, dass der Limiter des Mischers eingreift, bevor die Spitzen sich der kritischen Grenze der Übersteuerung an der Kamera nähern. Professionelle Tontechniker halten sich dabei nicht unbedingt an den vorgeschlagenen Arbeitspegel von -18 dBFS und eine Begrenzung von -9 dBFS. Man fürchtet dadurch zuviel Dynamik zu verschenken. Eine Sicherheit von etwa 6 dB (-6 dBFS), mindestens aber 3 dB (-3 dBFS), sollte aber eingehalten werden. Sollten die Spitzenpegelwerte den Anforderungen einer Sendeanstalt widersprechen, so kann das digitale Tonfile jederzeit in der Postproduktion um ein paar dBs heruntergesetzt werden. Ich betone extra heruntersetzen und nicht komprimieren. Durch eine nachträgliche Kompression des Audiomaterials würden zwar die Pegelspitzen limitiert, jedoch würde es dazu führen, dass ungewollte Stellen wie z.B. Noise Floor (störende Umgebungsgeräusche und Geräterauschen usw.), die vorher leise waren, angehoben werden.

Abmischen

Das Mixen bzw. Fahren der Kanal-Fader, also die Hauptdisziplin, braucht viel Fingerspitzengefühl. Bei Filmarbeiten ist der Idealfall, wenn, dank vorheriger Proben, die Fader während des Takes gar nicht mehr verändert werden müssen. Ein erfahrener Boom Operator, der einen Dialog von zwei Schauspielern angelt, gleicht durch kleine Veränderungen der Distanz und/oder des Mikrofonwinkels den Unterschied zwischen einer stärkeren und schwächeren Stimme aus. Dies hat den Vorteil, dass sich dadurch der Ambisound der Szene kaum verändert. Wenn hingegen der Filmtonmeister dies mittels der Fader versucht, ändert sich ständig die Lautstärke der Hintergrundgeräusche, was zu einer untauglichen Aufnahme führt. Wenn der Tonmann alleine arbeitet und zwei Kanäle für eine Dialogszene bedient (z.B. zwei Ansteckmiks oder zwei fix installierte Mikrofone), so dreht er den Fader der gerade zu sprechen beginnenden Person rasch einen Tick hoch, während er gleichzeitig und mit synchroner Geschwindigkeit den Fader des Darstellers, der soeben mit reden fertig ist, einen Tick zurückdreht. Durch diese, quasi spiegelbildliche Veränderung der beiden Faderstellungen, ist die Atmo bzw. Geräuschkulisse des Hintergrunds immer gleichbleibend in der Lautstärke. Da die beiden Darsteller bzw. ihre Ansteckmikros zumeist nahe beieinander positioniert sind, ist so das Risiko des akustischen Übersprechens der beiden Mikrofone, dank des jeweiligen Pegelunterschieds gebannt. Bei ungescripteten Dialogen sollte etwas mehr Headroom für die Aussteuerung gegeben werden, da sich die beiden Sprecher unter Umständen gegenseitig ins Wort fallen, was zu einer Verdopplung des Pegels führt. Ganz abgesehen davon, dass Menschen, die sich gegenseitig das Wort abschneiden, emotionaler und vor allem lauter werden. Bei mehr als zwei Miks ist dieses synchrone Ausgleichen der Ein-gangskanäle bzw. der Mischung natürlich nicht mehr so einfach zu bewerk-stelligen. Beim Mischen von mehreren Kanälen bzw. Miks ist es von Vorteil, wenn der Tonoperateur freie Sicht auf die Talents hat oder zumindest den Regie-Bildmonitor einsehen kann. Anhand der Körpersprache der Darsteller lässt sich vielfach herauslesen, welcher von ihnen als nächstes das Wort ergreifen möchte. Es sollte genug Headroom bzw. Aussteuerungsreserve für den Gesamtpegel vorhanden sein, falls mehrere Teilnehmer gleichzeitig drauflosreden. Die Fader der nicht sprechenden Darsteller dürfen nie ganz herunter gefahren werden. Es genügt, wenn diese 6 bis 9 dB niedriger sind als die aktiven Fader der sprechenden Leute, um ein Übersprechen auf die „inaktiven" Mikrofone zu vermeiden. Wenn der Tonoperateur sieht, dass sich eine Person am Hals, also in gefährlicher Nähe des Ansteckmiks, kratzen will oder einer der Darsteller kurz vor einem Hustenanfall steht, muss er den betreffenden Fader sofort bis zum Anschlag zurückdrehen. Natürlich werden die verkabelten Personen zuvor instruiert sich nicht an den Hals zu fassen oder wo auch immer das Lavaliermikrofon sich befindet. Aber solche Instruktionen werden im Falle von Laiendarstellern verständlicherweise schnell vergessen. Bei Kindern sollte man erst gar nicht versuchen, die Berührungsempfindlichkeit von Ansteckmikrofonen zu erläutern, da sie sonst erst recht in Versuchung geraten, daran rumzuspielen oder es gar vor den Mund halten und losplappern, um zu sehen, ob der Tontechniker sie auch wirklich hört. Während des Verkabelns von kleinen Erdenbürgern ist es gemäss meinen Erfahrungen am besten so wenig wie möglich über technische Besonderheiten von Ansteck-mikrofonen zu sprechen. Eine kurze Erklärung wie: „...so höre ich dich besser..." oder „...das müssen hier alle tragen..." genügt. Nach der Einstellung bleibt zumeist genug Zeit, um dem Kind kurz die Kopfhörer zu überlassen und so seine Neugier zu stillen.

Falls Faderkorrekturen nötig werden, so sollten diese nicht übermässig stark, jedoch schnell erfolgen. Bei Reality-Shows bzw. Dokusoaps kommt es oft vor, dass der Satz eines Casts mit einem Ausruf beginnt, der bedeutend lauter ist als der Rest des Textes (z.B. „...*eben nicht* - das habe ich nie behauptet..."). Viele angehende Tonleute ziehen reflexartig den Fader herunter. Das sollte man unterlassen. Erstens kommt man mit dieser Korrektur sowieso zu spät und zweitens sind die nachfolgenden Worte, die mit normaler Lautstärke vorgetragen werden, zu leise und müssen dann wiederum korrigiert werden, was dann auch zu spät erfolgt. Schliesslich hat man ja einen Limiter, der ruhig auch mal etwas Arbeit übernehmen kann. Falls eine schnelle Faderkorrektur unumgänglich ist, dann sollte diese am besten während eher kurzen Schallereignissen erfolgen (trampelnde Schritte, Requisiten, die umgeschmissen werden usw.). Wenn Sie z.B. zu viel Pegel haben und den Fader herunterziehen möchten, so geschieht dies am besten während dem Vorbeifahren eines Autos oder dem Scheppern eines Tabletts mit Geschirr, das abgestellt wird. Bei extrem kurzen Schallereignissen wie Türenknallen oder einzelnen Schüssen funktioniert dies aber nicht (es sei denn, Sie besitzen die Reaktionszeit eines Eichhörnchens). Es kann auch vorkommen, dass ein solches (kurzes oder heftiges) Schallereignis nicht zur Verfügung steht. Vielleicht findet der Dialog auf einem Bahnsteig statt und nach einigen Sekunden fährt ein zischender, quietschender Zug langsam in den Bahnhof ein. In so einem Fall muss die Pegelkorrektur langsam ausgeführt werden. Der Fader kann also während der Ankunft des Zuges, wenn der Dialog schon zu Ende ist, langsam heruntergefahren und danach (während die Geräusche der Lokomotive ausklingen) wieder hochgefahren werden, um den nun wieder einsetzenden Dialog mit vorherigem Pegel auszusteuern. Natürlich ist das effektive Anschwellen der Lautstärke des einfahrenden Zuges herabgesetzt, doch die Intensität des Schallereignisses zusammen mit dem Bild des einfahrenden Zuges wird darüber hinwegtäuschen. Und sollte das Zischen und Quietschen der Lokomotive bei späterer Betrachtung im Schnitt zu leise und somit zu wenig dramatisch sein, so kann dies ohne grosse Umstände in der Postproduktion an der gewünschten Stelle korrigiert bzw. angehoben werden. Wenn Sie jedoch zu Beginn dieser Aufnahme so hoch ausgepegelt haben, dass der Dialog zwar gut ist, es aber zu Übersteuerungen der Zuggeräusche kommt, muss der Take sowieso nochmals wiederholt werden.

Je grösser der Dynamikumfang ist und je höher das Nutzsignal ausgesteuert wird, um so besser der signal-to-noise ratio (Rauschabstand). Dies garantiert auch im Fall einer nachträglichen Pegelreduktion in der Post oder einer Komprimierung durch die Sendeanstalt einen immer noch guten Pegel des Dialogs, der sich genügend vom Hintergrundgeräuschepegel abhebt. Ein Tontechniker versucht also den Pegel eines Signals immer so hoch wie möglich auszusteuern, um eine grösstmögliche Qualität der Aufnahme zu gewähr- leisten. Bei Szenen, die vorher geprobt werden, ist dies natürlich einfacher. Trotzdem wird der Tonmeister bzw. Tonoperateur die Grenze der Aussteuerung nicht völlig ausreizen, sondern etwas Headroom lassen. Erfahrungsgemäss ist das Spiel der Schauspieler während der Aufnahmen der effektiven Takes intensiver als bei den Proben, und die Dialoge werden dadurch eher lauter vorgetragen. Ein erfahrener Tonmeister wird in so einem Fall den Zugriff des Begrenzers (Limiter) bei ca. -6 dBFS oder wenigstens -4 dBFS einstellen. Bei Dreharbeiten ohne Proben sollte sich der Pegel einer Dialogaufnahme zumindest zwischen -15 und -9 dBFS bewegen, also im Durchschnitt bei -12 dBFS liegen. Bei einer Quantisierung von 24 Bit (Standard für Ton bei Mehrspurrecordern und professionellen Kameras) erreicht man somit die gewünschte Qualität. Der gültige Video- bzw. TV-Standard ist übrigens immer noch 48 kHz / 16 Bit für Ton.

Portabler Mehrspurrecorder

Portable Mehrspurrecorder (Portable Multitrack Recorder) werden je nach Einsatzbereich (Profi, Semiprofi oder Consumer) und Anzahl der Aufnahme- spuren in verschiedenen Preisklassen angeboten. Günstigere 2-Spur-Recorder bzw. Stereorecorder, die über keine Timecode-Funktion verfügen, sind vor allem bei Drehs mit kleinen DSLR-Kameras sehr beliebt. Da diese Kameras keinen Timecode-Eingang haben, sind sogenannte Handheld-Recorder eine preiswerte Lösung (ca. 80 bis 500 Euro). Nicht alle Handheld-Recorder sind mit XLR-Eingängen ausgestattet. In so einem Falle ist auch keine Phantomspeisung für Kondensator-Mikrofone vorgesehen. Semiprofessionelle Geräte haben in der Regel vier bis acht oder mehr Spuren und die XLR-Eingänge sind mit Phantompower ausgestattet. Diese Geräte bewegen sich etwa im Preissegment von 400 bis 1'200 Euro.

Professionelle Mehrspur-Feldrecorder sind immer timecodefähig und robust gefertigt, um den harten Anforderungen des Feldeinsatzes zu genügen. Die analogen Ein- und Ausgänge sind symmetrisch, und für die digitale Übertragung stehen AES-Schnittstellen zur Verfügung. Bei klassischen Modellen wird oft ein Mischer oder Controller angeschlossen. Die XLR-Eingänge sind aber immer mit Mikrofonvorverstärkern versehen, damit Mikrofone auch direkt mit den Digitalrecordern verbunden werden können. Vermehrt kommen Kombigeräte auf den Markt, die Mixer und Recorder in einem Gerät vereinen und mittlerweile so klein und leicht sind, dass sie auch für mobile Einsätze (mit Umhängetasche) geeignet sind. Professionelle Mehrspuraufnahmegeräte sind ab ca. 2'400 Euro zu haben, können aber auch über 12'000 Euro kosten.

Frühere Digitalrecorder schrieben die WAV-Dateien (im BWF Broadcast Wave Format) auf eine interne Festplatte. Um die Geräte noch robuster und sicherer zu machen, wird heutzutage auf dieses mechanische Festplattenlaufwerk möglichst verzichtet. Mittlerweile wird zumeist auf CompactFlash oder SD Memory Karten aufgezeichnet. Wichtig ist, dass der Recorder über zwei Kartensteckplätze oder wenigstens über ein Festplattenlaufwerk mit zusätzlichem CF-Kartensteckplatz oder FireWire-Ausgang für eine externe Festplatte verfügt. Dadurch können die Tonspuren gespiegelt aufgenommen werden, und sollte eine der beiden Speicherkarten beschädigt sein oder Schreibfehler aufweisen, kann immer noch auf das zweite Speichermedium zurückgegriffen werden.

Zu den bekanntesten Modellen, die wegen ihrem Gewicht und/oder ihren Abmessungen vielleicht eher für den Einsatz auf dem Soundcart (Tonwagen bzw. Tonkarre) bestimmt sind, gehören sicherlich Deva (10 oder 16 Spuren) und Fusion (10 oder 12 Tracks) der Firma Zaxcom oder der Tascam HS-P82 mit total 10 Spuren. Leichtere bzw. kompaktere Modelle und somit für „run and gun" Produktionen (z.B. Realityshows) geeignet, sind der Nomad (10 bis 12 Tracks) von Zaxcom, der berühmte Sound Devices 788T mit total 12 Aufnahmespuren und das neueste Modell von Sound Devices, der Field Production Mixer 664 mit 10 bis 16 Aufnahmespuren (16 Spuren mit Unterstützung des Input Expander CL-6). Letztgenanntes ist ein EFP/ENG-Mixer, der sämtliche Eingangskanäle plus zwei Master Bus- und zwei Aux-Bus-Ausgänge aufnehmen kann. Nicht zu vergessen der, für seine Robustheit berühmte, 8-Spur-Recorder Cantar-X2 von Aaton aus Frankreich.

Beim Kauf eines Fieldrecorders sollte darauf geachtet werden, wofür man diesen hauptsächlich einsetzen will. Gerade die kompakteren Modelle haben vielleicht „nur" sechs Mikrofoneingänge und eventuell noch weitere zwei bis vier Line-Eingänge, die man z.B. für HF-Empfänger nutzen kann. Die Anzahl der Eingänge und ihre separaten Einzelspuren (ISO Tracks) und weitere Aufnahmespuren für den Stereo-Master-Bus und etwaige Stereo-Aux-Busse schlagen sich natürlich auf den Preis solcher Geräte nieder. Ein weiterer Punkt ist das Routing. Einige Recorder bieten ein sehr umfangreiches Routing an, d.h. praktisch jedes Signal eines Eingangskanals kann auf jedwelche Aufnahmespur und/oder Recorder-Ausgang geschickt werden.

Gerade die Anzahl der Mix-Spuren und deren Ausgänge erlaubt zusätzliche Abmischungen, vor allem wenn neben den Masterausgängen noch AUX-Ausgänge (Auxiliary) resp. Bus Outputs am Mischer oder Recorder vorhanden sind. Für Dreharbeiten mit einer Filmkamera (35 mm oder Super 16 mm Filmstreifen) ist z.B. ein Zehnspurrecorder mit acht ISO-Spuren und zwei Spuren für die Stereomischung bzw. Dual-Mono-Masterspuren sicherlich die richtige Wahl. Die beiden Masterausgänge, die an jedem Mehrspurrecorder vorhanden sind, können dann dazu benutzt werden, eine „Abhöre" (Kopfhörer-Monitoring) für den Regisseur zu stellen. Wenn aber eventuell mit einer digitalen Kinokamera gearbeitet wird und man möchte die Masterspuren zusätzlich auf die beiden Tonspuren der Kamera spielen, so sind damit die beiden Masterausgänge des Recorders belegt. Speziell bei Dreharbeiten mit einer Arri Alexa-Kamera wird man kaum darauf vezichten den Ton zusätzlich auf die Kamera zu spielen. Die Qualität ihrer beiden Tonspuren ist vorbildlich und gemäss Tests, die von amerikanischen Kollegen durchgeführt wurden, kann sie diesbezüglich mit professionellen Audiorecordern mithalten. Wenn dann noch zusätzliche Leitungen oder HF-Sender für das Kopfhörer-Monitoring des Regisseurs und der Regieassistenz oder Produktionsleitung benötigt werden, wird's halt eng. Normalerweise mischen wir ja nicht in stereo ab. Wenn also während des Drehs doch ein Stereomikrofon im Einsatz sein sollte, wird dies auf zwei gelinkte ISO-Spuren aufgenommen und erst später in der Post dazugemischt. Wir haben also zwei identische Masterspuren (mono) und schicken über Masterausgang L das Signal zur Kamera und über Ausgang R dasselbe Signal an einen HF-Sender. Man kann dann so viele Kopfhörer-Monitor-HF-Empfänger, die mit der gleichen Frequenz wie der Sender betrieben werden, anschliessen wie man benötigt. Braucht es trotzdem noch mehr Ausgangsleitungen, muss auf Y-Kabel zurückgegriffen werden.

Ein anderes Beispiel, in dem aus diversen Spuren bzw. Eingangssignalen mehrere, unterschiedliche Mischungen gemacht und an TV-Kameras weitergeschickt werden sollen, ist folgendes. Wir haben z.B. für eine Realityshow einen Multicam Shot mit drei Kameras. Die Tonaufzeichnung auf den Kameras erfolgt in Mono. In der Szene ist vorgegeben, dass ein Moderator vier Kandidaten über ihre nächste Herausforderung (sagen wir einen Bungy- Jump) informiert. Nach kurzer Zeit wird sich noch ein Instruktor dazu gesellen und über die Sicherheitsvorkehrungen referieren. Alle sechs Personen sind verkabelt. Zusätzlich wird die ganze Szene noch mit einem Boom Mic geangelt. Kamera A soll den Moderator und etwas später den Instruktor drehen. Wir schicken den Ton des Moderators auf Spur 1 von Kamera A und den Ton des Instruktors auf Spur 2 von Kamera A. Dafür benutzen wir an unserem Recorder oder Mixer die Masterausgänge L (1) und R (2). Den Panoramaregler des Eingangskanals für den Moderator stellen wir auf Links und den des Instruktors auf Rechts. Kamera B soll die Reaktionen der Kandidaten aufzeichnen. Wir senden also die vier

Spuren (vier Ansteckmiks) der Kandidaten zusammengemischt auf Spur 1 von Kamera B und benutzen hierfür den AUX 1 Ausgang an unserem Recorder. Kamera C ist für die Totale zuständig, dreht also die ganze Gruppe. Hier könnten wir auf Spur 1 (Kamera C) das Angelmikrofon legen, welches über AUX 2 des Rekorders rausgeht. Zur Sicherheit zeichnen wir alle sechs Ansteckmikrofone und die Angel auf sieben ISO-Spuren auf. Dies gilt vor allem für die vier Lavaliermikrofone der Kandidaten, die auf nur einen AUX-Ausgang (für Kamera B) zusammengemischt sind. Sollte also einer der Kandidaten an seinem Ansteckmik rumfummeln, kann dies im Schnitt leicht behoben werden, indem der Cutter an dieser Stelle die Tonspur von Kamera B mit den drei ISOs der sauberen Ansteckmiks austauscht. Die Krawattenmiks des Moderators und Instruktors betrifft es ja sowieso nicht, da diese auf anderen Kamera-Tonspuren sind. Übrigens würde man bei so einer Doku-Soap-Einstellung auf die Tonangel (Kamera C) vermutlich verzichten. Beim Bildwechsel von Kamera A (Moderator oder Instruktor) und Kamera B (Kandidaten) auf die Totale von Kamera C wird natürlich weiterhin der Ton der Ansteckmiks von Kamera A bzw. Kamera B zu hören sein. Der Tonmeister wird einen überzähligen Recorderausgang eher für einen Mix aller sechs Ansteckmikspuren nutzen. Um Zeit und Kosten in der Postproduktion zu sparen, ist es natürlich am einfachsten, wenn im Schnitt die Tonspur der jeweiligen Bildsequenz genutzt werden kann. Das heisst Bildsequenz von Kamera A ist mit Tonspur von Kamera A unterlegt und Bildsequenz von Kamera B logischerweise mit der Tonspur von Kamera B. Noch schneller geht es, wenn die Bildsequenzen der drei (per Timecode synchronisierten) Kameras mit nur einer Tonspur unterlegt werden. In unserem Fall mit der Tonspur von Kamera C, auf der sich der Mix aller 6 Ansteck-mikrofone befindet. Und genau dies ist zumeist Standard in unseren Breitengraden und wird bei uns (im Gegensatz zu den USA) meistens mit einem Fieldmixer (ohne Recorder) gemacht. Dies bedeutet für den Tonmann, dass er lediglich die sechs Kanäle während der Aufnahme sorgfältig mischen muss und gehört zum Daily Business. Am ehesten wird von der Produktion verlangt, dass der Moderator auf eine eigene Spur aufgenommen wird. Da übliche ENG-Mischer über keine AUX-Ausgänge verfügen (es gibt aber auch Modelle mit), sendet man das Signal bzw. den Kanal des Moderators mittels Panoramaregler an den linken Masterausgang des Mischers und weiter auf

Spur 1 der Kamera A und die Signale der restlichen Ansteckmikrofone an den rechten Masterausgang und somit auf Spur 2 von Kamera A. Wenn schon keine AUX-, so haben gute Feldmischer wenigstens zwei bis drei Master-Stereo-ausgänge. Somit kann man das Signal bzw. die beiden Spuren an alle drei Kameras schicken. Wenn die Kameras mit Doppel-HF-Empfängern bestückt sind (mit identischem Frequenzband) und am Mixer zwei HF-Sender installiert sind, braucht es natürlich nur einen L/R-Masterausgang. Wie bereits erwähnt, wird in den Vereinigten Staaten bei Reality-TV oft mit Mehrspurrecordern ge-arbeitet. Gerade weil dort (und auch in Grossbritannien) viel häufiger mit versteckten Ansteckmiks gearbeitet wird, kommt man nicht drumherum, zwecks Sicherheit ISOs aufzunehmen. Man kann schliesslich nicht alle „Tonschäden" in der Post mit Noise-Removal- oder Noise-Reduction-Software (z.B. iZotope RX) beheben. Da die portablen Mehrspurrecorder im Allgemeinen immer günstiger werden, ist es nur eine Frage der Zeit, bis dies auch bei uns endlich zum Standard wird.

Die ISO-Spuren, die ja i.d.R. pre-fader aufgenommen werden, sollten nicht zu hoch ausgepegelt werden. Man benötigt etwas Headroom-Reserve, falls bei lauten Passagen mittels Fader nach unten korrigiert werden muss. Dies hat nur Einfluss auf die Masterspuren bzw. Ausgänge und nicht auf die jeweilige ISO-Spur. Bei einer Aufnahme in 24 Bit Auflösung ist ein nicht voll ausgesteuerter Track qualitativ kein Problem.

Weitere Eigenschaften des Mehrspurrecorders

Viele Funktionen eines Mehrspur-Feldrecorders, vor allem die eines Mixer/ Recorder-Kombigerätes sind identisch mit denen eines Fieldmixers und bereits unter Kapitel „Funktionen und Handhabung des ENG-Mischers" aufgezählt. Im Folgenden werden die für einen Recorder spezifischen Punkte behandelt.

Audioformat. Audiodaten werden im Pulsmodulationsverfahren (PCM – Puls-Code-Modulation) aufgezeichnet. Die gängigen Datenformate sind WAVE (Waveform Audio File Format) bzw. BWF (Broadcast Wave Format). Einige

Recorder bieten zusätzlich auch noch datenreduzierende Formate an wie z.B. MP3 (MPEG Layer-3), die z.B. für die Protokollaufnahme von Sitzungen oder Konferenzen eingesetzt werden können. In unserem Fall wird aber immer mit dem Industriestandard BWF (mit der File-Bezeichnung .bwff für Broadcast Wave File Format) gearbeitet. Die Files können als Monodatei (Monophonic / WAV Mono) oder als Mehrspurdatei (polyphonic / WAV Poly) aufgezeichnet werden. Im Falle von Mono-WAV-Dateien wird jede Spur als separate Mono-BWF-Datei gespeichert. Im Mehrspur-WAVE-Dateien-Modus werden mehrere bzw. alle Kanäle/Spuren gemeinsam als BWF-File aufgenommen. Üblicher-weise arbeiten wir mit dem Datenformat Poly bzw. Polyphonic und können somit mehrere Audiospuren, die sich in einer „verschachtelten" Datei befinden, an die Post weitergeben. Dadurch fällt für die Postproduction kein zusätzlicher Mehraufwand an, wie es beim „Anlegen" von Monofiles der Fall wäre.

Abtastrate. Für die AD-Wandlung (analoges in digitales Signal) muss das Signal abgetastet werden. Die Abtastrate (Sample rate) ist die Angabe, wie oft ein Signal kontinuierlich während eines vorgegebenen Zeitfaktors abgetastet wird. Da der menschliche Hörbereich einen Frequenzumfang von 20 kHz hat, muss die Abtastrate mindestens das Doppelte betragen, also 41'000 Hertz (44.1 kHz) wie wir es von Audio-CDs her kennen. Im Bereich Film und TV (professionelle Videoausrüstung) arbeitet man mit 48 kHz. Das Signal wird also 48'000 x pro Sekunde abgetastet (SPS – Samples per Second). Es gibt auch höhere Abtastraten wie z.B. 88.2 kHz, 96 kHz, 176.4 kHz und 192 kHz. Höhere Sample rates benötigen mehr Speicherkapazität. In Tonstudios wird schon seit längerer Zeit mit 96 oder gar 192 kHz gearbeitet. Auch portable Mehrspur-recorder bieten häufig neben den üblichen 48 kHz auch 96 oder 192 kHz an. In diesem Falle ist aber die Anzahl der gleichzeitig aufzunehmenden Tonspuren vielfach vermindert bzw. beschränkt.

Neben der in unserem Job üblichen Abtastrate (zumeist 48 kHz) gibt es auch noch spezielle Sample rates. Die Abtastrate 47.952 und 48.048 bedeuten 48 kHz minus 0.1% (Pull-down) bzw. 48 kHz plus 0.1% (Pull-up) und wird benötigt, wenn Film mit 24 fps (frames per second) für die Postproduction auf das amerikanische Videoformat NTSC (29.97 Bilder pro Sekunde) oder HD Video

(23.98 fps) transferiert wird. Versionen von Sample rates mit der Folge-
bezeichnung „F" (47.952F bzw. 48.048F) bedeuten, dass die Abtastraten zwar
47.952 oder 48.048 kHz betragen, aber mit 48 kHz „gestempelt" werden und
somit auch von Schnittsystemen, die z.B. 48.048 kHz nicht erkennen, gelesen
und abgespielt werden können. „F" steht für „fake stamped sample rate" bzw.
„faux" oder „Fostex". Wichtig dabei ist, dass Sampling Rates, die vom Standard
48 kHz abweichen, nur mit ausdrücklicher Erlaubnis der Postproduction bzw.
Anweisung der Produktion eingesetzt werden dürfen.

Auflösung/Wortbreite (Bit Rate/Bit Depth). Über Bitraten muss wohl nicht
extra informiert werden. Es stehen i.d.R. 16 oder 24 Bit zur Verfügung. Im
Audiobereich ist eine Wortbreite von 24 Bit die Norm. Auch die meisten
professionellen TV-Videokameras und die teureren Digital-Kino-Kameras
nutzen für die Aufnahme der Audiospuren eine Bittiefe von 24 Bit.

Etwas Theorie dazu. Einmal abgesehen von dem höheren Dynamikumfang
resp. Signal-Rauschabstand (S/N) bei 24 Bit, kommt noch dazu, dass die
Rundungsfehler beim Umrechnen bzw. Bearbeiten von digitalen Signalen
kleiner sind als bei 16 Bit. Der Dynamikbereich von 24 Bit ist aber sicherlich der
ausschlaggebende Vorteil. Die Anzahl der gemessenen Zahlenwerte
(Abstufungen) ist im Fall von 16 Bit 65'536 und bei 24 Bit 16'777'216 (pro Bit
eine Verdopplung). Oder mit anderen Worten, 24 Bit hat gegenüber 16 Bit eine
256-fache Auflösung. Mit jedem zusätzlichen Bit erhalten wir einen Zuwachs
von 6 dB. Das heisst, 16 x 6 dB ergeben einen Dynamikumfang von 96 dB aber
24 x 6 dB sind 144 dB (zumindest theoretisch). Nun sind 144 dB nicht wirklich
nötig, aber ein Teil dieses Umfangs geht durch das Grundrauschen (noise floor)
und/oder Quantisierungsrauschen verloren. Nehmen wir an, dass das
Rauschen mindestens 12 dB beträgt und da wir ja digital aufnehmen, müssen
wir auch sicher 6 dB Headroom belassen, damit genug Sicherheit vorhanden ist
bzw. keine Übersteuerung stattfinden kann. Wir verlieren also 18 dB (oder
3 Bits) und haben nur noch ein Signal-Rausch-Verhältnis von 126 dB, was
immer noch sehr gut ist. Die gleiche Rechnung mit 16 Bit bzw. 96 dB ergibt
aber ein Ergebnis von nur noch 78 dB.

Time code (TC) und Sync. Time code (oder Timecode) bzw. Zeitcode dient dazu, Bild und Ton oder auch Sequenzen von mehreren Kameras (Mullticam-shots) zu synchronisieren bzw. jedes Bild zeitlich zu erfassen. In unserem Fall kann somit der Ton zeitgleich mit dem Bild aufgenommen und wiedergegeben werden. Der Standard ist durch die SMPTE (Society of Motion Picture and Television Engineers) vorgegeben und setzt sich aus der Angabe der Stunde, Minute, Sekunde und Bild-Nummer (Frame) zusammen. Während der TC also der Zeitpositionsangabe dient bzw. den verschiedenen Geräten einen gemein-samen Startpunkt vorgibt, dient der Sync als Taktgeber der Geschwindigkeits-steuerung. Ohne diesen Takter (Wordclock, BiPhase, Genlock usw.) würden zwar Kamera und Tonrecorder zur selben Zeit starten, aber nach einer gewissen Zeit auseinanderdriften. Beim Ton spricht man von LTC – Longi-tudinal Time Code bzw. LTC (weil er ursprünglich der Länge nach auf eine Ton-spur aufgezeichnet wurde). Im Fall von Bild ist es ein VITC – Vertical Interval Time Code (der über die rotierenden Video-Kopftrommeln vertikal auf die schrägen Spuren aufgezeichnet wurde).

Beim „Syncen" ist immer nur eine Maschine der Master bzw. der Taktgeber. Alle anderen Geräte sind Slaves (die also sklavisch dem Master folgen müssen). Einige Toningenieure, vor allem ältere Semester unter den Film-Tonmeistern, setzen immer den Mehrspurrecorder als Master ein. Das hat sicherlich damit zu tun, dass der Audiorecorder in früheren Zeiten, als es noch keine „gescheiten" Sync-Klappen (Smart Slate) gab, das einzige Gerät mit einem TC-Generator war. Es gibt auch Geräte, die einen TC lesen, selber jedoch keinen TC generieren können, wie z.B. eine Dumb Slate (dumme Film-Klappe) bzw. Timecode Reader. Tatsächlich sollte immer das langsamste Gerät (oder anders gesagt, das schwächste Glied in der Kette) der Master sein, da die schnelleren Geräte immer dem Langsamen folgen können.

Das wichtigste bei der Synchronisation ist das Festlegen der Frame Rates (frame frequency). Alle Geräte, also Mehrspurrecorder und Kamera u./o. digi-tale Filmklappe, müssen mit der gleichen Bildwiederholfrequenz arbeiten. Die Angabe wird immer als Wert pro Sekunde gemacht (fps = frames per second). Auch wenn Sie bei uns in Europa hauptsächlich mit 25 fps in Berührung kommen, so kann es natürlich vorkommen, dass Sie auf NTSC (National Television System Committee / National Television Standards Committee) drehen müssen, z.B. für Kunden aus Nordamerika oder Japan. Folgendes sind die üblichen Frame Rates:

- 23.976 fps (wird teilweise auch gerundet mit 23.98 fps angegeben). Diese Bildrate entspricht der Kino Frame Rate 24 fps, aber um 0.1% verlangsamt, zwecks Kompatibilität mit dem NTSC-Standard.

- 24 fps. Kinostandard. Dabei wird in der Regel der Ton mit 25 fps gefahren, da in der Postproduction das Kameramaterial zumeist auch mit 25 fps eingelesen wird. Weil die Filmkamera (die mit 24 Bildern pro Sekunde dreht) nicht synchronisiert ist, sondern eine Timecode-Klappe abfilmt, ist dies möglich. Übrigens werden Kinofilme, die mit 24 fps aufgenommen wurden, im Fernsehen mit 25 fps, also 4% schneller abgespielt. Sollte man Sie anweisen, den Ton mit einem TC von 24 fps zu fahren, so würde das bedeuten, dass das Bildmaterial nicht für einen Transfer auf NTSC oder PAL bestimmt ist.

- 25 fps. Europäischer TV- bzw. Videostandard PAL (Phase Alternating Line) und Secam (Séquentiel couleur à mémoire) basierend auf unserer Bildwiederholrate von 50 Hz (resultierend aus unserer Netzfrequenz von 50 Hz). Dies ist die bei uns am meisten eingesetzte Frame Rate. Dabei spielt es keine Rolle, ob es sich um 25 Vollbilder pro Sekunde (Progressive) oder 50 Halbbilder pro Sekunde (Interlaced) handelt.

- 29.97 fps (weitere Bezeichnungen sind 29.97ND für Non Drop oder 29.97NDF für Non Drop Frame). Dies ist der amerikanische NTSC-Standard. Ursprünglich, zu den Zeiten des Schwarz-Weiss-Fernsehens 30 Bilder pro Sekunde (basierend auf der amerikanischen Netzfrequenz von 60 Hz), wurde dieser Wert wegen den zusätzlichen Farbinformationen bzw. die dadurch entstehenden Interferenzen um ein Tausendstel reduziert. Die dadurch enstandene Verminderung der Bildfrequenz von 30 auf 29.97 fps (0.1%) war auf Schwarz/Weiss-Fernsehgeräten, die

eine in Farbe ausgestrahlte Fernsehsendung empfingen, nicht bemerkbar.

-   29.97DF (Drop Frame) fps. Bei diesem Drope Frame Timecode handelt
    es sich wie beim obigen 29.97NDF um den NTSC-Video- bzw. Broad-
    caststandard. Jedoch wird die Abweichung zur Wanduhr (clock on the
    wall), also zur wirklichen Zeit, ausgeglichen (30 fps basierend auf 60 Hz).
    Durch das Drop-Frame-Verfahren werden pro Minute zwei Frames resp.
    die TC-Nummern dieser beiden Bilder ausgelassen, um einen Versatz
    zwischen Timecodewert und Bilderanzahl zu verhindern. Es werden
    jeweils die ersten zwei Frames bzw. deren zugehörige Timecode-
    Nummern (Frame-Nr. 0 und 1) einer jeden Minute fallen gelassen, mit
    Ausnahme derjenigen in jeder zehnten Minute. Das Timecodeformat
    29.97DF wird vor allem für Produktionen mit langen Zeitabschnitten (z.B.
    Spielfilme) eingesetzt, wohingegen für kurze Zeitspannen, wie z.B. ein
    30 Sekunden Werbespot, oftmals 29.97NDF (Non Drop Frame) zum
    Zuge kommt.

-   30 fps bzw. 30 fps non-drop-code (auch 30ND oder 30NDF gennant).
    Diese Bildrate stammt vom US-amerikanischen Schwarz/Weiss-TV ab
    und wird nicht mehr für Videoformate eingesetzt. Sie dient nur noch für
    reine Audioarbeiten oder aus Kompatibilitätsgründen im Zusammenhang
    mit der Audioabtastrate 44.1 kHz. Vielfach ist auch die Rede von 30 fps,
    obwohl aber 29.97 fps gemeint ist.

-   30DF (Drop Frame) fps. Die „Geschwindigkeit" ist dieselbe wie bei 30
    Non Drop fps. Da die Bildwechselfrequenz bei NTSC nicht genau 60,
    sondern 59,94 Hz ist, kann es zu Rundungsfehlern dieser ungeraden
    Zahlen kommen (29.97 fps). Soviel ich weiss, handelt es sich hierbei
    nicht um ein offizielles SMPTE-Timecodeformat. Beschämenderweise
    müsste ich (als SMPTE-Mitglied) dies eigentlich mit Bestimmtheit sagen
    können.

Am häufigsten werden Sie es mit folgenden TC-Formaten zu tun haben: 25 fps., 29.97NDF fps., 29.97DF fps. und eventuell noch mit 30NDF fps. Falls es sich um ein Drop Frame Format handeln sollte (DF), so wird dies mit grosser Wahrscheinlichkeit 29.97DF sein.

Welcher TC auch immer zum Einsatz kommt; es ist unabdingbar, dass die jeweiligen Geräte alle mit dem gleichen TC-Format arbeiten.

Sie sehen also, dass wir Europäer es etwas einfacher haben als unsere nord- und teilweise südamerikanischen Kollegen. Wichtig ist, dass Sie die Angaben bezüglich TC-Format (vor allem, wenn es sich um Drop Frame handelt) von der Postproduction resp. Produktionsfirma in schriftlicher Form erhalten. Falls Sie sich bereits am Set befinden und die Zeit ohnehin schon knapp ist, sollten Sie dafür sorgen, dass andere Crewmitglieder (vorzugsweise der Kamera-Assi oder Kameramann) bei der Beprechung anwesend sind. Es geht mir nicht um die Vorbeugung späterer Schuldzuweisungen, sondern schlichtweg darum, Miss-verständnisse durch Versprecher oder nicht richtiges Zuhören zu vermeiden.

Nachdem alle Geräte auf dasselbe TC-Format eingestellt sind und definiert wurde, welche Maschine den Master-TC ausgibt und welches der Slave ist, muss noch der TC-Modus bestimmt werden. Das Mastergerät, welches natürlich über einen eingebauten TC-Generator verfügen muss, läuft z.B. im „Free Run"-Modus, bei welchem die eingegebene Uhrzeit ununterbrochen durchläuft. Üblicherweise stellt man die interne Uhr auf Lokalzeit ein (Time-of-day clock). Dadurch ist jede aufgenommene Sequenz mit dem Datum und der Tageszeit versehen. Dies gibt dem Producer netterweise die Möglichkeit, schnell mal bei der Postprod. vorbeizuschauen und zu kontrollieren, was wir wann und wie lange „getrieben" haben. Um dann sofort wegen der Überstunden zu schimpfen, da wir doch an betreffendem Tag bloss von 12:00 bis 15:00 Uhr gedreht hätten. Dass der Heli-Rückflug aus dem Gebirge wegen schlechtem Wetter gestrichen wurde und wir samt Ausrüstung vier Stunden lang den Berg herunterstolpern mussten, ist ihm vermutlich entfallen (ist mir so passiert). Weitere gebräuchliche Master-TC-Modi sind z.B. „Record Run", in dem der TC nur während der Aufnahme läuft und z.B. mit der Uhrzeit 00:00:00.ff beginnt oder die Modi „24 hour Run" oder „Time of Day", die ähnlich wie der „Free Run" funktionieren, aber beim Anschalten des Gerätes automatisch die Uhrzeit der internen Clock an den TC ausgeben, der dann in den Freilauf-Modus schaltet. Die Leute im Schnittraum bevorzugen oft den Record Run Modus, weil er durchgehend und nahtlos die Zeitangabe des gedrehten Materials angibt, egal, ob dieses mit Unterbrechungen aufgezeichnet wurde. Dies macht aber bei einem Multicam-Dreh, d.h. mit mehreren Kameras und einem Audiorecorder, wenig Sinn. Auf der Seite der Slaves sind z.B. folgende Modi zum Empfang des TCs möglich: „Free Once", „Free Run Jam Once", „Jam Sync", „Regen" oder „CJam TC" usw. Es gibt bei Audiorecordern, welche als Slave dienen, auch spezielle Modi, die z.B. mit „Ext TC" und einer Zusatzbezeichnung benannt sind und unter anderem die Möglichkeit bieten, dass bei einem Unterbruch der TC-Verbindung mit dem Master (sei es wegen Störungen an der TC-Funkstrecke oder einem Kabelschaden) der Slave automatisch die interne Uhr mitlaufen lässt, um die Zeitkontinuität zu bewahren.

Die TC-Kabel sind i.d.R. mit BNC-Steckverbindungen (**B**ayonet **N**eill **C**oncelman, benannt nach den Entwicklern Paul Neill und Carl Concelman) mit einem Widerstand von 75 Ohm, versehen. Eine Ausnahme bilden die TC-Systeme von Ambient Recording GmbH Germany, die z.B. in allen Sound Devices Recordern verbaut sind. Diese Recorder nutzen eine 5-Pin-LEMO-Buchse, an die ein 5-Pin-LEMO auf BNC-Adapter-Kabel angeschlossen werden muss. Somit ist an solchen Recordern nur eine einzige Buchse für TC-In und TC-Out nötig bzw. vorhanden und nicht wie üblich zwei BNC-Buchsen für die jeweilige TC-In- und TC-Out-Verbindung. Die Alexa-Kameras von ARRI sind ebenfalls mit Lemo-5-Pin-TC-Verbindungs-buchsen ausgestattet.

Wenn keine Funkstrecke für den Timecode zu Verfügung steht und eine feste Kabelverbindung ebenfalls nicht infrage kommt, weil es sich z.B. um eine Einstellung im Handkamerastil handelt, so werden der Master und der Slave im Free Run Modus kurz vor dem Dreh über das BNC-Kabel miteinander verbunden. Am Slavegerät (Kamera oder Soundrecorder) wird die Jam-Funktion aktiviert und der Slave übernimmt innerhalb von Sekunden den Timecode des Mastergerätes (falls dies nicht schon durch das Anschliessen des BNC-Kabels am Slave-Gerät automatisch geschieht). Sobald dies geschehen ist, kann die Kabelverbindung zwischen den beiden Geräten wieder getrennt werden. Die Geräte „ticken" nun jeweils über ihre eigenen internen Clocks. Der Taktgeber bzw. Quartz (quarz-crystal) moderner Profigeräte ist äusserst präzise und hat in manchen Fällen lediglich eine Abweichung von einem oder gar nur 1/3 Frame pro 24 Stunden. Es gibt auch Geräte mit einer Abweichung von z.B. einem halben bis einem ganzen Frame pro Stunde, was für durchschnittliche Ein-stellungslängen immer noch genügend genau ist. Wie auch immer, man sollte mindestens zweimal am Tag die Geräte untereindander syncen. Normalerweise tun wir dies kurz vor Drehbeginn und dann nochmals nach der Essenspause. Im Falle von eher ungenauen TC-Generatoren vielleicht alle zwei Stunden.

Eine weitere Technik, die jedoch nur der Sync-Verbindung zwischen Audio-geräten dient, ist die Wordclock (oder Word Clock). Wie beim SMPTE-TC kann nur ein Gerät der Master sein (Clock Master), alle anderen Geräte sind Sklaven (Clock Slave). Die Word Clock hat eine genauere Periodendauer als der frame-basierende Timecode, da sie sich nach einer vorgegebenen Samplingrate (in unserem Falle z.B. eine Abtastrate 48'000 Hz pro Sekunde) richtet. Die Ver-bindung von Master- und Slave-Audiorecorder findet mittels BNC-Kabel statt. Ein Grund für den Einsatz von mehreren Mehrspurrecordern am Set kann z.B. sein, dass nicht genügend Audiospuren auf einem einzelnen Recorder vorhanden sind und ein zweiter Recorder nicht kaskadierbar ist, oder ein zusätzlicher Audiorecorder wird als Backup eingesetzt.

Zu guter Letzt will ich noch kurz den (aus alten Tagen bekannten) Pilotton (engl.: pilottone) als Möglichkeit zum Syncen von Audiorecordern und Kameras erwähnen. Gerade für DSLR-Kameras, die über keine externen Timecode-Optionen und -Anschlüsse verfügen, ist dieses Verfahren eine Möglichkeit, Bild und Ton zu synchronisieren. Dabei wird der Timecode, den der Master (Audio-recorder, TC-Lockit-Box oder TC-Logger) ausgibt, als analoger Sinuston (Referenzsignal) in der Frequenz von 50 Hz (60 Hz für Nordamerika) auf eine der Tonspuren der Kamera aufgezeichnet. In der Post wird dann über spezielle Software diese TC-Tonspur ausgelesen bzw. für das Schnittprogramm umge-wandelt. Der Pilotton wird, falls zwei Aufnahmespuren an der Kamera vorhanden sind, auf Spur 2 gespielt. Hierbei muss darauf geachtet werden, dass dieser Sync-Ton nicht zu hoch ausgesteuert wird (je nach Kameratyp ca. -22 bis -28 dBFS), um die Gefahr eines Übersprechens (cross-talk) auf die benachbarte Tonspur zu verhindern.

Über die älteste Sync-Technik, die Filmklappe, folgt in diesem Buch noch ein eigenes Unterkapitel.

Feldtonausrüstung und Zubehör

Das Thema Mikrofone wurde bereits in den Abschnitten „Mikrofone" und „Mikrofonierung" abgehandelt. Zum Thema Field Mixer finden Sie im Abschnitt „Portabler Tonmischer" die nötigen Erläuterungen. Gleiches gilt für den Field Recorder unter „Portabler Mehrspurrecorder".

Nachstehend werden weitere Ausrüstungsgegenstände und Utensilien beschrieben.

Mikrofonwindschutz und Aufhängung

Um ein Mikrofon vor durch Wind auftretende Signalverzerrungen zu schützen, braucht es einen Windschutz. Eine Mikrofonmembran kann zwischen Luftbewegungen, die durch Schall oder Wind entstehen, nicht unterscheiden. Beides kann zu Auslenkungen der Mikrofonmembran führen. Der vor allem durch Wind entstehende Druck auf die Membran bzw. deren Auslenkung führt zu einer Überforderung des Signalweges, und es entstehen sehr hohe Pegel im tieffrequenten Bereich. Vor allem in den Frequenzen von 10 bis 200 Hz wirken die Störgeräusche durch Wind am schlimmsten. Ein guter Windschutz sollte eine Windgeräuschedämpfung für die tiefen Frequenzen von bis zu 60 dB erreichen. Zu bedenken ist, dass ein Windschutz immer den Frequenzgang eines Mikrofons verändert und seine Empfindlichkeit herabsetzt. Falls eine Aussenszene, die mit einem Windschutz bestückten Mikrofon gemacht wurde, auf eine Innenszene (ohne Windschutz) folgt (oder umgekehrt), so muss das durch den Windschutz dumpfere Klangbild unter Umständen in der Audio-Post durch Equalizing angepasst werden.

Schaumstoffwindschutz (engl.: foam windscreen). Abgesehen von Popp-geräuschen bei Handmikrofonaufnahmen, ist der Schaumstoffwindschutz auch unabdingbar für Innenaufnahmen, bei denen ein Mikrofon an der Mikrofonangel geführt wird. Gerade die sehr windempfindlichen Druckgradientenempfänger (gerichtete Mikrofone) müssen auch in windstiller Umgebung (Film/TV-Studio) mit einem Schaumstoff geschützt werden, um eventuellen Windzug oder Luftwiderstand bei bewegter Angel zu mindern. Es gibt diese Schaumstoff-windschützer von einigen Mikrofonherstellern auch in einer wasserabweisenden velourisierten Ausführung für Aussenaufnahmen bei regnerischem Wetter. Ich rate aber dazu, bei Aussenaufnahmen einen Windkorb oder Fellüberzug einzusetzen. Bestenfalls ein mit einem Schaumstoffwindschutz bestückter Druckempfänger (Mikrofon mit Kugelcharakteristik) kann für Aussenaufnahmen eingesetzt werden.

Windschutzkorb, auch Zeppelin genannt (engl.: zeppelin, blimp), kommt bei Aussenaufnahmen ohne übermässigen Wind zum Einsatz. Im Gegensatz zu Schaumstoffwindschützern ist die Dämpfung der Höhen geringer. Dies und der Umstand, dass durch den um die Mikrofonkapsel geschlossenen Hohlraum die Störungen in den Hohlraum nicht einwirken, entschädigen für die hohen Anschaffungskosten. Der Hohlraum (engl.: dead air) sollte so gross wie möglich sein, muss aber natürlich eine vernünftige Grösse haben, die das praktische Arbeiten an der Tonangel noch zulässt (wer möchte schon mit einem bierfass-grossen Zeppelin an seiner Perche arbeiten?). Ein weiterer Pluspunkt ist der immer wieder vergessene Umstand, dass der Windkorb den ganzen Mikrofon-körper inklusive des XLR-Kabelsteckers umschliesst. Dies ist bei einem Schaumstoffwindschutz und Softie (Fellstulpe, die nur die Mikrofonkapsel umschliesst) nicht der Fall. Gerade die Mikrofonsteckverbindung für das XLR-Kabel und etwaige Schieberegler für die Vordämpfung und/oder Low-Cut-Filter sind anfällig bzw. durchlässig für Wind. Die Richtwirkung bei gerichteten Mikrofonen sollte unter Einsatz eines Zeppelins besser sein als im Fall eines Schaumstoffwindschutzes.

Windjammer bzw. Fell-Windschutz (engl.: windjammer, dead cat, wind sock). Bei windigen Wetterverhältnissen kann der Zeppelin in diesen Kunstfellüberzug eingepackt werden. Die Haare dämpfen die Luftturbulenzen zusätzlich. Windjammer (bei uns in der Schweiz umgangssprachlich auch Hund genannt) werden in Ausführungen mit verschieden langen Haaren angeboten. Es gibt sogar mit Stoff gefütterte Windjammer für sehr starke Winde wie sie gerne im Gebirge oder auf hoher See vorkommen. Da der Fell-Windschutz aus Kunstfell gefertigt ist, kann er problemlos in der Waschmaschine gewaschen werden, was ein wirkliches Plus ist, sobald der Fell-Windjammer z.B. bei Löschübungen von Feuerwehrleuten oder bei Dreharbeiten in einer städtischen Kanalisation im Einsatz war. Wenn man den Windjammer gerade nicht braucht und ihn in der Mischertasche oder im Rucksack verstaut, sollte er umgestülpt werden, damit er nicht haart und nicht unnötig verdreckt. Den Hund regelmässig mit einer Spezialbürste (wird von einigen Herstellern mitgeliefert) durchkämmen; dies verhindert das Verfilzen. Dadurch bleibt die Funktionsfähigkeit des Windjammers über mehrere Jahre erhalten.

Softie (engl.: softie, dead cat, wind muff, wind sock) gibt es in zwei Ausführungen. Entweder handelt es sich um einen weichen, schlauchförmigen Fellbeutel, der über den Schaumstoffwindschutz gestreift werden kann oder aber um einen steifen Fellkörper mit einer Gummimanschette, der über das Mikrofon gestülpt wird. Letzterer ist vor allem an Kameramiks anzutreffen, wird aber auch gerne im ENG eingesetzt, da er schnell montiert und vor allem leichter als ein Zeppelin ist. Wie im Falle von Windjammern gibt es Softies mit verschiedenen Haarlängen. Beim Kameraboardmik ist darauf zu achten, dass langhaarige Softies nicht vor die Linse ragen. In so einem Falle kann man die Haare an der Spitze des Fellschutzes etwas stutzen. Softies sind weniger effektiv als Windkörbe mit Fellüberzug, aber bedeutend kostengünstiger. Ein gewichtiger Nachteil ist, dass der Softie nur die Mikrofonkapsel resp. bei Shotgunmiks das Interferenzrohr umschliesst. Die Mikrofonkabelverbindung und eventuelle Schalter am Mikrofon bleiben aber dennoch dem Wind ausgesetzt. Man kann versuchen, diese Stellen mit Gaffatape "abzudichten". Um zu prüfen, ob und wie stark diese Punkte auf Luftstrom reagieren, gibt es einen einfachen Trick. Man nimmt einen Trinkhalm in den Mund und bläst gezielt auf die Kabelsteckverbindung und die Schlitze der Lowcut- und Padschalter.

Furry oder Lavalier-Windjammer ist ein Kunstfaserfell für Ansteckmikrofone. Dieser Windschutz mit Fellbesatz wird entweder direkt über das Lavaliermikrofon gestülpt oder im Fall des etwas grösseren, mit einer elastischen Öffnung versehenen Modells, über den Schaumstoffwindschutz des Mikrofons gezogen. In letzterem Fall ist der Schutz vor Wind noch besser, aber wegen seiner Grösse auch augenfälliger. Einige Modelle sind bereits mit einem integrierten Schaumstoff, der auf die meisten handelsüblichen Ansteckmiks passt, ausgestattet. Man bedenke auch hier, je stärker wir den Wind abblocken, je mehr dämpfen wir auch das Audiosignal. Es sollte darauf geachtet werden, dass Furries in den Farben schwarz, weiss und grau (wenn möglich noch in beige) für die jeweiligen Ansteckmiks bereitliegen. Sollte ein Cast ein weisses T-Shirt tragen und Sie möchten an diesem einen schwarzen "Puschel" anbringen, so werden anspruchsvollere Produzenten (erfahrungsgemäss speziell Briten) zu recht ein Theater veranstalten.

Furries bzw. Ansteckmikrofon-Windjammer kommen leicht abhanden. Gemäss meiner Erfahrung gehen die meisten Windschützer nicht während der effektiven Arbeit (Aufnahme) verloren, sondern verschwinden, während sie gar nicht im Einsatz sind. Ich bin überzeugt, dass die meisten Puschel verloren gehen, wenn man sie lose in die Hosentasche steckt. Wenn man von einem Aussenschuss auf Indoor wechselt, nimmt man i.d.R. den Windschützer rasch vom Mik des Protas ab und steckt ihn schnell in die eigene Hosentasche. Falls man etwas später Kleingeld, Taschenmesser, Schlüsselbund, Feuerzeug usw. aus der gleichen Hosentasche klaubt, bleibt so ein Furry gerne daran hängen und fällt zu Boden. Dummerweise hört man dabei keinen Aufschlag und bemerkt den Verlust nicht. Falls man den Windjammer in die Mixerzubehörtasche stopft, ist er vielleicht etwas sicherer. Aber auch da kann er durch das Herausnehmen von Kabeln, Kopfhörern usw. herausgezerrt werden. Ich persönlich bewahre meine Ansteckwindjammer in einer Gürteltasche, verpackt in einem Gripsäckchen, auf. Da in diesem Säckchen ca. 12 bis 16 solcher Puschel verstaut sind, ist es zu gross, um es zu verlieren. Nun will man in der Regel nur soviel

Puschel wie nötig (Anzahl Ansteckmiks am Set) mit sich herumtragen. Diese etwa 2 bis 4 Windjammer verstaue ich in alten Pillenschachteln oder Fotofilmrollen-Döschen. Erstens sind diese Dosen klein genug für die Hosentasche (aber doch gross genug, dass man sie abends nicht darin vergisst) und zweitens hört man die Plastikdosen aufschlagen, falls sie mal aus der Hosentasche rutschen sollten. Wenn man halt nicht anders kann oder will und einen losen Furry verstauen muss, dann besser in die Beintasche der Cargopants statt in die obere Hosentasche.

Ein weiterer „Gefahrenherd" ist, wenn der Furry in einer Drehpause am Prota bzw. an seinem Ansteckmik verbleibt. Wir wissen ja nicht, was er/sie in einer 10-minütigen Pinkelpause oder gar 30 Min. Kaffeepause so treibt. Da wird Fussball gespielt, ein Freund umarmt, Jacke inkl. Lav und Furry in eine Ecke geworfen usw. Also, in Drehpausen den Furry und gleich auch noch den HF-Transmitter abnehmen. Apropos Gürtelsender, in meiner Berufslaufbahn sind bereits zwei HF-Sender in der Toilette gelandet. Das eine Mal war die Konsequenz eine sehr teure Reparatur und das andere Mal ein Totalschaden.

Regenschutz für Windjammer. Da man ja keinen Regenschirm über einen Windkorb halten kann (bei einer so kleinen Distanz klingt das Geräusch der aufprallenden Regentropfen beinahe wie Einschüsse) und der Fellwindjammer irgendwann mal so vollgesogen ist, dass er kaum noch irgendwelche Frequenzen durchlässt, kann man auf spezielle Produkte wie z.B. Duck Rain Cover von Rycote oder Rainman von Remote Audio zurückgreifen. Diese weich gepolsterten Spezialhüllen, die man über den Windjammer oder direkt über den Zeppelin stülpt, unterdrücken bzw. minimieren das Geräusch der Regentropfen und schützen das Richtmikrofon vor Nässe. Die Idee dieser Regenschützer ist, den Regen nicht an der Aussenhülle abprallen zu lassen, sondern die Tropfen aufzusaugen und durch Zwischenkammern abfliessen zu lassen, ohne dass sie bis zum Windkorb vordringen können. Falls man keinen Mikrofonregenschutz zur Hand hat, kann man das Mikrofon vor Feuchtigkeit schützen, indem man ein Kondom (Typ trocken) direkt über das Mikrofon zieht und es dann im Zeppelin/ Windjammer verstaut. Wenn nur ein Regenschirm vorhanden ist, eine Wolldecke, ein Jutesack oder am besten eine Filzmatte über den Schirm legen.

Diese Decken sind bei längeren Einstellungen irgendwann einmal so vollgesogen, dass das Platschen der Regentropfen hörbar wird und müssen dann
natürlich gegen trockene ausgetauscht werden. Vor vielen Jahren bei einem
Dreh, für den ich ohne meine eigene Ausrüstung gebucht war, wurde trotz
Aussenaufnahmen nur ein Shotgunmikro mit Schaumstoffwindschutz bereitgestellt. Es regnete in Strömen und wir behalfen uns mit einer Socke, die wir
über den Windschutz zogen. Aber, bei heftigem Regen ist eine Socke auch
schnell mal durchnässt und sie muss ausgetauscht werden. Wenn dann nach
einer gewissen Zeit die ganze Crew barfuss in den Schuhen da steht, ist das
auch nicht besonders witzig.

Abschliessend zum Thema Windschützer möchte ich noch folgendes anmerken. Immer wieder fällt mir auf, dass die Boardmikrofone von Kameras für
ENG/EFP- und EKP-Einsätze (electronic press kit) nur mit Schaumstoffwindschützern ausgestattet sind. Die Ausrede, es handle sich ja nur um Ambi-
Ton, zieht schlichtweg nicht. Entweder der Ton des Kameramikrofons ist
brauchbar oder eben nicht. Falls nicht, kann man das Kameramikrofon genauso
gut zu Hause lassen. Auch wenn sich ein Kameramann bzw. eine Verleihfirma
entscheidet, ein eher günstiges Kameramikrofon anzuschaffen, so macht es
wenig Sinn, wenn dies wegen eines fehlenden Fellwindschutzes nicht für
Aussendrehs eingesetzt werden kann. Man verzichtet ja schliesslich auch nicht
auf die Kamera-Regenhülle, weil die Kamera "bloss" die Hälfte des Jahres im
Aussendreh-Einsatz ist. Das Wetter richtet sich nun mal nicht nach unseren
Drehdaten.

Mikrofonaufhängung / -halterung (engl.: suspension mount, shock mount).
Die beim Kauf eines Mikrofons mitgelieferte Stativ-Mikrofonhalterung ist nicht
geeignet für den Einsatz an der Perche. Um das Mikrofon vor Körperschall zu
schützen, muss für dessen Einsatz an der Tonangel eine hochwertige Mikrofon-
spinnen bzw. Schwinghalterung benutzt werden. Nur mit so einer Schwinghalterung ist eine effiziente akustische Entkopplung möglich. Es gibt zahllose
Modelle und Anbieter auf dem Markt. Jeder Mikrofonhersteller bietet natürlich
für seine Mikrofone, welche für die Arbeit an der Perche bestimmt sind, eine
solche Spezialaufhängung an. Daneben gibt es noch Zubehörfirmen für Wind-

protektoren und Halterungen wie die, sicherlich führende, englische Firma Rycote Microphone Windshields Ltd. Wie bereits beim Thema "Windschutz" erwähnt, sollte bei der Anschaffung der Mikrofonhalterung nicht gespart werden. Nicht alle elastischen Gummischnüre bzw. Gummiringe, die das Herzstück einer Mikrofonspinne sind, halten das Versprechen einer wirkungsvollen Vibrationsminderung. Es gibt übrigens auch Hersteller, die bei einigen ihrer Aufhängungen ganz auf Gummiringe verzichten, wie z.B. Rycote mit ihrer patentierten "Lyre shockmount technology", bei der es sich um unzerbrechliche Clips aus Thermoplastik (Hytrel) handelt oder die französische Firma Cinela mit ihren OSIX- und MINIX-Aufhängungen. Ein Umstand, der mir des Öfteren auffällt, ist, dass einige Mikrofonhersteller (nicht die Top 3 unserer Branche wie Sennheiser, Schoeps und Sanken) ihre elastischen Aufhängungen zwar qualitativ hochwertig und robust fertigen, diese aber viel zu schwer für den Einsatz an der Tonangel sind. Ein Blick auf das Thema Gewicht; und dies gilt nicht nur für Windkörbe, Mikrofonhalterungen und Kabel, sondern auch für die Boom Mikrofone selbst. Gerade Anfänger in unserem Beruf schenken dem Umstand (Gewicht an der Tonangel) oft zu wenig Aufmerksamkeit. Wenn man dann berufsmässig fast täglich den Ton angelt oder gar als professioneller Boom Operator unterwegs ist, so schätzt man jedes einzelne, gewichtreduzierende Gramm.

Cablebreaker, Connbox, Mikrofonkabel. Um Griffgeräusche (engl.: handling noise), die nebst der Verbindung von Tonangel zu Aufhängung auch über das Mikrofonkabel bzw. dessen Gummiummantelung auftreten können, zusätzlich zu eliminieren, kann ein kurzes Jumperkabel zwischen Mikrofon und Hauptkabel montiert werden. Diese zusätzliche XLR-Steckerverbindung unterbricht schon einen grossen Teil der Vibrationen, die über den Gummimantel des Kabels geleitet werden. Hochwertige Windkorb-Mikrofonhalterungen, die bereits mit einem solchen internen XLR-Kabel ausgerüstet sind, haben sogar vielfach eine Ummantelung aus Textil statt Gummi und sind aus besonders leichtem Material gefertigt. Die englische Firma Rycote vertreibt ein Produkt namens Connbox, das an deren Schwinghalterungen montiert werden kann. Auch diese Kabelvorrichtung reduziert Vibrationen auf ihrem Übertragungsweg und sorgt dafür, dass das Kabel nicht mit dem Windkorb in Berührung kommt. Teure

Mikrofone und Halterungen machen keinen Sinn, wenn man schlussendlich an der Qualität des Mikrofonkabels spart. Für unsere Arbeit kommen nur die besten und dementsprechend teureren XLR-Kabel in Frage. Darauf achten, dass es eine möglichst flexible (weiche) Ummantelung aufweist und mit hochwertigen XLR-Steckern versehen ist. Gute Kabel sollten auch nach Jahren nicht ausgasen, d.h. der Weichmacher des Kunststoffmantels verflüchtigt sich nicht und die Kabel werden mit dem Alter nicht steif und brüchig. Die Feder der Verriegelung der XLR-Kupplung (weibchenseitig) kann mit der Zeit ausleiern. Das dadurch entstehende Klackern wird direkt auf das Mikrofon übertragen. Falls das auf dem Set geschieht und kein Ersatzkabel zu Hand ist, kann man sich mit einem Stück Gaffa Tape behelfen und bei nächster Gelegenheit eine neue Kupplung (XLR-Female-Stecker) anlöten. Immer darauf achten, dass das Kabel mikrofonseitig nicht gespannt ist, aber auch nicht an den Zeppelin oder die Mikrofonhalterung schlagen kann. Das Kabel sollte nicht verdreht sein, weil dadurch der Kreuzgeflechtschirm an der Kunststoffummantelung scheuert, was ebenfalls ungewollte Geräusche produziert. Um dieses Verdrehen auch im gelagerten Zustand zu vermeiden, sollte man längere Kabel zu einer Acht aufschiessen (aufwickeln). Ein weiteres Problem bei verdrehten Kabeln ist der Umstand, dass die Innenisolierung an der Abschirmung reibt und es somit zu einer elektrostatischen Aufladung kommen kann, was ebenfalls zu ungewollten Geräuschen führt. Dieses Problem taucht aber vor allem bei asymmetrischen Kabeln auf (die in unserem Falle sowieso kaum eingesetzt werden) und im Falle von qualitativ hochwertigen asymmetrischen Audiokabeln durch eine zusätzliche im Kabel eingearbeitete elektrostatische Abschirmungsschicht behoben wird. Das Boom Mikrofonkabel sollte etwa eineinhalb bis zwei Meter länger als die voll ausgezogene Mikrofonangel sein. Längere Kabel ver-ursachen nur unnötiges Gewicht. Bei verkürzter Tonangel wird das übrige Kabel gewickelt und am Gürtel-Karabiner oder direkt am Hosengürtel des Boom Operators befestigt. Kabel sollten regelmässig mit speziellem Kabelreiniger oder mit WD-40 gesäubert werden.

Perche / Tonangel

Die bei uns in der Schweiz und in Frankreich Perche (perche son) genannte Tonangel oder Mikrofon Handstange (engl.: boom pole) ist leider das wohl unterschätzteste Gerät im TV-Produktionsbereich. Gutes "Perchen" ist nicht nur ein Job, sondern vielmehr eine Kunstfertigkeit. Um diese Aufgabe zufriedenstellend lösen zu können, sollte das Arbeitsgerät, also die Mikrofonangel, von bester Qualität und vor allem leicht sein. Tonangeln gibt es in verschiedenen Materialien. Kostengünstigere und ältere Modelle sind aus Aluminium. Heutige Angeln sind zumeist aus Graphit, also aus Kohlenstoffasern bzw. Carbonfasern, gefertigt. Es gibt aber immer noch Gründe die etwas schwereren, dafür steiferen Alu-Tonangeln einzusetzen. Speziell für szenisches bzw. dynamisches Arbeiten wird eine Perche, die möglichst nicht nachwippt, bevorzugt. Von den sechs Perches, die ich besitze, sind übrigens zwei aus Aluminium. Aus Aluminium gefertigte Tonanglen reagieren auch weniger empfindlich auf Griff geräusche.

Die Angeln werden nebst ihren Längen vor allem nach Einsatzart unterschieden. Wir haben zum einen die Stage-Boom-Pole bzw. Studio-Boom und zum anderen die ENG-Boom-Pole bzw. Fishpole (in Deutschland EB-Tonangel). Die Stage-Boom-Poles, also Filmtonangeln, sind, wie es bereits der Name vermuten lässt, für die Arbeit am Filmset und im TV-Studio bestimmt. Sie haben längere, dafür weniger Rohrsegmente und somit auch weniger Verschlussmuttern, was etwaige Knackgeräusche vermindert. Dadurch sind sie auch steifer als ENG-Tonangeln und für szenisches Angeln besonders geeignet. Filmtonangeln bestehen meistens aus zwei bis vier Rohrelementen und sind somit in eingefahrenem Zustand noch gut 1.8 Meter lang. Das lange Basisrohrelement bietet den Händen des Perchman dadurch mehr Freiheit beim Fassen bzw. Gleiten. Ausgefahren erreichen solche Angeln eine Länge von über sechs Metern. Die transportfreundlicheren ENG-Tonangeln bestehen i.d.R. aus 5 bis 6 Elementen und werden natürlich, je nach Einsatz resp. Reisebehältnis, in verschiedenen Längen angeboten. Einige Beispiele von Standardlängen in ein- und ausgefahrenem Zustand sind: baby ca. 0.4 – 1.5 m, small ca. 0.5 – 2.1 m, medium ca. 0.6 – 2.7 m, large ca. 0.8 – 3.8 m, x-large ca. 1.1 – 5.60 m. Hersteller von Profi-Tonangeln versuchen das Eigengewicht der Mikrofonangel möglichst niedrig zu halten. Einige Marken bieten neben einer Standardausführung vielfach eine speziell leichte, aber etwas teurere Version ihrer Teleskopangel an. Diese Kohlenstofffaserrohre haben eine Wandstärke von nur noch 1 mm (statt z.B 1.5 mm) und sind dadurch vielleicht etwas weniger steif. Die bekanntesten Hersteller von professionellen Tonangeln sind VDB (Stéphane Van Den Bergh) Frankreich, Ambient Recording GmbH Deutschland, die amerikanische Firma K-Tek bzw. K-Tek/M. Klemme Technology Corp. und der italienische Hersteller Gitzo.

Eine weitere Gruppe stellen die Jumbo-Tonangeln dar. Diese speziell langen Tonangeln von Ambient Recording sind ausgezogen 8.6 m (QP 5190) bzw. 10.6 m (QP 6200) lang. Eigentlich ist diese Tonangel, mit Hilfe von Winkelflansch und Gegengewicht, für die Montage auf einem Lichtstativ konzipiert. Es gibt aber auch Tonangler, die solche Angeln von Hand führen. Ich besitze eine Ambient QP 5190 und habe dafür ein Pauken-Gstältli angepasst (Kreuztragegurt für Paukenspieler). So konnte der Boom Operator die Angel „bequem" für eine mehrwöchige TV-Produktion, bei der u.a. eine grosse Gruppe von gestaffelt sitzenden Leuten geboomt werden musste, einsetzen. Der Boom Operator stand auf einem stabilen Podium hinter der Kamera und konnte durch Schwenken die ca. fünf Meter breite und (indem er sich drei Schritte vor und zurück bewegte) die zwei Meter tiefe (3 Sitzreihen) Gruppe mit einem Supernierenmik abdecken. Ein andermal haben wir diese Technik für Testaufnahmen, bei der fünf Schauspieler vor einem sehr langen Wohnwagen (Typ amerikanischer Trailer, in dem locker 3 Familien leben können) nebeneinander standen, eingesetzt. Die Einstellung war quasi eine weitwinklige Supertotale, bei der das obere Drittel des Wohnwagens abgeschnitten, jedoch die gesamte Länge des Caravans zu sehen war. Mein Perchman konnte das Shotgunmikro ca. einen bis eineinhalb Meter über den Köpfen der Darsteller positionieren. Der Grund, die auf fast neun Meter ausgezogene Angel nicht auf ein Stativ zu montieren, war der Umstand, dass der Dialog nur zwischen den beiden ganz links und rechts aussenstehenden Schauspielern stattfand. Wir entschieden uns also, dass der Boom Operator vom Dach des Lichtwagens aus, der knapp ausserhalb der rechten Bildbegrenzung stand, von Hand boomte und somit die Mikrofonpositionen der beiden sprechenden Schauspieler durch klassisches Vor- und Zurückschreiten änderte. Dabei konnte er das Gegengewicht der Hebelkraft mit dem rechten Arm herunterdrücken, da sich die Angel, die in einer am Kreuzgurt montierten Nylonschlaufe ruhte, in Höhe seiner Gürtelschnalle befand.

Zu den Spezialangeln kann man sicherlich die von K-Tek angebotenen "Klassic Articulated Poles" zählen. Eine, in verschiedene Positionen fixierbare, gewinkelte Angel. Somit kann man über Hindernisse hinweg angeln oder, gemäss Anbieter, die Perche bequemer einhändig führen, um mit der zweiten Hand den ENG-Mischer zu bedienen. Dabei wird das moosgummibestückte Basis-Endstück der Angel auf Gürtelhöhe an den Körper gedrückt und mit nur einer Hand stabilisiert.

Damit die Perche auch nach Jahren des Gebrauchs ihren Dienst einwandfrei verrichten kann, sollte folgendes beachtet werden: Wenn die Angel durch Regen nass geworden ist, muss man sie nach der Arbeit voll ausgezogen mit gelockerten Zwingen trocknen lassen. Die Verschlusszwingen können von Zeit zu Zeit zwecks Reinigung auseinandergnommen werden. Bei Nichtgebrauch sollte die Tonangel nur mit lose angezogenen Zwingen aufbewahrt werden. Überhaupt sollten die Zwingen nur so weit angezogen werden wie es nötig ist, um das Mikrofon bzw. den Mikrofonkorb zu fixieren. Übermässiges Festziehen führt, ähnlich wie bei einem Wasserhahn bzw. dessen Dichtungen, zu erhöhtem Verschleiss der Zwingen. Bei einer regelmässig gereinigten und gut gepflegten Mikrofonangel sollte das Verriegelungssystem, also die Verschlusszwingen, bereits nach einer Vierteldrehung greifen resp. entriegeln.

Folgend möchte ich einige der zahlreichen Zubehörteile für Tonangeln beschreiben.

Spiralkabel bzw. Wendelkabel (engl.: coiled cable). Fast alle Hersteller von Tonangeln bieten Mikrofon-Spiralkabel an, die durch das Innere der hohlen Teleskopelemente geführt werden können. Diese Ringelkabel sind natürlich jeweils der Länge des Tonangeltyps angepasst. Viele Kollegen bevorzugen jedoch normale XLR-Kabel, die um die Angeln herumgeführt werden. Das hat einerseits mit Gewichtsgründen zu tun (ein Spiralkabel ist natürlich immer schwerer als ein gerades Kabel bei gleicher Distanzlänge) und andererseits mit der Furcht vor Geräuschen, die auftreten können, wenn das Spiralkabel bei schnellen Bewegungen der Perche an deren Innenwand schlägt. Um dem entgegenzuwirken, kleiden einige Hersteller (z.B. RoboPole, USA) die Innenseite ihrer Teleskopangeln mit gepresstem Schaumstoff aus. Vorteilhaft an einem Spiralkabel ist der Umstand, dass man die Tonangel während einer Aufnahme ausfahren kann, was gelegentlich bei News- und Reality-TV-Einsätzen vorkommt. Mit einem „normalen", um die Angel gewickelten Mikrofonkabel ist das nicht zu bewerkstelligen. Will man sich trotzdem auf so eine Situation vorbereiten, hier ein kleiner Trick. Man wickelt das Kabel (eigentlich sollte man es nicht wickeln, sondern um die Angel herumwerfen, damit es zu weniger Verdrehungen kommt) von der Spitze der Perche, also der Mikrofonhalterung, bis zum drittletzten ausgefahrenen Rohrsegment (die Segmente Nummer zwei und drei sind eingefahren). Dort befestigt man das Kabel mit Hairballs (Haargummi mit Kugeln für Pferdeschwanz-Frisuren) und lässt eine Schlaufe von ca. einem Meter Kabel durchhängen. Am anderen Ende der Kabelschlaufe bzw. am Basiselement der Tonangel befestigt man ein zweites Haargummi. Nun kann man also bei nicht voll angezogenen Verschlussmuttern die beiden eingezogenen Rohrsegmente jederzeit ausfahren, bis die Kabelschlaufe nicht mehr durchhängt. Falls man sich trotzdem für ein Wendelkabel entscheidet, sollte man darauf achten, dass der XLR-M-Stecker am Abschlussende des Basiselements einen rechten Winkel aufweist, damit man in einer kleinen Drehpause die Tonangel kurz auf dem Boden oder der Fussspitze absetzen kann. Bei geraden Abschlüssen ist dies nicht möglich, da man das Kabel am Verbindungsstecker abknickt und eine Beschädigung des Kabels riskiert. Übrigens gibt es auch gerade Kabel, die innenseitig geführt werden können. Für so einen Fall ist am Ende des Basiselements der Perche eine schlitzförmige Aussparung vorhanden, durch die ein XLR-Kabel samt Stecker gezogen wird.

Moosgummiabschluss (engl.: mushroom base). Dabei handelt es sich um eine Gummipolsterung, die am Ende des Basiselements der Tonangel aufgeschraubt wird. Dieser Gummipfropfen schont die Angel beim Abstellen auf hartem bzw. rauem Boden. Ausserdem zerkratzt man keine Tapeten, falls man in engen Räumen mal gegen eine Wand stösst. Und nicht zu vergessen, sollte beim Herumhantieren in einer Menschengruppe jemand versehentlich im Gesicht getroffen werden, so ist ein Tonangel-Endstück aus Moosgummi bedeutend weniger schmerzhaft als eine normale, eher scharfkantige Tonangel-Endkappe.

Kit Cool (microphone boom pole support) ist eine "Perche-Hilfe", die vom französischen Hersteller Boom Audio&Video bereits in den 1990er Jahren entwickelt wurde. Dank einer Vorrichtung, bestehend aus einem höhenverstellbaren Stab, der am unteren Ende mittels einem Haken am Hosengürtel des Perchman fixiert wird und am oberen Ende über eine Haltevorrichtung verfügt, die mit vier lautlosen Schaumstoffrollen bestückt ist, auf der die Tonangel liegt, ruht das Gewicht auf der Hüfte statt auf den Schultern und Armen. Vor allem aber wird nur eine Hand zum Führen der Tonangel benötigt und die zweite ist somit für den Umhängemischer frei, falls man (wie üblicherweise bei ENG/EFP-Produktionen) die Jobs von Boom Operator und O-Tonmeister in Personalunion inne hat. Ich habe mir diesen "Unterstützer" schon vor etlichen Jahren angeschafft und setze ihn immer wieder mal ein. Anfangs braucht es vielleicht ein, zwei Tage Übungszeit. Danach wird das Gerät zu einem unverzichtbaren Hilfsmittel beim sogenannten "Long Take Syndrom". Anfangs wurde ich zwar von einigen Kollegen belächelt und musste mir Sprüche wie "Raymond mit seiner Geriatriehilfe" anhören. Ich habe aber zwischenzeitlich einigen dieser Kollegen ein solches Ding weiterverkauft bzw. den Kontakt zu der Firma Boom Audio&Video France vermittelt. Natürlich bevorzuge ich das Angeln mit beiden Händen, welches bei szenischen Einsätzen unabdingbar ist und, da es sich naturgemäss nur um einen Aufwand von wenigen Minuten handelt, keinerlei Anstrengung bedarf. Stellen Sie sich aber folgende Situation vor: Für einen Kino-Dokumentarfilm drehten wir einen älteren Herrn in seinem Wohnzimmer, der über sein bewegtes Leben erzählte. Die Kamera befand sich auf einem Slider resp. Bungee für kurze Fahrten. Der Regisseur informierte mich, dass es sich bei diesem Interview um eine lange Einstellung handeln würde, da er den Herrn bei dessen Ausführungen möglichst wenig unterbrechen wolle. Ich montierte also das Mikrofon auf einen, für solche Einsätze üblichen, Mikrofongalgen mit Rollenkreuz, um kleine Positionsänderungen des Casts korrigieren zu können. Was ich jedoch nicht wusste, bzw. erst bei der unmittelbaren Besprechung am Sujet entschieden wurde, war der Umstand, dass der gute Mann an seiner etwa vier Meter langen Wohnzimmerwand, die mit Dutzenden Fotografien aus seinem Berufsleben als Profimusiker gespickt war, hin- und hergehen und zu den jeweiligen Fotos Anekdoten zum Besten geben sollte. Obwohl mein Mikrofongalgen mit Fussrollen ausgestattet ist, kann man diesen natürlich nicht lautlos über einen Parkettboden schieben. Mir blieb also nichts anderes übrig als den ganzen Shot (Einstellung) zu boomen. Das Interview oder besser gesagt die Erzählung dauerte schlussendlich 55 Minuten und wurde in einem einzigen Take abgedreht. Da der Regisseur nur sehr wenige und wenn dann auch nur sehr kurze Zwischenfragen stellte und somit kaum Pausen entstanden, um die Arm- und Schultermuskulatur zu lockern, wäre klassisches "Boomen", also ohne Einsatz dieser Boom-Pole-Hilfe, kaum durchführbar gewesen.

Boom pole Handschuhe. Damit die Tonangel (vor allem bei feuchten Händen) gut in der linken Hand gleitet, kann man an dieser einen ¾-Fingerhandschuh tragen. Es ist absolut ausreichend, wenn man einen möglichst weichen Baumwollhandschuh nimmt und die Fingerlänge (also die Handschuhfinger) zur Hälfte abschneidet. Somit kann das Basiselement der Perche bei gelockertem Griff durch die linke Hand fahren und durch Zugreifen stabilisiert werden. Es eignen sich z.B. Bijouterie- oder Fotolabor-Handschuhe. Fotohandschuhe sind zwar immer weiss, eignen sich aber besonders gut, da sie aus Baumwolle gefertigt sind und somit auch problemlos mit Textilfärbemittel dunkel eingefärbt werden können. Man findet sie für ca. fünf Euro im jedem Fotohobbygeschäft. Für Aussenaufnahmen bei kaltem Wetter eignen sich Fleecehandschuhe oder weiche Wollhandschuhe. Des Weiteren werden auch Neoprenhandschuhe für Boom Ops im Fachhandel angeboten.

Kopfhörer

Die Kopfhörer für Tonleute, egal ob Soundmixer oder Perchman, sollten einen möglichst grossen Audio-Übertragungsbereich (Frequenzgang) aufweisen und vor allem Umgebungsgeräusche gut abschirmen. Deswegen kommen offene Bauweisen nicht in Frage. Geschlossene Kopfhörer gibt es als ohrumschliessende (circumaural) oder ohraufliegende (supra-aural) Versionen. Bei letzterer Variante wird das Ohr durch die Kopfhörermuschel bedeckt, ohne es jedoch zu umschliessen. Bei uns in Europa wird vor allem das Modell HD 25-1 bzw. HD 25-1 II der Firma Sennheiser eingesetzt. Dieser dynamische Kopfhörer weist eine geschlossene Bauform auf (supra-aural) und hat eine Nennimpedanz von 70 Ohm. Ein weiteres Merkmal dieses Kopfhörers sind die einzeln abnehmbaren Hörmuscheln. Auch in den Vereinigten Staaten ist der HD 25-1 häufig anzutreffen, obwohl dort auch gerne das Modell MDR-7506 (63 Ohm) oder MDR-7510 (24 Ohm) von Sony eingesetzt wird. Für welches Modell man sich schlussendlich auch entscheidet, wichtig ist die Robustheit des Headphones und die Möglichkeit, den Kopfbügel soweit zu verstellen, dass im Winter auch eine Mütze darunter getragen werden kann. Da der Kopfhörer quasi Ihre Hörreferenz ist, sollten Sie wenn möglich, immer mit demselben Fabrikat arbeiten. Aus diesem Grund haben Tonleute, die mit fremden Ausrüstungen arbeiten müssen, zumeist ihre eigenen Headphones dabei. Ein weiterer Punkt, der beachtet werden sollte, ist der Kopfhörer-Stecker. Es sollte sich immer um einen 3.5 mm Stereo Klinkenstecker (TRS 1/8") handeln, der mit einem aufschraubbaren 6.35 mm Stereo Klinkenstecker (TRS 1/4") adaptiert werden kann. Obwohl aus Gründen der Platzeinsparung alle Kameras und die meisten Audiogeräte mit einer 3.5 mm Kopfhörerbuchse ausgestattet sind, gibt es Hersteller, die für ihre Geräte (vor allem Mischpulte und einige Audiorekorder) die stabilere Verbindung mittels eines 6.35 mm Jack-Steckers vorziehen.

Der Hauptunterschied zwischen einem Film/TV-Referenzkopfhörer bzw. Monitoring-Headphone und einem HiFi-Kopfhörer ist zum einen der lineare Frequenzgang, also die neutralere Wiedergabe (engl.: flat response) des Referenzkopfhörers, die ihn für reines Musikhören eher ungeeignet macht und zum anderen seine grössere Empfindlichkeit bzw. der tiefere elektrische Widerstand (Ohm). Ein HiFi-Kopfhörer mit z.B. 600 Ohm wäre, an einer Kamera oder Feldmischer angeschlossen, auch bei voll aufgedrehter Monitorlautstärke u.U. noch zu leise. Monitor-Kopfhörer, die wir einsetzen, haben i.d.R. eine Impedanz von 50 bis 100 Ohm. Somit ist ein Monitoring bei genügender Lautstärke gewährleistet, und es wird weniger Energie (Akkuladung) verbraucht, da der Monitorverstärker der Kamera oder des Audiorecorders nicht volle Leistung bringen muss. Der HD 25-1 von Sennheiser hat, wie bereits erwähnt, eine Impedanz von 70 Ohm, der Sony MDR-7506 63 Ohm und der MDR-7510 24 Ohm. Handy-Kopfhörer/Ohrstöpsel haben meistens eine Impedanz von 12 bis 32 Ohm und sind bei Kameraleuten beliebt und als „Mithöre" geeignet.

Akku

Ohne Akkus (Akkumulatoren) würde unsere Branche stillstehen. Diese Speicher für elektrische Energie gibt es in verschiedenen Formaten und Bauformen. Der V-Mount-Akku ist neben dem Anton Bauer-Gold-Mount System (und den natürlich neueren Spezialakkus für DSLR-Kameras) die vermutlich meist eingesetzte Bauform. Aber auch das NP-1-Format ist immer noch häufig anzutreffen. Es ist natürlich von Vorteil, wenn der Tonmann das gleiche Verbindungsformat hat wie das der Kameracrew. Man kann in so einem Falle auch mal die Ladestation der Kameraleute nutzen, statt selber einen Akku-Loader mitzuschleppen. Für den Einsatz auf Reisen gibt es handliche Ladekabel, die über den D-Tab bzw. D-Tap (Anton Bauer) Anschluss des Akkus (falls vorhanden) direkt an den Akku angeschlossen werden können. Es macht keinen Sinn, an dieser Stelle näher auf die verschiedenen chemischen Zusammensetzungen in Akkus einzugehen. Auch wenn immer noch NiMH- (Nickelmetallhydrid) oder gar NiCad- (Nickelcadmium) Akkus auf dem Markt sind, so sind in unserer Branche eigentlich nur noch die leichteren und umweltfreundlicheren Li-Ion- (Lithiumionen) Akkus anzutreffen. Welcher Akku für das jeweilige Geräte zu benutzen ist, wird in der Gerätespezifikation angegeben. Vor allem dürfen Akku-Ladestationen auf keinen Fall mit Akkus, für die sie nicht konzipiert sind, bestückt werden. Ein Hinweis für Flugreisen mit Akkus. Manche Airlines beschränken die Wattstunden der mitgeführten Akkus auf 100 Wh pro Akku. Diesem Umstand haben einige Hersteller Rechnung getragen, indem sie Akku-gehäuse anbieten, die mit zwei herausnehmbaren Zellen à je 68 Wh versehen sind wie z.B. der Akku ENDURA ELITE der Firma IDX.

Wir Tonleute bevorzugen flache und vor allem leichte Akkus, da wir schon genügend Gewicht in unserer Tonmischer-Umhängetasche herumtragen. Da unsere Mixer und HF-Empfänger keine Stromfresser sind, genügt uns i.d.R. ein Akku mit 65 bis 95 Watt-Stunden (Wh) für mehrere (normale) Drehtage. Im Falle von Mehrspuraudiorecordern sieht dies etwas anders aus. Um zu wissen wie lange ein Akku hält, müssen wir zunächst anhand der Gerätespezifikation unseres Recorders dessen Stromverbrauch eruieren. Nun ist der Strom-verbrauch natürlich von unzähligen Faktoren abhängig wie z.B. Anzahl der Spuren im Recordmodus, Phantompower, Helligkeit der Displayanzeigen bis hin zur Lautstärke des Kopfhörermonitors usw. Somit können nur ungefähre Angaben für die Betriebsdauer der jeweiligen Geräte angegeben werden. Nehmen wir mal an, das Gerät benötigt 12 Watt. Der vorhandene Akku hat eine Kapazität von 14.8 Volt und 68 Wh. Das heisst in unserem Falle, dass ein Gerät. welches 12 Watt aufnimmt, also etwas mehr als fünfeinhalb Stunden mit dem Akku betrieben werden kann. Würde das Gerät 68 Watt benötigen, so wäre der Akku schon in einer Stunde leer. Nicht immer sind die Angaben für Wattstunden auf Akkus angeführt. Manchmal sind die Angaben für die Ladungsmenge bzw. Nennladung in Amperestunden (Ah) angegeben. In so einem Falle wird einfach die Ah (in unserem Falle z.B. 4.6 Ah) mit der Spannung von 14.8 Volt multipliziert, um die Wh zu erhalten. Meistens werden die Angaben in Milliamperestunden angegeben. Dann wäre also von 4600 mAh statt 4.6 Ah die Rede. Wenn Sie ein neues Gerät zugekauft haben oder das erste Mal mit einem fremden Leihgerät arbeiten, so sollten Sie vor dem Dreh zuerst die Akkudauer unter realen Bedingungen prüfen, damit Sie eine unge-fähre Ahnung kriegen, wie lange Sie mit einem Akku auskommen bzw. wie viele Reserveakkus benötigt werden. Vor allem bei kalten Temperaturen vermindert sich die Akkuleistung teilweise drastisch. Bei Recordern, die nicht über eine Schutzschaltung verfügen und sich im Aufnahme-Modus befinden, kann es, im Fall eines plötzlichen Abschaltens des Gerätes (hervorgerufen durch einen erschöpften Akku), zu Beschädigungen der Daten auf dem Speicherkärtchen oder der Festplatte kommen.

Synchronklappe / Filmklappe

Die Synchronklappe (engl.: clapperboard, umgangssprachlich „slate") gehört zwar nicht wirklich in das Tondepartment, wird aber vor allem im Fall von elektronischen Timecode-Klappen vom O-Tonmeister programmiert. Zuständig für das Schlagen der Klappe ist beim klassischen Filmset der „Clapper Loader" (2. Kamera-Assi) bzw. heutzutage Clapper Datenwrangler. Vielfach ist bei kleineren Sets ein Regie- oder Produktions-Assi für die Klappe zuständig. Oft handelt es sich hierbei um noch eher unerfahrene Crewmitglieder und es kommt somit manchmal zu Verwirrungen bezüglich Beschriftung und Handhabung der Filmklappe („slating"). Aus diesem Grunde möchte ich kurz auf die Synchronklappe eingehen.

Der Sinn der Synchronklappe ist, wie es der Name bereits sagt, das Synchronisieren von Bild und Ton, wenn diese auf getrennten Geräten (also nicht auf der Kameraspur) aufgenommen werden. In der Post wird dann mit Hilfe der Synchronmarke (im Bild der geschlossene Balken und auf der Tonspur dessen Schlaggeräusch) die Tonspur mit der Bildsequenz angelegt. Hierfür wird die Klappe, sobald die Kamera und der Tonrecorder aufnehmen, vor die Kamera gehalten und geschlagen. Dabei muss die Klappe z.B. nahe vor das Gesicht des aufzunehmenden Schauspielers gehalten werden, damit der Kameramann den Focus bzw. die voreingestellte Schärfe nicht oder nur leicht verändern muss. Die Ansage des Clappers muss gut verständlich und rasch erfolgen. Vor allem bei Drehs auf teurem Filmmaterial ist es wichtig, nicht unnötig Zeit mit langsamen Sprechen oder falschem Hantieren zu vergeuden. Deswegen kann der Klappenmensch die Ansage schon machen, bevor er die Klappe exakt vor dem aufzunehmenden Sujet in Stellung gebracht hat. Natürlich wird der Clapper dies erst tun, nachdem der Tonmann das „Ton läuft" durchgegeben hat. In der Regel erhält er vom Regieassistenten die Anweisung „Klappe" und macht sich bereit. Sobald der Ton und die Kamera laufen, kommt vom 1. Kamera-Assi

(Focuspuller) die Anweisung „Ansage" und er kann den Klappentext aufsagen. Danach wartet er mit dem Schlagen, bis er vom ersten Kamera-Assistenten oder vom Kameramann die Aufforderung „mark", „marker" oder „mark it" oder einfach „schlag sie" bekommt. Ohne diesen Befehl bzw. diese Aufforderung von der Kameracrew darf die Klappe nicht geschlagen werden, da der Kamera-Assi erst überprüfen muss, ob die Klappe ganz im Bild und leserlich ist. Dies gilt vor allem für die Winkelpfeilmarkierungen bzw. diagonalen Schrägstriche der Klappleiste (clapper sticks). Wenn im Eifer des Gefechts die Klappe zu früh geschlagen wurde, obwohl der Kameramann z.B. diese noch nicht sauber im Bild hatte oder der Ton noch nicht lief oder was auch immer, muss sie nochmals geschlagen werden. Dabei wird laut und deutlich „zweite Klappe gilt" gerufen. Falls keine Klappe zu Beginn der Aufnahme gemacht werden kann, sei es, weil es im Stress untergeht oder weil der Regisseur sich entscheidet, die Probe gleich mitzudrehen, muss eine Schlussklappe gemacht werden. Dabei wird vom Clapper nebst der üblichen Ansage noch das Wort „Schlussklappe" gerufen (engl.: tail slate). Wichtig dabei, die Klappe muss während oder nach dem Schlagen auf dem Kopf stehen, d.h. 180 Grad gedreht sein, damit der Cutter im Schneideraum gleich erkennt, dass es sich um eine Schlussklappe handelt. Es kommt sogar vor, dass man bei sehr langen Einstellungen (z.B. Konzertmitschnitten) eine Zwischenklappe schlägt. Gerade bei Multicamshots kann dies Sinn machen. Vielleicht wurde eine der Kameras zwischenzeitlich wegen eines leeren Akkus oder Band-/Discwechsel kurz ausgeschaltet. Wie auch immer, so viel ich weiss, gibt es hierfür keine offizielle Regel. Ich persönlich habe mein eigenes System; ich halte die Klappe für alle Kameras sichtbar vor mich hin und drehe sie dann einmal um 360 Grad, bevor ich sie schlage, ev. rufe ich noch „Zwischenklappe" in das Klappen-Mikrofon bzw. Boom Mik.

Ganz ursprünglich waren die Filmklappen Schiefertafeln (slate = Schiefer) und wurden später aus schwarz bemaltem Holz gefertigt. Auch heutzutage trifft man noch ab und zu auf Holzklappen, die mit Kreide beschriftet werden müssen. Hauptsächlich sind aber mit abwischbaren Filzmarkern beschreibbare Plexi- oder Acrylglasklappen auf dem Markt. Diese Acrylglasklappen sind halbtransparent und weisslich und somit auch bei schwachem Licht für die Kameralinse „lesbar". Die Schlagbalken (clapper sticks) sollten aus Hartholz gefertigt sein, was dem Schlaggeräusch seinen unverkennbaren trockenen, scharfen Klang verleiht. Einige Klappen haben zusätzlich Magnete an den Sticks, um ein Nachklappern zu vermeiden. Luxusmodelle vefügen sogar über eine Vertiefung für den Daumen damit man sich diesen beim Schlagen nicht einklemmt. Obwohl abwischbare Filzstifte auf Plexiglas nicht so schnell verschmieren wie Kreide auf alten Holz-Filmklappen, führt das ständige Anfassen der Klappe trotzdem zu Unleserlichkeit der Schrift. Damit man also die Infos auf der Klappe, die während des Drehs immer gleich bleiben, nicht ständig neu an- schreiben muss, benutzt man weisses Gaffatape, das man auf die betreffenden Felder klebt und mit einem Permanent-Marker beschriftet. Diese Angaben betreffen die Produktionsnummer und/oder den Filmtitel sowie die Namen der Zuständigen für Regie und Kamera und das Datum des Drehtages. Wenn während des Tages nur Innen- oder nur Aussenaufnahmen gedreht werden, kann auch dieses Feld (INT für Interior Shot bzw. EXT für Exterior Shot) permanent angeschrieben bleiben. Die meisten anderen Angaben werden mit einem abwischbaren Filzstift beschriftet. Im Drehbuch sind die Szenen und die dazugehörigen Einstellungen nummeriert. Da zumeist nicht in chronologischer Reihenfolge gedreht wird, kann eine Szene zum Zeitpunkt des Drehs irgendeine Nummer aufweisen. Die Einstellung, also der Teil der Szene, der durchgehend, d.h. ohne Unterbrechung gedreht wird, ist in der Regel durch- nummeriert bzw. mit Buchstaben gekennzeichnet. Die Anzahl „Versuche" einer einzelnen Einstellung, die gedreht werden (bis diese fehlerfrei im Kasten ist), sind immer fortlaufend nummeriert. Wenn wir z.B. die 3. Einstellung von Szene Nr. 16 zum sechsten Mal drehen, lautet die Ansage (und die Beschriftung der Klappe) „sechzehn, drei, die sechste" oder auch „sechzehn, drei, sechs". Wenn man das „amerikanische" System einsetzt, dann wäre für obigen Take folgende Ansage zu machen: „Sixteen, Charly, Take Six". Charly steht hierbei für C, den dritten Buchstaben des Alphabets. Für Einstellungen können alle Buchstaben des Alphabets eingesetzt werden, ausser „I" (könnte mit 1 verwechselt werden), „O" (könnte für eine Null gehalten werden) und „S" (sieht der 5 zu ähnlich). Klappenbeschriftungen und Art der Ansage variieren teilweise von Land zu Land und sogar innerhalb dieser. Zumeist sind auf der Klappe nebst bereits genannten Angaben für Produktionsnummer / Filmtitel, Namen der Regie und

Kamera noch folgende Beschriftungsfelder vorhanden: ROLL für die Nummer der Filmrolle/Filmspule bzw. den Datenträger, SCENE für die Nummer oder Bezeichnung der Szene, SHOT für die Nr. oder Bezeichnung der Einstellung und TAKE für die Angabe der wievielten Aufnahme (Versuch) der Einstellung. Auf einigen Klappen ist statt SHOT die Bezeichnung TAKE auf dem Feld für Einstellungen vorgedruckt. In diesem Falle ist das letzte Feld mit NO. (Number) für die Zahl (wievielter Versuch) der Aufnahme gekennzeichnet. Zumeist werden Sie es mit Klappen zu tun haben, die amerikanisch beschriftet sind. In der Regel sind nur drei Felder vorhanden, nämlich ROLL, SCENE und TAKE. In das Feld „Roll" wird, wie bereits beschrieben, die Rolle bzw. der Datenträger vermerkt. Bei „Scene" wird die Nummer der Szene und anschliessend (manchmal mit einem Schräg- oder Bindestrich davor) ein grosser Buchstaben für die Einstellung eingetragen. Unter „Take" dann natürlich noch der wievielte Versuch (immer mit „1" beginnend). Ein Beispiel, 20/A, 20/B, 20/C, 20/D könnte möglicherweise bedeuten: Szene Nummer 20, dann A für Establishing Shot bzw. Masterschuss, B für 1. Aufnahme von Schuss-Gegenschuss, C für Gegenschuss (bzw. 2. Schuss von Schuss-Gegenschuss) und D für die halbnahe Zweier. Achtung, es kann sein, dass die erste Einstellung einer Szene (der Masterschuss) ohne Buchstaben, sondern nur mit der Szenennummer angegeben ist. Dann gelten für obiges Beispiel die Bezeichnungen 20, 20/A, 20/B, 20/C für die vier Einstellungen. Sollte es mehr Einstellungen als Buchstaben des Alphabets geben, dann wird nach „Z" (Zulu) wieder von vorne begonnen aber mit Doppelbuchstaben, also „AA" (Apple, Apple), „AB" (Apple, Baker) usw. Bei einigen Klappen ist noch ein Feld mit der Bezeichnung SLATE vorhanden. Unsere britischen Kollegen arbeiten zumeist nur mit der Beschriftung SLATE und TAKE. Das heisst nicht, dass bei Spielfilmen nicht eventuell trotzdem noch eine Nummer für die Szene auf der Klappe vermerkt ist; bei Image- und Coporate-Filmproduktionen wird aber nur mit einer Slate-Nr. und der Takeangabe gearbeitet. Die Slate-Nr. beginnt i.d.R. für den ersten Schuss (gem. Scriptangaben) mit 1. Wenn also z.B. unter Slate die Nummer 4 vermerkt ist, dann handelt es sich wahrscheinlich um die vierte Einstellung von Szene 1 (bei uns wäre dies 1/C oder 1/D) und bei SLATE 452, TAKE 3 wissen wir zwar, dass es sicher um den dritten Schuss (Versuch) geht, können aber nur mutmassen, um welche Einstellung von welcher Szene es sich handelt, aber dafür ist ja ein Script vorhanden. Wie auch immer, wenn ich für meine englischen Kunden Tonrapporte ausfülle, streiche ich immer die Kopfzeile mit den üblichen Angaben (Scene, Shot, Take) durch und schreibe die Slate-Nummern genau so auf, wie sie vom Clapper angesagt werden.

Noch ein Tipp zum Feld „Slate". Im Fall von Videoproduktionen für Inhouse- oder Industriefilme wurden ursprünglich Videokameras eingesetzt, die über eine solide Tonspur verfügten, auf die der Ton direkt aufgenommen werden konnte. Dies war vor allem bei Produktionen mit kleineren und mittleren Budgets üblich. Als die DSLR-Kameras Einzug hielten, änderte sich dieser Umstand, da deren Tonspuren vielfach aus Qualitätsgründen nicht oder nur bedingt brauchbar waren. Aus diesem Grund muss die Technik Dual-System (Double-System), wobei der Ton auf einem separaten Audiorecorder aufgenommen wird, ange-wandt werden. Nun waren und sind teilweise auch heute noch Produzenten bei solchen Drehs oft nicht gewohnt, mit präzisen Drehbüchern bzw. Storyboards oder wenigstens Shotlists zu arbeiten. Auch eine einfache Plastik-Sync-Klappe wird oftmals nicht eingesetzt. Bestenfalls werden die einzelnen Takes durch Handklatschen gesynct. Die ID-Tracks und Clips eines Audiorecorders und einer Kamera werden nie nummerntechnisch übereinstimmen, da der Kamera-mann z.B. eine Aufnahme stoppt, während der Tonoperateur seinen Recorder weiterlaufen lässt usw. Um es den Cuttern in der Post wengistens etwas zu erleichtern, habe ich folgendes System für mich entwickelt. Ich nehme an, andere Tonleute haben ähnliche Arbeitstechniken entwickelt. Da bei solchen Drehs keine Drehbücher mit Szenen-Nummern und Einstellungsbezeichnungen existieren, stelle ich die ID-Nummer (Audio-Take) meines Audiorecorders vor dem ersten Schuss des Tages auf „1". Dieser läuft dann chronologisch bis 999, dann ist Schluss bei einem dreistelligen Counter. Das kann bedeuten, dass man u.U. mehrere Tage fortlaufend drehen könnte. Auf der Filmklappe streiche ich die Bezeichnung „SLATE" durch und ersetze sie durch „Audio-ID". Der Cutter kann nun, wenn er die Aufnahme der Kamera vor sich hat, lediglich auf die Audio-ID-Nummer der abgefilmten Klappe sehen und dann anhand dieser Nummer den dazugehörigen Audiotrack im Soundfile anklicken. Wenn auf der Klappe trotzdem die Szene inkl. Einstellung und der Take vermerkt sind, so braucht der Editor immer noch lediglich auf die Nummer der Audio-ID im

betreffenden Klappenfeld zu schauen, um im Handumdrehen das richtige Tonfile zu finden. Die iPad-App „MovieSlate" (die ich persönlich im Zusammenspiel
mit meinem Timecode-Funkset einsetze) hat neben den Feldern ROLL, SCENE
und TAKE ebenfalls noch ein Feld für SLATE. Dieses Feld kann umbenannt
werden; zwar beschränkt auf fünf Ziffern, aber dies genügt für die Bezeichnung
AUDIO. Der Umstand, dass man die App so programmieren kann, dass nach
jedem Schlagen respektive Stoppen der iPad-Klappe die Slate-Nummer bzw. in
unserem Falle die Audio-Nr. automatisch um einen Wert erhöht wird,
vereinfacht den ganzen Prozess noch zusätzlich. Wenn es mal gar hektisch an
einem Dreh zugeht, vermerke ich auf der Acryl-Klappe vielleicht auch nur jeden
fünften oder gar zehnten Audio-Track. Dies ist immer noch besser als gar keine
Identifikation. Wenn aber (wie oft bei TV-Drehs mit kleinen Crews) nur die
Ansage eines Setmitarbeiters und dessen Handklatschen zu sehen und zu
hören ist, so ist das für den Cutter später unzumutbar. Falls zwar zusätzlich zur
Aufnahme auf dem Audiorecorder der Ton noch als Führungston auf die
Kameratonspur gespielt wurde, so kann der Cutter dies zwar im Schnitt hören,
muss aber vielleicht mehrmals hinhören, um die eventuell leise oder schlecht
vorgetragene Ansage zu checken. Eine visuell gut sichtbare Identifikations-
nummer, die mit der Bezeichnung des Files bzw. File-Nummer der jeweiligen
Tonaufnahme übereinstimmt, ist in jedem Fall effizienter.

Am unteren Rand der Klappe sind weitere Bezeichnungen eingestanzt, die mit
dem Filzer umrandet oder unterstrichen werden können. Zum Beispiel: DAY,
NIGHT, DAWN für Tag, Nacht oder Dämmerung. INT und EXT dienen der Angabe für Innen- oder Aussenaufnahmen. Weitere Angaben sind oftmals FILTER
(Kamerafilter) und PU für „Pick up", d.h. nur ein Teil der Einstellung wird nochmals gedreht sowie SYNC, falls gesynct wird und MOS (Motion Only Shot), falls
ohne Ton gedreht wird.

Noch kurz ein paar Informationen zu MOS. Die Geschichte des deutschen
Regisseurs, der in der 1930er Jahren nach Hollywood auswanderte und für
Filmaufnahmen ohne Ton (stumme Takes) die Anweisung gab „**M**it **O**ut **S**ound"
oder „**M**it **O**ut **S**prechen" oder gar „**M**it **O**hne **S**ound", ist nicht verbürgt.
Vermutlich stand in den Anfängen des Tonfilms die Bezeichnung MOS für

„Motion Only Shot" oder „Motion On Screen". Wie auch immer, es bedeutet lediglich, dass die Einstellung ohne Ton gedreht wird. Auf den Filmklappen ist die Bezeichnung MOS gedruckt und kann für solche Aufnahmen mit dem Filzstift umrandet werden. Die Klappe muss dann logischerweise nur ins Bild gehalten und nicht geschlagen werden. Wenn man es richtig perfekt machen will, so wird dabei die Klappe mit offenen Clapper Sticks ins Bild gehalten, wobei die Finger einer Hand zwischen den beiden Sticks liegen. Somit kann der Cutter oder Editor in der Post sofort sehen, dass es sich um einen MOS-Schuss handelt, auch wenn die Markierung (Umrandung) des MOS-Feldes auf der Klappe nicht gut sichtbar ist.

Elektronische bzw. digitale Filmklappen werden gleich beschriftet wie obige Plexiglas-Filmklappen. Sie besitzen jedoch einen TC-Sync-Generator und können dadurch mit einem Audiorecorder gesynct werden. Diese Timecode-Klappen können als Master oder Slave eingesetzt werden. Der durchlaufende Timecode wird dabei durch LED-Ziffern auf dem Display der elektronischen Klappe angezeigt. Diese Ziffern werden von der Filmkamera abgefilmt. Beim Schlagen der Sticks bleibt der Wert der Ziffern für einen Moment stehen oder anders gesagt, er friert kurz ein.

Das Schlaggeräusch der Klappe wird i.d.R. mit dem Boom Mik aufgenommen. Falls es sich um eine Einstellung handelt, bei der sich das Perche Mik zu weit entfernt von der Klappe befindet und das „Klack" der Klappe nicht sauber oder wegen der Distanz nur zeitverzögert eingefangen werden kann, wird ein Klappen-Mikrofon auf einem Stativ so nahe wie möglich (aber natürlich ausser-halb der Bildbegrenzung) aufgestellt. Der Fader des Mixerkanals für dieses Mikrofon wird dann nur kurz für das Schlagen der Klappe geöffnet oder im Falle eines Mehrspurrecorders auf eine separate Spur aufgezeichnet. Man kann auch einen UFH-Sender mit einem Ansteckmikrofon an die Klappe gaffern. Meistens befindet sich die Klappe aber nahe genug an einem verkabelten Schauspieler oder einem im Dekor versteckten Mikrofon. In den meisten Fällen wird die Klappe vor das Gesicht des Darstellers gehalten und das Boom Mic schwebt über dem Schauspieler. Unsere Mikrofone sind sehr empfindlich und es braucht nur einen sachten Schlag mit den Clapper-Sticks („soft sticks" genannt). Dies ist umso wichtiger, weil ein lautes Schlagen der Klappe den Schauspieler in seiner Konzentration stören kann und nicht zuletzt sehr unangenehm für dessen Ohren ist. Überhaupt gilt lautes Schlagen der Klappe in unmittelbarer Nähe eines Schauspielers als unprofessionell.

Abschliessend möchte ich noch erwähnen, dass sogar bei Produktionen mit Timecode-Komponenten, also Audiorecorder und Kamera oder Multicamshots mit mehreren Kameras, die untereinander gesynct sind, trotzdem oft eine Plexiglas-Filmklappe zum Einsatz kommt. Einerseits ist eine zusätzliche Sicherheit gewährt und andererseits möchten viele Regisseure auf den psychologischen Effekt der schlagenden Klappe nicht verzichten. Es ist nun einmal so, dass auf einem Filmset viel rumgewuselt wird und die verschiedenen Crewmitglieder bis zum letzten Moment noch mit irgendwelchen Requisiten oder Ausrüstungsgegenständen hantieren. Und dies auch noch, wenn der Ruf des Tonmeisters oder Regieassistenten „Ruhe am Set" bereits verhallt ist. Wenn aber die Klappe schlägt, wird es ernst, alle Beteiligten sind konzentriert und es kommt niemandem in den Sinn, noch schnell den Reisverschluss eines Rucksacks zu schliessen oder gar auf dem Set herumzugehen.

Hier ein Beispiel, wie sich das Prozedere bzw. die Kommando- und Bestätigungskette abspielt (deutsch / englisch):

01. Regieassi (1 AD):	„Kamera?" / „Camera ready?"
02. DOP o. Kameraop.:	„Bereit" / „Ready"
03. Regieassi (1 AD):	„Ton?" / „Sound ready?"
04. O-Tonmeister:	„Ton bereit" / „Sound ready"
05. Regieassi (1 AD):	„Ton ab" / „Roll sound" oder „Run sound"
06. O-Tonmeister:	„Läuft" oder „Ton läuft" / „Speed" oder „Sound speed"
07. Clapper (2 AC):	macht die Klappenansage (Szene, Einstellung, Take)
08. Regieassi (1 AD):	„Kamera ab" / „Roll camera"
09. DP o. Kameraop.:	„Läuft" oder „Kamera läuft" / „Roll" oder „Speed"
10. DP o. Kameraop.:	„Klappe" oder „Klapp!" / „Mark" oder „Mark it"

11. Clapper/2nd AC:	schlägt nun die Klappe und geht aus dem Bild. Eventuell macht er vor dem Schlagen noch die Klappenansage falls er den Klappentext nicht schon vorher (siehe Punkt 7.) aufgesagt hat.
12. DP oder Kameraop.:	„Set" oder „Camera set" oder „Frame"
13. Regieassi (1 AD):	„Bitte" oder „Aktion" oder „Los" / „Action"

Es kann sein, dass der O-Tonmeister ebenfalls noch ein „Sound set" vor oder nach der Klappenansage macht. Z.B., wenn er nach dem Betätigen der Recordtaste an seinem Audiorecorder erst noch die Tonangel in Stellung bringen muss oder wenn sein Boom Operator für den zweiten Kameraassi Platz für dessen Position beim Schlagen der Klappe machen musste und erst danach wieder seinen Standort mit der exakten Mikrofonstellung einnehmen kann.

Natürlich ist diese Kommandokette bei kleinen Sets oder EFP-Drehs mit nur Regie, Kameraman und Tonoperateur kürzer. Hier genügen oftmals die Ansagen: „Ton und Kamera ab", „Ton läuft", „Kamera läuft", „Kamera set", „Und bitte". Falls mit Klappe gearbeitet wird, hält der Regisseur diese noch vor dem „Und bitte" ins Bild und schlägt sie.

Timecode Generator Box, Syncbox, Clockit, Lockit usw.

Diese Geräte (mitterweile etwa in der Grösse einer Zigarettenschachtel) generieren einen Timecode und/oder synchronisieren Kameras. Zuallererst, warum und wo werden diese Geräte eingesetzt? Video- bzw. TV-Kameras und professionelle Audiorecorder verfügen i.d.R. bereits über TC-Funktionen. Bei Kameras sind diese jedoch nicht immer genügend genau und vielfach weniger stabil bei längerer Laufzeit. Nehmen wir an, Sie haben einen Audiorecorder mit TC und müssen einen längeren Dreh mit einer Kamera bewerkstelligen, die mehrmals ausgeschaltet wird zwecks Akkuwechsel oder aus anderen Gründen. Eine Syncverbindung mit Kabel kommt nicht infrage, da es sich um einen Handkamerajob handelt. Ohne Lockit bzw. TC/Sync-Generator müssten Sie jedes Mal, nachdem die Kamera wieder eingeschaltet würde, zur Sicherheit diese mit dem Audiorecorder TC-Ausgang verbinden und ein „Timecode Jamming" (jam-sync'd) durchführen. Sie nehmen also einen portablen, batteriebetriebenen Timecode Generator und schliessen diesen kurz an Ihren Audiorecorder an, damit der TC-Geni bzw. Clockit den Timecode Ihres Recorders übernimmt. Danach kletten Sie den TC-Geni an die Kamera, wo er jetzt als TC-Master fungiert, wobei die Kamera natürlich der Slave ist (z.B. Ext LTC / Free Run oder Regen). Es kann einige Sekunden dauern (ev. bis zu 10 Sekunden), bis die Kamera den externen Timecode „schnappt" und sich quasi stabilisiert. Danach kann die Kamera beliebig oft aus- und eingeschaltet werden. Sie wird jedesmal, nachdem sie wieder läuft, den TC des Clockits bzw. Lockits übernehmen. Diese TC-Genis sind mit äusserst genauen, Temperatur kompensierenden Kristallen ausgestattet und erreichen teilweise eine Präzision von unter einem Frame Abweichung pro Tag. Wenn Sie mehrere Kameras am Set haben, die synchronisiert werden müssen, wären natürlich idealerweise genau so viele Clockits vorhanden. Dies ist aber selten der Fall. In so einer Situation macht aber wenigstens ein TC-Geni immer noch Sinn. Sie können nämlich immer wieder einmal die verschiedenen Kameras kurz an den TC-Generator anschliessen (vor allem, wenn eine der Kameras ausgeschaltet wurde) und müssen also dieses „Jammen" nicht mit Ihrem Audiorecorder durchführen, der vermutlich auf Ihrem Soundtrolley (Tonkarre) verbaut ist. Es gibt natürlich auch die Möglichkeit, den Mehrspurrecorder ebenfalls als Slave über den externen TC-Geni zu nutzen, falls Sie dem, im Audiorecorder eingebauten TC-Generator, nicht genügend trauen.

Wo wird nun hauptsächlich mit Clockits gearbeitet? Bei Fernsehproduktionen wurde und wird auch heute noch oftmals ohne untereinander synchronisierten Kameras gearbeitet oder aber sie werden nur „intern" gesynct, d.h. eine Kamera ist der Master und die anderen übernehmen der Reihe nach als Slave den Timecode der Masterkamera im Free Run Modus (mittels einem kurz angeschlossenen BNC-Kabel). Mir ist bekannt, dass sogar in Fällen von 34 Kameras diese ohne externen TC/Sync-Generator eingesetzt wurden. Bei Spielfilmen, Werbespotproduktionen und anspruchsvollen Corporate-Drehs, also solche, die im Double System (Kamera und Audiorecorder getrennt) gedreht werden, ist immer eine solche externe Timecode- und Synchronisationsmöglichkeit dabei; es sei denn, es handelt sich um einen Dreh mit einer stationären Kamera, bei der eine Kabelverbindung für den Sync kein Problem darstellt. Und nochmals zur Erinnerung: Es braucht nur eine Syncverbindung, wenn mit zwei Geräten (Audiorecorder und Kamera oder zwei Kameras alleine usw.) gedreht wird. Ob im Falle einer Synchronisierung trotzdem noch eine Klappe eingesetzt werden soll, ist von der Art des Drehs abhängig bzw. wird durch die Produktionsleitung entschieden. Vielfach ist ein Lockit- bzw. Clockitgerät bereits auf dem Set zusammen mit dem Kamerazubehör ange-liefert worden. Um Schwierigkeiten beim Handling mit unbekannten Typen zu vermeiden, bevorzugen Filmtonleute ihre eigenen portablen TC/Sync-Genis. Es handelt sich je nach Ausstattung um Anschaffungskosten von einigen Hundert bis über tausend Euro. Es sind aber auf dem Gebrauchtmarkt auch ältere Modelle günstig zu kaufen, die genauso präzise arbeiten wie neuere Fabrikate. Der Unterschied ist, dass neuere Modelle noch etwas kleiner und leichter gebaut sind und sie oftmals über ein Display verfügen, auf dem der Timecode ablesbar ist. Ausserdem können modernere Geräte auch noch gleich Metadaten speichern und auf ein mögliches Netzwerk übertragen. Am bekann-testen sind sicherlich die Geräte von Ambient Recording GmbH aus Deutsch-land und Denecke, Inc. in Kalifornien, USA. Es gibt aber auch Hersteller von günstigeren Lösungen, deren TC-Genis vielleicht weniger akkurat, aber immer noch genügend genau für unsere Anwendungen sind. Es sind auch UHF-Sender/Empfänger zwecks Timecode-Funkübertragung erhältlich, die an Lockits oder Kameras und Audiorecorder angeschlossen werden können. Ich persönlich bevorzuge ein System aus England, dass etwas teurer in der Anschaffung ist. Die Gerätelinie Timecode Buddy der Firma Timecode Systems Ltd. Dabei handelt es sich um eine Master- und eine Slave-Einheit, die über eine UHF-Frequenz verbunden ist. Der Slave ist gleichzeitig auch ein TC-Geni, der bei unstabiler Funkverbindung resp. falls der Funk gänzlich ausfällt, mit höchster Präzision einen Timecode generiert und an die Kamera weitergibt. Dieser Timecode-Receiver/Geni ist kleiner als eine Zigarettenschachtel und besitzt wie der Master-Sender ein Display zwecks Programmierung und zum Ablesen bzw. Kontrollieren des laufenden Timecodes. Am bemerkenswertesten ist aber sein Gewicht. Da er einen integrierten Akku hat, der gut zwei bis drei Drehtage hält, ist er nicht auf eher schwere AAA- oder AA-Batterien angewiesen und dadurch unglaublich leicht. Jedenfalls war bis jetzt jeder Kamera-assi oder DOP aufs angenehmste überrascht, wenn ich ihnen das Teil an die Kamera geklettet habe. Das Ding ist übrigens so leicht, dass ein kleines Stück Doppelklebeband reicht, um es irgendwo an der Kamera zu befestigen. Ein weiteres Goodie ist, dass der Master neben dem HF-Signal auch noch ein eigenes WiFi-Netzwerk kreiert, auf dem sich bis zu sieben iPads oder iPhones einloggen können und somit den SMPTE-Timecode in Echtzeit mitverfolgen bzw. über spezielle Apps gleich noch Log-Listen erstellen und speichern können.

Es ist noch anzumerken, dass diese Geräte i.d.R. die meisten Varianten der verschiedenen Synchronisationsformate für Timecode (SMPTE / EBU mit den verschiedenen Frame Rates wie 24, 25, 30, 29.97, 23.976 fps usw.), Video (NTSC, PAL, 720p, 1080i, 1080psF, 1080p usw.) und Audio (Word Clock mit den gebräuchlichen Sample Rates wie 44.1, 48, 96, und 192 kHz) beherrschen. Solche Geräte sind also auch für Videosynchronisierung bei langen Drehzeiten mit mehreren untereinander gesyncten Videokameras, die zwecks Stabilität einen Video Sync (für PAL und NTSC) sowie Tri-Level Sync (für HD) bereit-stellen, geeignet. Es gibt aber auch Geräte, die z.B. „nur" SMPTE-Timecode und Word Clock verarbeiten, was uns Tonleuten, die Audiorecorder mit Kameras syncen müssen, genügt und etwas günstiger sind.

Diverses Zubehör

Hinterbandkabel. Ein zumeist Spiral-Hinterbandkabel (engl.: Breakaway Cable) wird für die Verbindung zwischen Feldtonmischer und Kamera benutzt. Wenn z.B. wegen Frequenzproblemen der Einsatz der HF-Strecke nicht möglich ist oder falls es sich um ein statisches Set handelt (Kamera und Ton bleiben immer auf der gleichen Position), kommt dieses Spezialkabel zum Einsatz. Ein Vorteil gegenüber zwei normalen XLR-Kabeln ist, dass es sich nur um ein einziges Kabel handelt. Dies gibt dem Kameramann und seinem Tontechniker genug Bewegungsfreiheit, ohne dass das Kabel auf dem Boden nachgeschleift und zur Stolperfalle wird. Ein weiterer Pluspunkt ist der Umstand, dass neben den beiden Audiosignalen, die zur Kamera geschickt werden, ein weiteres Signal (deswegen Hinterband) vom Kamera-Audio-Ausgang oder vom Kamerakopfhörer-Ausgang zurück zum Mischer geführt wird. Somit kann der Tonoperateur das Audiosignal abhören, nachdem es an der Kamera anliegt und nicht, wie üblich, bevor es zur Kamera geleitet wird. Hinterbandkabel gibt es in diversen Konfigurationen. Was sie gemeinsam haben, ist zumeist, dass sie zwei symmetrische Leitungen (Stereo- bzw. Dualmonokabel) und eine dritte Leitung für die Rückführung des Signals zum Mischer aufweisen. Die i.d.R. abnehmbaren Stecker- und Kupplungsenden (Peitsche genannt) werden in diversen Ausführungen angeboten. Die Ausgangspeitsche, also das Kabelende, welches kameraseitig bzw. an die Audioeingänge der Kamera angeschlossen wird, ist fast immer das gleiche Format, zweimal XLR-Male und einmal 3.5 mm Stereo Klinkenstecker. Es gibt aber Kameras, die andere Eingangsbuchsen führen, wie z.B. die Red One, die mit Mini-XLRs bestückt ist oder die Red Scarlet, die über Eingänge für Mini Phone Jacks (3.5 mm Stereo Klinken) verfügt. Es wird manchmal auch der Ausdruck Snake Cable benutzt, obwohl es sich dabei eher um ein Multicore-Kabel handelt, das vorwiegend im Tonstudio und bei der Veranstaltungstechnik eingesetzt wird.

Adapter und Doppelkupplungen/Doppelstecker. Vor allem bei grösseren, stationären Produktionen, bei welchen nicht auf den Umfang bzw. auf das Gewicht der Ausrüstung geachtet werden muss, sollte ein Adapter-Koffer mit dabei sein. Es kann sein, dass ein vor Ort installierter CD-Player zwecks Playback oder das vorhandene Mischpult einer Beschallungsanlage in unseren Arbeitsprozess integriert werden muss. Vielfach sind diese Geräte ausgangsseitig mit Cinch- (RCA Jack) oder 6.35 mm Klinken-Steckverbindungen versehen. Da in unserer „Welt" mit XLR Steckverbindungen (Cannon XLR Connector) gearbeitet wird, sollte man immer genügend Adapter dabei haben.

Doppelkupplungen/-stecker (auch Koppelstück oder sex changer bzw. gender changer genannt) dienen einerseits dem Verlängern von typengleichen Kabeln, wie z.B. Klinken-Kabel oder Speakon (speakON) Kabelverbindungen für Lautsprecher, deren Enden gleich sind und andererseits um das Geschlecht eines

Kabelendes zu ändern wie z.B. bei XLR Kabeln, deren eines Ende einen männlichen Stecker und das andere Ende eine weibliche Steckverbindung (Kupplung) aufweisen.

Wenn Sie „out of the bag" arbeiten, also mobil und nur mit ENG/EFP-Tonausrüstung und Rucksack unterwegs sind, genügt es, die nötigsten Adapter mitzuführen. Erfahrungsgemäss benötige ich am ehesten ein bis zwei XLR-Male auf Cinch-Female Adapter. Seit meinem ersten Dreh mit einer Black Magic Camera im Oktober 2013 habe ich natürlich für so einen Fall auch immer zwei XLR Female auf Klinkenstecker (6.35 mm Jack Male) Adapter bzw. Kabel dabei.

Adapter und Doppelkupplungen bzw. Doppelstecker sind sicherlich nicht qualitätssteigernd und verringern die Signalstärke des Audiosignals. Wenn man im Voraus weiss, dass am Set eine Kabelverbindung verlangt wird, die nicht mit einer herkömmlichen XLR Steckverbindung erstellt werden kann, sollte man ein entsprechendes Adapterkabel besorgen oder löten. Beim Verlegen einer 20 Meter langen Klinken-Kabelstrecke macht es auch kaum Sinn, drei 8 Meter lange Kabel mit zwei Doppelkupplungen zu verlängern, statt ein einziges, z.B. 25 Meter langes Kabel, einzusetzen.

Y-Kabel (engl.: Equivalent Breakout Cable) werden dann eingesetzt, wenn z.B. nur zwei Ausgangsbuchsen (L/R) an einem Mixer vorhanden sind, der Ton jedoch auf vielleicht drei oder vier Kameras gespielt werden soll. Modernere Feldmischer verfügen aber zumeist über bis zu drei Stereo- bzw. sechs Monoausgänge. Ein anderer Fall für den Einsatz eines XLR-Y-Kabels ist, wenn bei einem DSLR-Dreh für Mikrofonaufnahmen direkt ein 2-Spur-Handheld-Recorder ohne Feldmischer eingesetzt wird. Professionelle Tonleute lehnen dies natürlich ab, trotzdem kommt es zu solchen Situationen. Das Problem ist, dass nicht alle diese Handheld-Recorder über Audio-Limiter verfügen. Man will in so einem Fall also auf keinen Fall Übersteuerungen, aber auch keinen zu tiefen Pegel des Signals riskieren. Wenn man nun das Mikrofon mit einem Y-Kabel an beide Eingänge des Rekorders anschliesst, kann man den Aufnahme-Pegel von Spur 2 um vier bis sechs Dezibel tiefer einstellen als den von Spur 1. Nun hat man eine Dual-Mono-Aufnahme und kann in der Post, im Falle einer Übersteuerung

(Clipping) und somit unbrauchbaren Spur 1, auf Spur 2 zurückgreifen. Die gebräuchlichsten Y-Kabel sind also am einen Ende mit einer XLR-Female (Kupplung) und am anderen Ende mit zwei XLR-Male (Stecker) versehen.

Falls (wie vor allem in der Vergangenheit) mit Y-Kabeln gearbeitet wird, ist zu bedenken, dass die Signalstärke durch das Splitten halbiert wird. Dies gilt aber nur für das Nutzsignal und nicht für mögliches Grundrauschen (Eigenrauschen des Mikrofons und/oder des Mischers usw.). Wenn wir nun z.B. ein ohnehin schon schwaches Eingangssignal verstärken müssen und die Eingangs- verstärkung dann nochmals um das Doppelte heraufsetzen, wird das Rauschen zum Problem.

Frequenzanalysator. Obwohl bessere HF-Empfänger über eine Scan-Funktion verfügen, mit deren Hilfe man die vorprogrammierten Kanäle auf freie Frequenzen überprüfen kann, ist es heutzutage von Vorteil, wenn man einen Frequenz- oder Spektrumanalysator zur Hand hat. Vielleicht hat man ja mehrere HF-Sets in verschiedenen Bandbreiten zur Verfügung und kann somit anhand eines HF-Spektrum-Analysers leicht feststellen, welche Frequenzen am jeweiligen Drehort noch frei sind. Speziell bei einer Drehortbesichtigung (besonders im Ausland) ist es wünschenswert, die Frequenzen bzw. das Frequenzband der für den Einsatz geplanten Funkmiks und InEar-Sets zu prüfen. Früher waren diese HF-Analyser sehr teuer. Auch heute kosten Geräte, die eigentlich eher für Messlaboratorien konzipiert sind, immer noch über 10'000 Euro. Portable, für unsere Zwecke genügend ausgerüstete Geräte, gibt es aber mittlerweile schon für etwa 300 Euro.

DI-Box. Eine DI-Box (Direct Injection oder einfach Direct Box) gehört sicherlich nicht in unsere normale Ausrüstung. Trotzdem kann es nicht schaden, etwas darüber zu wissen. Ich besitze nur eine DI-Box und die befindet sich in Set- Kiste Nr. 4, die es kaum je bis zum Drehort schafft, weil sich darin Sachen wie Absperrbänder, Stativrollen, Funkgeräte und weitere Dinge befinden, die ich wirklich so gut wie nie benötige. DI-Boxen sind vor allem im Konzert- und Musikstudiobetrieb anzutreffen. Sie dienen dazu, das hochimpedante Signal von elektrischen Musikinstrumenten wie elektrische Gitarre, Bassgitarre,

E-Piano usw. auf eine niedrige Impedanz zu wandeln. Dabei wird das unsymmetrische Eingangssignal des elektrischen Instruments in ein symmetrisches Ausgangssignal für den Eingang des Mischers konvertiert, was längere Kabelwege ohne Störsignale zulässt. Eine weitere beliebte Funktion der DI-Box ist der Ground-Lift-Schalter, mit dem sich die Masse am Eingang der DI-Box zum Ausgang hin trennen lässt, wodurch Brummschleifen eliminiert bzw. unterbrochen werden können. Es gibt passive und aktive DI-Boxen, wobei letztere über Phantompower des Mischers oder Batterien gespeist werden. Die Anwendungbereiche resp. Unterschiede von passiven und aktiven DI-Boxen aufzuzählen würde hier zu weit führen. Lieber führe ich ein Beispiel für den Einsatz von DI-Boxen in unserer Branche an. Der Komponist eines Musicals sitzt an einem alten Fender-Rhodes-E-Piano (Stagevariante ohne eingebauten Verstärker resp. Lautsprecher). Wir befinden uns auf der Musicalbühne und das Theater ist leer. Einige Meter von dem Fender-Rhodes befindet sich eine daran angeschlossene kleine Verstärkerbox, damit der Musical-Komponist das E-Piano hören kann. Der Komponist ist verkabelt und erzählt uns, während er ab und zu kurz Melodien anspielt, wie er die Ideen zu seinem Musical musikalisch umsetzte. Wenn es sich bei dem Elektropiano um eine Version mit eingebauten Lautsprechern handeln würde, bestünde die Gefahr, dass der Ton des E-Pianos das Ansteckmikrofon des Pianisten überspräche und seine Aussagen nicht gut genug verständlich wären. In unserem Falle steht der Amplifier etwas abseits und ist nur so weit hochgedreht, dass der Komponist sein Spiel hören kann. Unsere DI-Box ist zwischen E-Piano und Amp geschlauft. Hierfür wird der Verstärker an der Link-out-Buchse der DI-Box angeschlossen. An der symmetrischen Output-Buchse der DI-Box ist ein langes XLR-Kabel angeschlossen, das zu unserem Feldmischer führt. Da es sich um eine grosse Bühne (Musicalbühne) handelt und wir auch eine Supertotale drehen möchten, kann es gut sein, dass wir ein 20 Meter langes XLR-Kabel benötigen. Vielleicht sogar 30 Meter, da wir das Kabel ja noch hinter Bühnendekor oder Theatervorhängen verstecken möchten. Auch wenn Ihr Mischer oder Audiorecorder den Pegel des E-Pianos verarbeiten kann, so werden Sie nicht auf den Vorteil einer symmetrischen Kabelverbindung bei einer so langen Kabelstrecke verzichten wollen. Natürlich könnte man, wie so oft bei schnellen ENG-Einsätzen, einfach ein zusätzliches Ansteckmik mit HF-Sender an den Verstärker tapen. Die Qualität bzw. der Sound des Fender-Rhodes wird aber bestimmt besser über eine DI-Box übertragen. Im Falle eines Dokumentarfilms werden wir uns wohl sicher nicht mit Basteleien zufriedengeben. Dieses Beispiel wäre auch gültig, wenn es sich um einen Gitarristen handelt, der mit seiner elektrischen Gitarre auf der Bühne sitzt oder steht. Nur würde man in diesem Fall sicherlich versuchen, die Gitarre über einen legendären Gitarren-Amp, mit einem davor platzierten Mikrofon (vermutlich ein Shure SM57), aufzunehmen. Die Ausführungen des Gitarristen könnten dann als Voice-over darübergelegt werden.

Warum sind bei uns (im Bereich Film- und Videoproduktionen) DI-Boxen eher selten bzw. nur in Spezialfällen anzutreffen, bei unseren amerikanischen Kollegen jedoch viel öfter im Tonequipment mit dabei? Einerseits hat dies damit zu tun, dass diese Geräte auch als Adapter eingesetzt werden können. Die klassische DI-Box hat i.d.R. einen unsymmetrischen 6.3 mm Klinkenanschluss und einen symmetrischen XLR-Ausgang. Es gibt aber auch DI-Boxen mit 3.5 mm Minijack-Eingängen, die man z.B. für die Audioabnahme von Laptops oder Notebooks einsetzen kann. Ein anderer Grund ist die Tatsache, dass in den USA, neben der hochwertigen Filmindustrie, auch ein Wirtschaftszweig existiert, der im professionellen Low-Budget-Bereich produziert. Da in solchen Fällen die Gagen und Erträge für das Vermieten von Tonequipment niedriger sind, arbeiten die amerikanischen Tonleute oftmals mit semiprofessionellen Geräten wie z.B. einem Prosumer-Audio-Recorder. Gerade bei älteren Handheld-Recordern ist der Audioeingang vielfach nur für Mikrofonpegelsignal ausgelegt. Dagegen gibt es nichts einzuwenden. Wenn ein günstiges Gerät den Job für eine Low-Budget-Produktion in der zu erwartenden Qualität erledigt, hat es seinen Dienst erfüllt.

Geschirre, Befestigungen, Halterungen. Für Tonleute, die alleine arbeiten und somit den Feldmischer umgehängt haben, während sie den Ton angeln, ist es bequemer einen Kreuztragegurt (engl.: harness) zu tragen. Ein schwerer ENG-Mischer, der mit einem einfachen Schulterriemen umgehängt ist, führt während des Boomens gerne zu einer unterdrückten Blutzufuhr des Armes an der Seite, auf der er aufliegt bzw. drückt. Das Tragen eines Kreuzgurtes oder gar eines Schulter/Hüft-Geschirrs kann leider auch nicht verhindern, dass es zu

Rückenschmerzen kommt. Diese werden vielfach durch ein Hohlkreuz, welches durch das Tragen der Mischertasche auf Brust- oder Bauchhöhe herrührt, verursacht. Man kann versuchen, einen Rucksack, der z.B. mit Kamera-Akkus oder sonstigen Ausrüstungsgegenständen bepackt ist, zu tragen. Dadurch wird die Körperposition wieder aufrechter bzw. der Rücken nicht so stark durchgedrückt.

Befestigungsmaterial bzw. Kabelhalterungen wie Bongo ties (Kabelbinder aus Gummi) erleichtern das Wickeln und Verstauen von übrigen Kabellängen am Körper oder an der Mischertasche. Am Hosengürtel montierte Karabinerhaken sind bei den Boom Ops gewissermassen Standard. Auch Velcro Strips (aufklebbare Klettverschluss-Bänder) sind gute „Helfer".

Taschenmesser, Leatherman. Man braucht in der Regel keine Werkzeugkiste mitzuschleppen, aber ein Leatherman bzw. eine Klappzange und/oder ein Taschenmesser (natürlich ein Schweizer Offiziersmesser) sollten schon dabei sein. Beim Schweizer Armeemesser bevorzuge ich persönlich ein Modell mit Schere (zum Zuschneiden von Doppelklebeband, Moleskin und Lampenfolien) und Kreuzschraubenzieher für (naja) Kreuzschrauben.

Gaffer Tape (oder Gaffa Tape) ist das Klebeband, dass die Film- und TV-Industrie zusammenhält. Ohne geht nichts. Fast jedes Department am Set ist mit diesen Klebebandrollen eingedeckt. Wir vom Ton bevorzugen mattiertes schwarzes Gafferband. Die einen bevorzugen die Standardbreite von 5 cm, andere wiederum das schmalere 2.5 cm Gaffa. Wie auch immer, nebst schwarzem Gafferband sollten wir eine Rolle weisses Gaffer Tape dabeihaben. Dieses benötigen wir, um den Windschutzschaumstoff des Boom Mikrofons zu markieren. Dadurch wird das Mikrofon besser sichtbar, wenn es versehentlich ins Bild ragt. Für das Beschriften der Fader am Mischer wird weisses Gaffa Tape ebenfalls benötigt.

Noch ein, zwei Tipps zu Gaffer Tape. Der Vorteil bei Gafferband ist der Umstand, dass es normalerweise nach Gebrauch keine Klebestoffreste zurücklässt. Wenn es sich aber um eine alte Gafferbandrolle handelt oder wenn Sie das Gaffa Tape auf eine sehr glatte Oberfläche kleben, ist dies nicht unbedingt der Fall. Sie können jedoch die Klebeseite des Klebebandes ein- oder zweimal kurz an Ihre Arbeitshose drücken und es so quasi etwas „entschärfen". Falls trotzdem mal Kleberückstände auf einer Oberfläche zurückbleiben, sollte das Wegkratzen mit Fingernägeln oder gar Taschenmesser unterlassen werden. Versuchen Sie stattdessen mit einem frischen Stück Gaffer Tape, das Sie zwischen beiden Händen gespannt halten, die Klebereste wegzutupfen.

Weitere Hilfsmittel

Sound Blankets und Molton Stoffe. Sound Blankets oder Acoustic Blankets werden zum „Brechen" von Schallreflexionen eingesetzt. Sound Blankets sind bedeutend leichter als Moltonstoffe und haben einen besseren NRC (Noise Reduction Coefficient). Gerade weil sie so leicht sind, lassen sie sich ohne grossen Aufwand an Wänden befestigen (auf harten Böden bevorzuge ich aber den schwereren Molton). Sie eignen sich auch gut, um die Lufteinlassgitter von Klimaanlagen abzudecken, falls die Air Condition nicht ausgeschaltet werden kann. Dasselbe gilt für Tischoberflächen, falls diese nicht im Bild sind und kein Tischtuch vorhanden ist. Dabei ist zu beachten, dass sie den reflektierenden Schall der Tischoberfläche zwar optimal unterbinden, aber nicht als Dämpfer für Gläser oder Tassen, die hart abgestellt werden, geeignet sind, da sie wegen ihrer Polsterung uneben sind und Gläser somit umstürzen können. In diesem Falle auf Spezialpads oder Moleskin zurückgreifen, die auf die Gläser- und Tassenunterseiten geklebt werden.

Hush Heels. Hierbei handelt es sich um Pads, die unter resp. auf die Absätze und Schuhsohlen der Schauspieler und Statisten geklebt werden, um deren Schritte zu dämpfen. Im Film- und Broadcast-Fachhandel werden Sets mit solchen selbstklebenden (in verschiedenen Grössen vorgestanzten) Schuh-Pads angeboten. Man kann natürlich auch aus anderen Schaumstoffmaterialien, die selbstklebend und rutschfest sind, solche Schrittdämpfer basteln. Bei grösseren Produktionen werden diese „Fuss-Schalldämpfer" vielfach von den Kolleginnen und Kollegen der Ausstattung mit an den Dreh gebracht. Wenn die Schritte zu laut hallen und keine Hush Heels vorhanden sind, muss man eben ein paar Wattepads bei der Maske ausleihen und diese mit Gaffa Tape an den Absätzen befestigen. Es ist keine Lösung, den Darsteller barfuss resp. in Socken herumgehen zu lassen. Auch wenn die Füsse nicht im Bild sind, so wirkt der Gang des Schauspielers doch unnatürlich.

Moleskin. Hierbei handelt es sich um ein selbstklebendes Produkt aus der Fusspflegeindustrie (Druckstellen-Pflaster). Für unsere Bedürfnisse sollte dieses Gewebeklebeband in grossen Bögen à ca. 30 x 30 cm (wie in den USA erhältlich) geliefert werden. Daraus lassen sich z.B. runde Stücke zum Bekleben von Trinkgläsern, Tassen oder Untertassen zuschneiden, die sonst beim Abstellen auf eine harte Tischoberfläche (Marmor- oder Glastisch) zu laut wären. Natürlich muss darauf geachtet werden, dass die abgeklebten Unterseiten der Tassen nicht im Bild zu sehen sind. Bei einer weissen Kaffeetasse kann man z.B. noch etwas weisses Gaffa Tape über das Moleskinpolster kleben. Für weite Einstellungen wird dies genügen und bei einer nahen Einstellung nimmt man dann eine „unverklebte" Tasse, da der Tisch vermutlich nicht im Bild ist. Dabei nicht vergessen, ein Stück Tuch auf die Stelle der Tischfläche zu legen, wo die Tasse abgestellt wird.

Hautfarbenes Moleskin wurde in der Filmindustrie ursprünglich dafür eingesetzt, intime Körperstellen von Darstellern abzudecken, wenn es darum ging, diese während totalen Einstellungsgrössen nackt zu zeigen bzw. zu drehen. Wir Leute vom Ton setzen Moleskin hauptsächlich für die versteckte Körpermikrofonie ein, wie im Abschnitt „Versteckte Ansteckmikrofone" beschrieben.

Bostik ist eine (nach der Herstellerfirma benannte) Prestik-Knetdichtung. Diese klebende, gummiartige Reparaturknetmasse ist eigentlich zum Abdichten von allerlei Materialen im Innen- und Aussenbereich gedacht. In unserer Branche (auch in der Packshot Fotografie) wird diese selbsthaftende Knetmasse ebenfalls gerne eingesetzt. Wenn z.B. ein Mikrofon in einer Zimmerecke unter der Decke angebracht werden muss, gibt es nichts Schnelleres als etwas Bostik an besagte Stelle zu drücken und das Mik dranzupappen. Falls Sie nicht möchten, dass das Mikrofon klebrig oder fettig wird, umwickeln Sie es vorher einfach mit etwas Gaffer Tape.

Bekleidung. Der Tonmann, speziell der Boom Operator kann im Gegensatz zum Kameramann eher einmal abgeschossen werden, also versehentlich im Bild zu sehen sein. Aus diesem Grund tragen wir dunkle Kleidung ohne auffällige Aufdrucke. Ich persönlich bevorzuge verwaschenes Schwarz oder Navyblue und Moosgrün bzw. Olivgrün. Das kommt auch darauf an, welche Position ich am Set besetze und um welche Art von Produktion es sich handelt. Jedenfalls liegt man mit schwarz immer richtig. Bei TV-Produktionen, die eine Bühnenshow beinhalten oder im Falle von Veranstaltungen mit Zuschauern und Gästen wird erwartet, dass die Crew in tiefschwarzer Arbeitskleidung erscheint, d.h. nicht verwaschen oder zerschlissen und vor allem nicht mit irgendwelchen Logos oder sonstigen Aufdrucken auf den T-Shirts oder Hoodies. Boom Ops sollten immer ein schwarzes Langarmshirt oder noch besser einen Hoodie (Kapuzenpullover) dabeihaben. Auch wenn der Perchman weiss, dass der Job in einem Filmstudio oder bei sommerlichen Temperaturen stattfindet, so muss er damit rechnen, eine Position einnehmen zu müssen, die sich vor einer reflektierenden, durch die Kamera einsehbaren Glasscheibe befindet. Nackte Arme und ein nicht durch eine Baseballkappe/Schirmmütze verdecktes Gesicht verraten ihn in so einem Fall unweigerlich. Eine schwarz vermummte, unbewegliche Person ist jedoch kaum in einer Reflektion auszumachen. Als Arbeitshosen sind vor allem Cargo Pants, also Hosen mit Beintaschen beliebt. Kurze Hosen (ebenfalls Cargo Shorts) sind im Sommer sehr beliebt. In Gebieten mit Stechmücken und Zecken rate ich dringendst von kurzen Hosen und kurzärmeligen Hemden ab. Man muss sich nicht einmal unbedingt in einem Dschungel oder auf einer Steppe befinden. Auch in unseren Wäldern kann es in unmittelbarer Nähe eines sumpfigen Weihers nur so von Bremsen und Mücken wimmeln.

Und nun zum Schuhwerk. Logischerweise macht es einen Unterschied, ob Sie im Tiefschnee während eines Bergsteigerdrehs oder bei vierzig Grad in einer Stadt arbeiten. Als Perchman und überhaupt als Tonoperateur braucht man lautlose Schuhe mit einer Sohle, die weder quietscht noch klackert. Vor allem sollten die Schuhe über eine gute Dämpfung der Sohlen und das beste Fussbett, dass Sie finden können, verfügen. Wenn man als Einzel-Tonmann unterwegs ist und zum Beispiel auf einem Boden aus Gussbeton (Flugzeughangar) perchen muss und dabei noch einen Feldtonmischer oder Recorder, der mit mehreren UHF-Empfängern bestückt ist, umgehängt hat, so wird die Arbeit mit schlechtem Schuhwerk für Füsse und Rücken zur Hölle. Ein weiterer Tipp für etwaige Druckstellen an den Füssen: Nehmen Sie ein zweites Paar Arbeitsschuhe mit an den Dreh. Druckstellen sind logischerweise nie an der gleichen Stelle bei zwei verschiedenen Paar Schuhen.

Transportbehältnisse. Es versteht sich wohl von selbst, dass Equipmenttaschen, die unmittelbar während der Arbeit eingesetzt werden (Tonmischer- und Audiorecordertaschen), den höchsten ergonomischen Ansprüchen genügen sollten. Firmen wie Porta-Brace, Petrol Bags, KATA usw. bieten für fast jedes Profi-Audio-Gerät eine speziell gefertigte Tasche oder eine auf individuelle Bedürfnisse abgestimmte Lösung an. Auch extra für unsere Branche entwickelte Universal-, Zubehör- und Gürteltaschen werden von vielen Herstellern angeboten. Ein guter Rucksack gehört selbstverständlich auch dazu. Hochwertige Lavaliermiks und deren Zubehörteile werden heutzutage von vielen Herstellern in bruchfesten, staub- und wasserdichten Transportcases angeliefert. Da diese nicht viel grösser als eine Zigarettenschachtel sind, lassen sie sich einfach verstauen. Bei Richtmiks für die Tonangel wird es etwas schwieriger. Teure Miks werden von den Fabrikanten in hochwertigen, teilweise aus Holz gefertigten Behältern geliefert, die sorgfältig ausgepolstert sind. Für den täglichen Transport und speziell für ENG- und Doku-Crews, die oft zu Fuss unterwegs sind, ist eine solche Mikrofon-Schatulle schlichtweg zu sperrig. Ein Shotgunmik belasse ich normalerweise im Zeppelin, der in einer Hülle verpackt an meinen Rucksack geschnallt wird. Da der Zeppelin klar erkennbar ist, sollte niemand auf die Idee kommen, einen schweren Lichtkoffer darauf zu packen, falls ich gerade mal nicht anwesend sein sollte. Ein Supernierenmikrofon (MKH 50) findet, wenn es mit einem kleinen Stück Luftpolsterfolie umwickelt wird, perfekt in einem alten Sonnenbrillenetui (Typ Blechdose mit Plastikdeckel) Platz. Vier HF-Sender inkl. Ansteckmiks bringe ich in einer uralten ca. zigarrenkistengrossen, flachen Weichplastikbox unter, die ursprünglich für zwei

Miniatur-Mikrofone inkl. Zubehör gedacht war. Die Empfänger wiederum belasse ich meistens angeklettet an der Mixertasche bzw. im Zubehörfach der Recordertasche und achte lediglich darauf, dass die Antennen nicht abgeknickt werden können. Wie auch immer, für einfache Fahrten in einem nicht vollgepackten Kamerawagen muss die Ausrüstung nicht meteoriteneinschlagsicher verstaut werden. Bei Reisen mit Expeditionscharakter (Umsteigen auf andere Transportmittel, rasches Ein- und Ausladen unter Zeitdruck, nicht ständige Anwesenheit bzw. Kontrolle über das eigene Gepäck während all diesen Aktionen usw.) sollte hingegen auf ein sachgemässes Verpacken der empfindlicheren Geräte geachtet werden. Es sei denn, Sie können sich, wie bei einigen gut dotierten Naturdokus, das Mitführen einer kompletten zweiten Ersatzausrüstung leisten (und diese ist dann wenigstens gut verpackt worden).

Teil 4: Arbeitsmethodik und Ausführung

Aufgabenbereiche der Ton-Crew

Die Bezeichnungen, Ausbildungen und Funktionen weichen von Land zu Land etwas ab. Man kann aber als allgemeingültig annehmen, dass der Erfolg in diesen Berufen stark von Erfahrung, sprich Berufspraxis und Komplexität, der im Laufe eines beruflichen Werdegangs erfüllten Aufgaben abhängt.

Die Anforderungen an die Ton-Crew am Set sind im Bereich TV und Film (umgangssprachlich Fiction) unterschiedlich. Bei Fernsehproduktionen, meistens ENG- oder EFP-Jobs (ENG = Electronic News Gathering / EFP = Electronic Field Production), aber auch bei Produktionen in Fernsehstudios oder Dokumentarfilmen und Industrie- bzw. Imagefilmen besteht diese "Crew" oftmals aus nur einem Tonmann, der - Konsequenz dieser Konstellation - für alles, was mit Ton zu tun hat, verantwortlich ist. Bei uns in der Schweiz spricht man in diesem Fall normalerweise von einem Tonoperateur, in Deutschland nennt man diese Funktion meistens EB-Kameraassistent oder Sendeton-assistent und in den USA Location Sound Mixer. Ausnahmen bilden hier das Fernsehspiel und Werbefilmproduktionen, wo oftmals ein Zweierteam, be-stehend aus Tonmeister und Boom Operator/Tonassistenten gebucht wird. Bei Spielfilmen (die ja heutzutage kaum noch auf Filmmaterial aufgenommen werden) sieht es etwas anders aus. Bei grossen Produktionen besteht die Tonmannschaft i.d.R. aus drei Personen.

Filmtonmeister / O-Tonmeister

Chef der Soundcrew und Verantwortlicher für die Qualitätseinhaltung der Tonspuren ist der Filmtonmeister. „Verantwortlich für die Qualität der Ton-spuren" betone ich deshalb, weil der Filmtonmeister in letzter Instanz für diese verantwortlich ist. Sollte dieses Ziel nicht erreicht werden, egal, ob das Problem durch einen seiner Mitarbeiter oder durch andere voraussehbare Umstände verursacht wurde, kann er zu Rechenschaft gezogen werden. Weitere Bezeichnungen für diese Funktion sind: O-Tonmeister, Originaltonmeister oder Settonmeister und bei unseren angelsächsischen Kollegen Head of production sound department bzw. Production Sound Mixer, Location Sound Recordist und eher selten Location Sound Engineer oder einfach Sound Mixer. Bei Filmproduktionen ist der Filmtonmeister, genauso wie der DOP bzw. Chefkameramann, direkt der Regie unterstellt. Nebst der Verantwortung alle Aufnahmen des Originaltons (hauptsächlich Dialoge, also Sprachaufnahmen) während einer Einstellung zu bewerkstelligen, muss er auch dafür sorgen, dass Tonaufnahmen, die ohne Kamerabild gemacht werden (sogenannte Nurtöne), nicht vergessen werden. Dank seiner kreativen und technischen Kompetenz ist es ihm möglich, einen Ton authentisch dem vorgegebenen Bild bzw. Einstellungsgrösse anzupassen oder diesen, falls nicht anders möglich, zumindest so zu gestalten, dass dies in der Postproduktion mit wenig Aufwand zu bewerkstelligen ist. Um die richtigen Geräte und Mikrofone für eine Produktion auszusuchen und vorzubereiten, muss der O-Tonmeister vor Produktionsbeginn das Drehbuch sorgfältig studieren. Somit kann er früh genug vor Produktionsbeginn die Regie und Produktionsleitung über mögliche Probleme oder gar Einstellungen, die tonmässig nicht machbar sind, informieren. Dabei sollte der Filmtonmeister über gewisses Durchsetzungsvermögen, aber auch Verhandlungsgeschick verfügen. Es geht dabei nicht darum, seine bevorzugte Arbeitsmethode oder sein Lieblingszubehör einzubringen. Ziel sollte immer sein, das bestmögliche Resultat aus einer Produktion zu holen und dies auf sämtlichen Ebenen mit Einbeziehung aller beteiligten Departments. Die meiste Zeit verbringt der Tonchef während des Drehs am Tonmischer bzw. am Mehrspuraufnahmegerät. Ob es sich, wie häufig bei kleineren Film-Produktionen oder TV- und Dokudrehs um Umhängegeräte (out of the bag) oder bei grossen Produktionen um eine Tonkarre (engl.: sound cart, sound trolley) handelt, hat auf die Arbeitsweise keinen grossen Einfluss. Bei grossen Produktionen ist eine Tonkarre, die mit geländefähigen Rädern ausgestattet sein sollte, unumgänglich. Nicht nur ein Mischer und ein Mehrspur-Rekorder mit 6 bis 10 Spuren (oder ein Kombigerät Mischer/Rekorder) müssen untergebracht werden, sondern oft muss auch ein zweites Mehrspurgerät zwecks back-up und ein Bildmonitor sowie Zubehör und Ersatzmaterial ein Plätzchen haben. Daneben muss der O-Tonmeister noch das Tonprotokoll mit dem Timecode der jeweiligen Einstellung, den Angaben der eingesetzten Miks sowie Notizen über Besonderheiten führen. Dieser Rapport sollte möglichst leserlich verfasst werden, da er mit den Tonfiles in die Postproduktion geht. Der Transport dieser Tonfiles bzw. Metadaten wird i.d.R. von der Produktions- oder Aufnahmeleitung organisiert. Nichtsdestotrotz ist der Tonchef für die saubere Beschriftung und gesicherte Übergabe dieser Daten verantwortlich.

Seine Hauptaufgabe ist natürlich das Mixen der Tonspuren bzw. das Zusammenführen der verschiedenen Mikrofone am Set. Die Arbeitsweisen sind teilweise bereits unter Kapitel „Mikrofone", Abschnitte „Handhabung der verschiedenen Mikrofone", „Methoden der Mikrofonierung" sowie „Zusammenmischen verschiedener Mikrofone" und Kapitel „Portabler Tonmischer (Feldmischer)" unter Abschnitt „Abmischen" behandelt. An dieser Stelle möchte ich noch einige Anmerkungen hinzufügen. Mischen bedeutet in unserem Falle „Feinabstimmung" und hat nichts mit einem Kochtopf zu tun, in dem ständig mit einem Küchenmixer herumgerührt wird. Unsere Kollegen, die Konzertmitschnitte mit ein bis zwei Dutzend Miks machen, scheinen zwar ständig mit ihren Händen über die Mixerkonsole zu „fliegen", aber auch sie nehmen quasi nur Änderungen im „Feinbereich" vor. Bevor man jedoch etwas zusammenmischen kann, muss dieses Etwas erstmal vorhanden sein. Der Job fängt also schon damit an, wieviele Mikrofone und von welcher Art man einsetzen will und vor allem kann. Hier das Beispiel einer Situation, wie sie mir so oder zumindest ähnlich schon öfter widerfahren ist. Wir haben eine Szene an einem gedeckten Tisch in einem Restaurant. Drei Protagonisten essen zusammen und führen dabei ein Gespräch. Aus irgendeinem Grund kann die Szene nicht geangelt werden. Vielleicht wegen des Schattenwurfes, vielleicht weil die Raumdecke zu niedrig ist, vielleicht weil der Perchman zehn Minuten vorher wegen Überanstrengung tot zusammengebrochen ist. Wie auch immer, die drei Darsteller sind allesamt versteckt verkabelt und ein Grenzflächenmikrofon (Halbkugel) ist auf dem Tisch, hinter einem Brotkörbchen versteckt, ebenfalls im Einsatz. Das Boundarymik wird (vor Ort oder später in der Post) zu den Ansteckmiks dazu gemixt, um den sterilen Klang der Lavaliermiks zu mindern bzw. mehr Ambi hinzuzufügen. Nun zum eigentlichen Problem. Obwohl ich den Regisseur oder

Regieassi viermal gefragt habe, ob der Kellner, der unser Trio bedient, eben-falls verkabelt werden muss und jedesmal die Anwort kam: „Nein, das sparen wir uns, der sagt sowieso nichts", sagt der Kellner während seines Auftritts „Guten Appetit, die Herren" oder etwas Ähnliches. Wenn er das leise sagt und die drei essenden Darsteller munter weiterschnattern, fällt es nicht sonderlich auf und man kann den Schuss sogar springen lassen. Wenn aber der Komparse, also unser Kellner seine „Improvisation" in die Stille hineinsagt, unsere Gäste also gerade nicht quasseln, so muss der Tonmeister auf einen neuen Take bestehen. Und dieses Mal mit verkabeltem Kellner oder aber der Kellner schweigt während der nächsten Einstellung und nickt den Gästen nur kurz zu. Der Kellner befindet sich nun mal neben dem Tisch stehend, weit über den Köpfen der sitzenden Gäste bzw. deren an der Brust versteckten Miks. Auch die Distanz zwischen dem Kellner und dem auf dem Tisch befindlichen Grenzflächenmikrofon ist viel grösser als die Entfernung des Mikrofons zu den anderen Protas. Wenn dann der Kameramann oder Regisseur noch auf die Idee kommt, dass man doch noch eine Close vom Kellner machen soll (während er spricht; ha ha ha), dann ist der Fall wohl klar, der Mann muss unbedingt verkabelt werden. Sehen Sie, der Regisseur bei einer kleinen Produktion meint es natürlich nicht „böse", wenn er sagt, man könne sich das Verkabeln eines Darstellers sparen, da dieser fast nichts sagt. Aber was heisst „fast nichts"? Entweder es wird etwas gesagt und dies hat dann wohl auch eine Bedeutung, sonst würde es ja nicht im Script stehen, oder der Nebendarsteller sagt eben nichts. Dann bewegen sich aber auch seine Lippen nicht, und eine versteckte Mikrofonierung ist wirklich nicht vonnöten.

Sie sollten sich die Arbeit aber auch nicht unnötig erschweren. Vielfach kommen die „Plant" Mics (im Dekor vesteckte Mikrofone) gar nicht zum Einsatz. Der O-Tonmeister sitzt nun mal nicht mit im Schnittraum. Es ist die Ent-scheidung des Regisseurs und Cutters, welche Einstellung es schlussendlich in den fertigen Film schafft. Wenn Sie über genügend Zeit verfügen und genügend Mikros am Set haben, kann es sicher nicht schaden, diese auch zu verbauen. Vorausgesetzt, Sie arbeiten mit ISOs und man kann in der Post entscheiden, welche Mikrofonspuren zum Einsatz kommen sollen. Ich besitze fast ein Dutzend verschiedene Lavaliermikrofontypen und ein Test unter realen

Bedingungen in verschiedenen Aufnahmesituationen ist mir natürlich immer willkommen. Des Weiteren besitze ich noch drei Aufsteck-HF-Sender (Plug-on Transmitter), die an jeden Mikrofontyp angeschlossen werden können. Da man je nach Szenerie meistens möglichst kleine Mikrofone (Ansteckmiks) einsetzen möchte, braucht es gemäss meinen Erfahrungen keine grosse Anzahl von Plug-on Sendern am Set. Meine drei Aufstecksender haben bis jetzt jedenfalls immer gereicht. Einer meiner Sender ist mit Phantomspeisung ausgestattet, damit ich ihn auch für das Boom Mic einsetzen kann, falls aus technischen Gründen eine Kabelführung vom Perchman bis zu meiner Tonkarre (Tonwägelchen) nicht möglich ist. Die anderen beiden HF-Aufsteck-Sender besitzen keine Spannungsversorgung durch Phantomspeisung und können somit nur an batteriegespeiste Kondensatormikrofone oder Elektretmikrofone angeschlossen werden, dafür sind sie günstiger in der Anschaffung. Elektret-Kondensator-mikrofone sind gerade wegen ihrer hohen Empfindlichkeit und leichten Bauweise sehr gut geeignet, um sie im Szenenbild zu verbauen.

Die Königsdisziplin, das Abmischen verschiedener Mikrofonspuren auf eine Mono bzw. zwei Stereospuren ist bei Video- und TV-Produktionen Standard (abgesehen von Fernsehspielfilmen und einigen Dokumentarfilmen). Speziell für Tonleute, die nur im TV-Bereich tätig sind, gehörte das (und ist häufig heutzutage noch so) Zusammenmischen von bis zu acht oder gar mehr Spuren auf eine einzige Monospur (und dies sendefähig, ohne weitere Bearbeitung im Nachvertonungsstudio) zum täglichen Brot. Der Vorsehung sei es gedankt, setzen sich auch in unseren Breitengraden, im Fall von anspruchsvolleren TV/Videoproduktionen, Mehrspurrecorder durch. In den Vereinigten Staaten und Grossbritannien ist dies schon seit geraumer Zeit der Fall. Für Filmton-meister ist diese Arbeitsweise spätestens seit der Lancierung des portablen Harddisk-Multitrack-Recorders Deva von Zaxcom im Jahre 1996 Norm. Wenn wir also die Möglichkeit haben, jedes am Set befindliche Mikrofon auf ISOs aufzunehmen, damit diese Einzelspuren dann später in der Post nach Belieben zugemischt werden können, warum sollen wir dann noch eine Mastermischung auf den L/R-Kanäle des Audiorecorder abmischen und diese auf die Audio-spuren der Kamera aufnehmen? Der Grund ist ganz einfach: Wenn der Mix-down (egal, ob von der Kamera oder vom Audiorecorder) für den Führungston in der Post bzw. als Tagesmuster (engl.: dailies) für die allabendliche Sichtung durch den Regisseur benutzt wird, müssen auf ihm alle Dialoge gut verständlich vorhanden sein. Ganz abgesehen davon, dass der, auf der Kamera aufgezeichnete Führungston auch als Synchronisationshilfe, im Falle von Timecode Problemen zwischen Audiorecorder und Kamera, eingesetzt werden kann. Nun aber zu einem noch wichtigeren Punkt. Schon immer wurde der Mixdown der verschiedenen Einzelspuren (wenn er gut genug ist) bei Features (Spielfilmen) in der Endfassung nach Möglichkeit, wenigstens teilweise, eingesetzt. Das hat zum einen mit finanziellen Einsparungen zu tun und zum anderen damit, dass gute O-Tonmeister trotz erschwerter Umstände häufig eine bemerkenswert gute Abmischung vor Ort und quasi live abliefern.

Zum Thema Finanzen. Es muss wohl nicht vorgerechnet werden, dass der zeitliche Aufwand in der Post, bei einem Kinofilm von ca. 100 bis 120 Minuten Länge, bedeutend grösser ist, wenn z.B. aus vier Einzel-Audiospuren (ISOs) eine Mischung erstellt werden muss, statt den vorhandenen, unter Umständen perfekten Mixdown des erfahrenen Film-Tonmeisters zu benutzen. Ich bin mir sehr wohl bewusst, dass nicht alle Kollegen meine Meinung hierzu teilen. In den USA (und von dort stammt nun mal das meiste Know-how in Bezug auf Feature Films) ist das Erstellen einer kinotauglichen Abmischung direkt am Set oft eine Selbstverständlichkeit und gehört zur Berufsehre des Film-Tonmeisters (Production Sound Recordist). Ich möchte an dieser Stelle aber auch die Meinung eines von mir sehr geschätzten Kollegen, der über eine vorzügliche Reputation verfügt, aufzeigen. Er ist übrigens schon ein paar Jahre länger als ich in der Branche tätig und aufgrund seines grossen Erfahrungsschatzes respektiere ich natürlich seine Anschauung, auch wenn ich sie nicht teile. Seiner Meinung nach ist der zusätzliche Aufwand (das konzentrierte Arbeiten während des Abmischens) neben all den anderen Aufgaben und Pflichten wie das gleichzeitige Überwachen und Pegeln der Einzelspuren und natürlich das ganze Drumherum wie Monitoring bzw. IFB für Crew und Cast, Kontrolle der Time Code Synchronisation usw. nicht adäquat durch unsere Tages- bzw. Wochengagen abgegolten. Vor allem wenn man bedenkt, dass der Wert einer Film-Tonmeister-Tagesgage höchstens etwa der Buchung von zwei bis drei Stunden in einem professionellen Nachvertonungsstudio entspricht. Im Falle eines Tonoperateurs im TV-Produktionssegment sind es sogar nur ca. eineinhalb Stunden. Der Lohn bzw. der zeitliche Aufwand des Regisseurs, der im Schnittraum oder im Audio Post Studio mit von der Partie ist, nicht miteingerechnet. Sie sehen also, eine Produktion kann immens sparen, wenn ein solches Studio nicht oder nur wenige Stunden für ein paar Korrekturen sowie Studioaufnahmen von eventuellen Voice-overs gebucht werden muss. Wie eine jeweilige Abmischung erfolgen soll, ist dem Tonchef überlassen. Angenommen, es wird ein Boom Mikrofon eingesetzt und die Darsteller wurden nur aus Sicherheitsgründen zusätzlich verkabelt, so kann auf Masterspur L das Angelmikrofon und auf Masterspur R ein Mix von allen Lavaliermiks gelegt werden. Das Signal der Perche ist zwar bereits auf einer ISO-Spur vorhanden, aber im Gegensatz zu dieser ist es auf der Masterspur postfader, also mit etwaigen Pegelkorrekturen, nochmals verfügbar. Gewisse Mehrspurrecorder lassen eine Vielfalt von Kombinationen und/oder zusätzliche Auxiliary-Spuren zu. Jeder gute Tonmann, den ich kenne, wird immer zuerst versuchen, den Job mit dem Boom Mik zu machen. Vielleicht gibt es aber Schwierigkeiten und Ihr Boom Operator kommt nicht genug nahe ran. Die Aufnahmen des Angelmiks sind vielleicht so schwach, dass Sie diese nicht mal für Dailies einsetzen möchten. In diesem Fall werden Sie vielleicht die Ansteckmiks der beiden Hauptdarsteller auf eine Masterspur zusammenmischen und die restlichen Lavaliers auf die zweite Masterspur aufnehmen. Oder Sie legen vielleicht die Ansteckmiks aller Schauspieler auf Masterspur 1 und die Grenzfläche bzw. die im Dekor versteckten Miks auf die zweite Masterspur, damit im Schnitt nur noch die Ambi-Miks etwas mehr oder weniger zu der perfekt abgemischten Masterspur 1 (auf der sämtliche Dialogmiks vorgemischt sind) zugemischt werden müssen. Wie auch immer, ich geniesse es zu mixen und bin umso zufriedener, wenn der Ton einer schwierigen Einstellung gut gelungen ist. Um nochmals kurz auf den Einwand meines geschätzten Kollegen zurückzukommen. Ja, es ist tatsächlich etwas befremdlich, dass man einen Job innehat, der manchmal Stress mit sich bringt und viel Verantwortung beinhaltet, die man auch noch grösstenteils alleine tragen muss. Der DOP ist nie wirklich alleine, er hat mindestens einen Assistenten, einen Chefbeleuchter und vor allem den Regisseur, die alle auf einen Monitor schauen und ihn unterstützen können. Obwohl natürlich die Verantwortung für das Bild schlussendlich bei ihm liegt. Der Regisseur trägt oftmals ein Headset und hört die Mischung oder die Spur des Boom Mikrofons während des Drehs mit. Aber ob er sich wirklich in so einem Moment auf die Audioinformationen konzentriert und nicht eher auf das Bild vor sich auf dem Bildschirm? Abends oder wann auch immer nach Drehschluss sind Sie als Tonmeister der einzige, der weiss, ob der Ton brauchbar ist oder nicht (bzw. ob später im Tonstudio ein ADR gemacht werden muss) und darauf verlässt sich die Produktion. Was ich damit sagen will: Ich glaube, es hat sehr wohl einen Einfluss auf Ihre Buchungen, wenn Sie fähig und willens sind gute Mischungen abzuliefern, ganz egal, ob ISOs für einen späteren Mixdown vorhanden sind. Ich mische meine ISO-Spuren sogar dann noch sorgfältig zusammen, wenn gar kein Bedarf dafür ist. Ich arbeite ab und zu mit einem Regisseur zusammen, der vor allem TV-Sendungen macht. Wir Ton- und Kameraleute schätzen und achten den Mann sehr, da er früher einmal Chefkameramann war und sehr gut weiss, was man einer Crew körperlich zumuten kann. Wie dem auch sei, bei zwei seiner TV-Formate, für die ich auch immer wieder mal den Ton mache, sind sämtliche 5 Protas verkabelt und wir nehmen jeden einzelnen auf eine ISO-Spur auf. Es sind immer mehrminütige Einstellungen mit Multicams. Dieser Regisseur betont immer wieder, ich müsse mir wirklich keine besondere Mühe bei der Abmischung geben. Ein roher Mixdown, auf alle vier oder fünf Kameras gesendet, genüge ihm vollends, da er sowieso beim Schnitt und im Vertonungs-studio nur mit den ISOs arbeitet. Es gibt keinen Grund an seinen Worten zu zweifeln, trotzdem versuche ich immer, einen sendefähigen Mixdown zu liefern. Und natürlich antworte ich jedesmal, dass man ja nie wissen kann und vielleicht sei er ja mal froh, weil die Zeit im Schnitt sehr knapp ist und er dann nur die Spur mit dem Mixdown markieren muss (die ja auf allen Kameraspuren aufgezeichnet ist), statt fünf einzelne ISOs zu bearbeiten. Ich nehme mal an, nach einer gewissen Zeit kann man nicht mehr aus seiner eigenen Haut schlüpfen und der Berufsstolz spielt natürlich auch eine Rolle. Apropos Berufsehre, vor einiger Zeit war ich an einem Dreh dabei und folgendes spielte sich ab. Für die Produktion mussten zwischendurch noch ein paar Kamera-einstellungen gemacht werden, die wie Smartphonefilmchen wirken sollten. Der Regisseur gab dem Kameramann die Vorgabe alles verwackelt und unscharf zu filmen. Dieser gab, mit seiner 12-Kilo-Schulterkamera, sein Bestes und litt. Natürlich nicht unter dem Gewicht der Kamera, sondern unter der Anstrengung unscharf zu drehen. Das Resultat war übrigens unbrauchbar und man entschied, die Einstellung später mit einem richtigen Smartphone nachzudrehen. Wie gesagt, der Mensch kann nur schwer aus seiner eigenen Haut schlüpfen.

Perchman

Dann wäre da der Perchman bzw. Tonangler oder Boom Operator (in Deutschland auch Filmtonassistent oder Originaltonassistent genannt). Wie der Name schon sagt, ist er für das Führen der Mikrofonangel zuständig. Daneben assistiert er dem Tonmeister beim Verkabeln der Darsteller und beim Bereitstellen des Tonequipments vor Drehbeginn und während der Setumbauten. Ein guter Perchman verfügt nicht nur über ein ausserordentlich trainiertes Gehör und eine gesunde Physik (Rücken-/Schultermuskulatur), sondern auch über das nötige Wissen und eine dreidimensionale Vorstellungskraft zum Thema Richtungsverhalten verschiedener Mikrofontypen. Abgesehen davon haben erstklassige Tonangler die Fähigkeit, sich Dialoge in kürzester Zeit einzuprägen, um die richtige Mikrofonposition vorauszusehen. Hierfür werden bei Filmaufnahmen dem Perchman kleinformatige Papierausdrucke mit dem Script des Tagesdrehs (sides) ausgehändigt. Wie im Abschnitt "Perche / Tonangel" bereits erwähnt, ist gutes Perchen eine Kunstfertigkeit und wird in unseren Breitengraden leider zu wenig gewürdigt. In den Vereinigten Staaten ist dieser Job hoch angesehen, und ein erstklassiger Boom Operator muss sich kaum um Buchungen kümmern resp. bemühen. Klar wird auch hier das Angebot durch die Nachfrage bestimmt. Und wenn keine genügend grosse Filmindustrie existiert, braucht es auch keine Legionen an Tonanglern. Trotzdem werden praktisch in allen Ländern Filme oder Fernsehspiele produziert und vielfach wird halt die Tonangel von irgendeinem Crewmitglied bedient. Wenn dann der Ton nicht so toll klingt, darf man dies sicher nicht dem unschuldigen Crewmitglied vorwerfen. Oder anders betrachtet, im ENG- und EFP-Bereich ist der Tonmensch alleine für den Ton verantwortlich und muss einen grossen Teil seiner Arbeit mit der Perche verrichten. Obwohl er noch einen umgehängten (ev. noch mit HF-Empfängern bestückten) ENG-Mixer bedienen muss, ist das

Ergebnis des geangelten Tons unter diesen Umständen meistens vortrefflich. Das hängt sicher auch damit zusammen, dass die meisten Dialogszenen kurz sind und eher statisch, d.h. die Protagonisten stehen oder sitzen beieinander. Bei szenischen Arbeiten oder bei Einstellungen bzw. Aufnahmen in akustisch schlechter Umgebung sieht dies leider oft nicht allzu rosig aus. Hier ist das Problem oft im Bereich mangelnder Ausbildung resp. Einführung in den Job zu suchen. Der Tonangler sollte die branchenüblichen Mikrofone, die für die Perche bestimmt sind, kennen. Vor allem die Unterschiede in Klang und Richtungsverhalten der Hyperniere oder der etwas weniger gerichteten, dafür aber mit fast doppelter Rückwertsdämpfung versehener Superniere zum stärker gerichteten Shotgunmikrofon sollten ihm geläufig sein. Dies gilt natürlich auch für sein Handwerkszeug wie Tonangel, Mikrofonhalterung und Windschützer etc. Zum Thema Mikrofonierung in Theorie und Praxis gibt es viel Literatur und auch im Internet wird man leicht fündig (entweder über Blogs oder digitalisierte Fachveröffentlichungen). Zum Thema "Boomen" wird das schon etwas schwieriger. Natürlich wird an einer Film- oder Medienfachhochschule in den Lektionen "O-Ton" oder "Set-Ton" usw. das Tonangeln abgehandelt und man findet sicher auch im Internet das eine oder andere "Merkblättchen" hierfür. Ich bin jedoch der Meinung, diese Tätigkeit sollte in der Praxis geübt und von einem erfahrenen Lehrmeister vermittelt und überwacht werden.

Der Perchman befindet sich bei Produktionen mit TV- bzw. Video-Kameras i.d.R. auf der linken Seite des Kameramannes. Der linke Fuss befindet sich vor dem rechten. Die Füsse sollten etwa schulterbreit auseinanderstehen. Das Körpergewicht sollte gleichmässig auf beiden Füssen ruhen, damit schnelles Reagieren bzw. rasches Losgehen in alle Richtungen möglich ist, um dem, mit ihm eventuell durch ein Spiralkabel verbundenen Kameramann zu folgen. Die Arme sind fast gerade, aber doch in einer leichten V-Form nach oben gestreckt, die Ellbogen nicht ganz durchgedrückt. Durch diese Position des Körpers ist es dem Tonangler möglich, über seine linke Schulter die Tonquelle anzuvisieren und mit einer leichten Kopfbewegung die Kamerapegelanzeigen, die sich linksseitig an der TV-Kamera befinden, zu überwachen. Vor allem aber kann er etwaige Fingerzeichen des Kameramannes wahrnehmen, die ihm mitteilen, ob er mit dem Boom (Mikrofon und deren Halterung/Korb) näher an die Tonquelle darf oder (weil der Kameramann aufziehen möchte) schnellstmöglich das Mikrofon ausserhalb der Bildbegrenzung in Position bringen muss. Gute Tonangler können sogar anhand der Linsenbewegungen der Zoomobjektive ihre Bewegungen anpassen. So was wird natürlich vorher zwischen Kamera- und Tonmann abgesprochen. Die ca. schulterbreite Position der Füsse und der Umstand, dass das Körpergewicht gleichmässig auf beide Beine verteilt ist, führt zu weniger Ermüdung des Rückens. Hauptsächlich aber ermöglicht dieser Fussabstand dem Perchman, einen oder mehrere flinke Schritte nach vorne oder rückwärts zu machen und somit den immer gleichbleibenden Abstand zwischen Mikrofon und dem sich bewegenden Cast zu sichern. Die rechte Hand umfasst das Endstück der Perche. Die Hand muss die Tonangel richtig umschliessen, also kein Affengriff, damit Drehungen in der Längsachse der Angel und eine fixierte Position gut kontrollierbar sind. Die linke Hand bildet eine offene Faust, in der die Perche locker gleiten und gedreht werden kann. Sie schliesst sich, wenn nötig, um grössere Bewegungen auszuführen. Da das Gewicht hauptsächlich auf der linken Hand ruht, kann es zu Verkrampfungen kommen. Um dem Vorzubeugen kann man zur Abwechslung die Perche zwischen die zu einem "V"-Zeichen (Victory-Zeichen) gestreckten Zeige- und Mittelfinger legen. Vor allem bei Innenaufnahmen mit einem leichten Hyper- oder Supernierenmikrofon ohne schweren Aussenwindschutz funktioniert dies gut. Ein weiterer Tipp, um ein Verkrampfen der Hände und das Ermüden des linken Arms zu mindern, ist, die Tonangel (falls die räumlichen Begebenheiten dies zulassen) weiter auszuziehen als effektiv nötig und mittiger zu halten. Durch diese ausbalancierte Stellung ist das Gewicht der Perche besser auf beide Arme verteilt und es muss weniger kraftvoll zugegriffen werden. Die Länge der Aufnahme sollte die übliche Dauer von einigen Minuten nicht überschreiten, da es sonst zu Verkrampfungen der Arme kommt und somit auch der beste Tonangler ein leichtes Zittern nicht mehr unterdrücken kann, das sich auf den Boom überträgt. Kleine Höhenpositionsänderungen des Mikrofons können durch leichtes Senken des linken Arms (Mikrofon geht nach unten) oder durch Anziehen des rechten Arms (Mikrofon geht nach oben) bewerkstelligt werden. Grössere Änderungen in der Höhenposition müssen aber mit beiden Armen erfolgen, da sich sonst der Mikrofonwinkel zu stark verändert. Wenn man ein sitzendes Talent angelt, wird die Perche auf Schulterhöhe gehalten (ähnlich wie ein Gewichtheber beim Ansetzen, bevor er die Hantel über den Kopf stösst). Die Tonangel zwecks Entlastung wie eine Lanze oder ein Gewehr unter die rechte Achsel zu klemmen, ist zu vermeiden. Auch ein sitzender Darsteller kann sich stark bewegen. Sei es, dass er sich in seinem Sessel weit nach hinten lehnt, um sich kurz darauf über einen vor sich befindlichen Beistelltisch zu beugen oder, dass es sich vielleicht bloss um einen besonders lebhaften Zeitgenossen handelt. So oder so ist ein wirkungsvolles Angeln mit einer, in der Armbeuge ruhenden oder eben unter der Achsel eingeklemmten Tonangel nicht möglich. Einmal abgesehen von der Distanz, die zwischen den beiden Positionen des Kopfes des Darsteller liegen, braucht es auch schnelles Agieren, um das Mikrofon in dem Moment, in dem er sich über die Tischplatte beugt und in deren Richtung spricht, in die richtige Position und vor allem in den perfekten Winkel zu bringen. Wenn das Mikrofon nämlich in der klassischen, quasi vertikalen Stellung bleibt, schattet der Schädel den direkten Schall ab und das Richtmikrofon, das auf die Tischoberfläche zielt, nimmt so die Anteile des von der Tischplatte reflektierten, indirekten Schalls auf. Folglich muss das gerichtete Mikrofon quasi parallel zur Tischoberfläche gebracht werden und möglichst auf den Mund des Darstellers zielen. Natürlich wird man in diesem Falle den Diffusschallanteil nicht gänzlich eliminieren können. Er wird aber natürlicher klingen, ähnlich wie es ein Mensch wahrnimmt, welcher anstelle der Kamera der Szene beiwohnt. Des Weiteren sollte noch angemerkt werden, dass in unserer Branche (vor allem in der "Boom Swing Szene") das Einklemmen und Aufstützen von Tonangeln verpönt ist. Aber ich kann auch nachvollziehen, wenn in der 16. Stunde eines Drehtages die Kraft etwas nachlässt und man eben doch mal kurz diese verflixte Stange irgendwie am Körper verkeilt. Falls der Tonangler keine freie Sicht auf einen Kontrollmonitor hat und es sich um eine statische Position handelt, kann er mit seinen Augen einen Punkt an der gegenüberliegenden Wand fixieren, der sich auf einer Linie mit dem Angelmikrofon befindet. Dabei muss er darauf achtgeben, dass sein Kopf bzw. seine Augen immer auf der gleichen Höhe bleiben und er somit nicht auf einmal zu tief zielt, wodurch das Mik in den oberen Bildbereich ragen würde. Eine andere Möglichkeit seine Position zu kontrollieren bzw. beizubehalten, wäre, dass er sich am Schatten des Booms, der irgendwo am Set auf eine Oberfläche fällt, orientiert. Wenn sich das ENG-Kamerateam während einer

Aufnahme durch eine dichte Menschenmasse bewegen muss, kann es leicht passieren, dass der Perchman beim Angeln mit dem Endstück der Perche Unbeteiligte versehentlich am Kopf oder gar im Gesicht trifft. Um so einem Fall vorzubeugen, kann er seine rechte Hand bzw. Faust locker über das Endstück der Tonangel legen. Beim Rückwertsgehen kann er durch ständiges Bewegen der Finger auch noch eine Art warnendes Blinkzeichen geben.

Booming wird also zumeist von oben praktiziert (overhead miking). Diese Technik gibt auch am meisten Sicherheit beim Distanzsplitting. Beim Distanzsplitting geht es darum, zwei Schauspieler während eines Dialoges so aufzunehmen, dass beide Stimmen die gleiche Präsenz und Lautstärke aufweisen. Dies wird vor allem anspruchsvoll, wenn sich die beiden während des Gesprächs bewegen und der Tonangler versuchen muss, die Distanz der einzelnen Actors zum Boom Mik möglichst unverändert zu lassen. Dynamisches Boomen wird dann zur Kunstfertigkeit, wenn der Perchman während einer Einstellung nicht nur verschiedene Lautstärken (von lauter bis geflüsterter Stimme), sondern auch noch Richtungswechsel der Darstellerköpfe einfangen muss. Stellen Sie sich z.B. folgende Szene vor: Zwei Schauspieler gehen von einem Zimmer in ein anderes. Die Verbindungsflügeltüren des Durchgangs sind offen. Die Kamera befindet sich in dem Raum, in welchen die Darsteller hineingehen. Sie bewegen sich frontal auf die Kamera zu. Es handelt sich um sehr hohe Räume und somit auch um einen hohen Durchgang, d.h. man sieht den oberen Türrahmen nicht im Bild. Der Schnitt folgt, sobald sich die Schauspieler im Raum mit der Kamera befinden, also kurz nach Passieren der offenen Verbindungstür. Der Perchman wird anfangs klassisch über den Köpfen der Schauspieler angeln, indem er neben ihnen herschreitet. Sobald sie den Durchgang passieren, muss der Boom Op stehen bleiben (er kann ja nicht ebenfalls durch die Türöffnung und schon gar nicht durch die Wand gehen). Er wird also die Perche vorschieben, um den Abstand des sich leicht vor den Köpfen der Darsteller befindlichen Mikrofons beizubehalten. So weit nicht sonderlich kompliziert. Aber der Tonangler muss ja noch mit dem Boom Mik unter dem oberen Türbalken hindurch, der sich zwar ausserhalb der Bildgrenze befindet, vielleicht aber trotzdem zu tief ist, um das Boom Mik, ohne es abzuwinkeln, hindurchführen zu können. Wenn er es nicht abwinkelt (weil genug Platz unter dem Türbalken vorhanden ist), so werden die Stimmen durch das Herunterziehen des Mikrofons zu laut. Wenn er es zu stark abwinkelt, werden sie weniger präsent bzw. der Reflexionsschall wird im Verhältnis zum Direktschall stärker betont. Er muss den Winkel also so oder so ändern, aber im richtigen Verhältnis zur Distanzverkürzung und dies auch noch unter Berücksichtigung welcher Schauspieler gerade unmittelbar unter dem Türbalken spricht (was übrigens auch nach zehn Proben im Falle von längeren Dialogen zeitlich nie hundertprozentig exakt übereinstimmt). So eine Aufgabe erfordert vom Tonangler höchste Kunstfertigkeit und viel Erfahrung. Wenn möglich wird er für diese Szene ein möglichst kleines Supernieren- oder Nierenmikrofon einsetzen (z.B. ein Sennheiser MKH 8050 mit nur 74 mm Länge oder das noch kürzere Schoeps CCM 41) und dieses mit einem ebenfalls kleinen Schaumstoff-Windschutz bestücken. Ein möglichst kleiner Windschutz hilft auch einen eventuell nicht eliminierbaren Schattenwurf zu vermindern.

Schattenwurf ist ein weiteres Thema und quasi der tägliche, unerwünschte Begleiter des Hüters der Mikrofonangel. Wir möchten natürlich nach Möglichkeit diese, durch das Mikrofon oder die Tonangel verursachten Schattenwürfe, auf Wänden im Hintergrund oder auf den Körpern der Darsteller verhindern. Schon beim Einrichten bzw. Ausleuchten des Sets sollte darauf geachtet werden, ob ein etwaiger Schattenwurf zum Problem werden kann. Wenn man mit nur einer Lichtquelle arbeitet und sich diese als Führungslicht neben der Kamera befindet und der Darsteller vor einer weissen Zimmerwand steht, kann man klassisches Angeln (von oben) vergessen. Vielleicht hat man Glück und das Licht ist gesoftet und/oder die Wand im Hintergrund ist von grober Textur. Noch besser, wenn sich der Darsteller vor einem Wandteppich oder einer dunklen Gardine befindet, auf deren Oberfläche der Mikrofonschatten kaum bemerkbar ist. Bei einem eher kleinen Set oder bei einem gedrehten Interview, lichttechnisch mit Führungslicht (Keylight) und einer Kante bzw. Spitze (Backlight) und eventuell noch einer dritten Lichtquelle für die Aufhellung (Fill) realisiert, entstehen kaum Probleme. Befinden wir uns jedoch auf einem aufwendig eingeleuchteten Set oder bei Aussenaufnahmen zur Mittagszeit bei voller Sonne (eine Situation, die man schon aus bildästhetischen Gründen zu vermeiden versucht) ohne Hilfsmittel wie Flag, Diffusor oder wenigstens einen Aufheller, wird es schwieriger. Sie können aber davon ausgehen, im Falle nur eines Darstellers, der statisch auf seinem Standort verweilt, gibt es immer eine Lösung, also eine Mikrofonposition, die keinen Boomschatten auf dessen Gesicht wirft. Vielleicht ist bei dieser Mikposition der Ton nicht ganz so perfekt wie bei einer mit Schatten im Gesicht, aber sicher annähernd so gut. Wenn der Schauspieler sich bewegen soll oder falls es sich um eine Dialogszene zweier Darsteller handelt, zwischen denen das Richtmikrofon geschwenkt werden muss, braucht es eine Probe oder zumindest einen Testlauf mit einem Lichtdouble oder Crewmitglied. Stehen die beiden Protagonisten relativ weit auseinander und/oder handelt es sich bei der Dialogszene um einen sehr rasch aufeinanderfolgenden Wortwechsel und werden ferner nicht alle Einstellungen im Schuss-Gegenschuss gedreht, d.h. ein Teil oder die ganze Einstellung wird beispielsweise in einer Halbtotalen gedreht, so muss in jedem Fall mit zwei Tonangeln gearbeitet werden. Mal abgesehen von einem etwaigen Schattenwurf, ist die Distanz zwischen den beiden Schauspielern sowieso zu gross für ein sorgfältiges "Wedeln" mit nur einer Perche. Gerade bei Reality-TV-Produktionen kommt es ab und zu vor, dass der Schatten eines Miks oder einer Tonangel auf das Gesicht oder das Haar eines Darstellers fällt. Schatten, die auf das Haupthaar eines Casts fallen, sind weniger auffallend, ausser es handelt sich dabei um hellblondes Haar. Wenn so ein Schatten aber auf das Gesicht fällt, zumeist auf die Stirn und dies vom Tonangler sofort korrigiert wird, ist damit zu leben. Falls so eine Korrektur nicht möglich ist und man die Einstellung nicht unter anderen Lichtbedingungen wiederholen kann (Reality-TV, Newsbeiträge usw.), sollte der Perchman die Position seiner Tonangel so unbeweglich wie möglich beibehalten, damit sich der Schatten auf dem Gesicht nicht bewegt. Weniger dramatisch ist der mögliche Schattenwurf einer Tonangel, wenn der Protagonist sich innerhalb des Bildausschnitts bewegt, da dies kaum vom Zuschauer bemerkt wird bzw. nicht als Schatten einer Perche identifiziert wird. Grosszügig ausgeleuchtete Sets bedeuten nicht automatisch mehr Probleme mit Schattenwurf. Wenn es sich (vor allem beim Führungslicht und der Aufhellung) um weiches Licht handelt, hat sich das Problem mit dem harten Schattenwurf schon fast von selbst gelöst. Bei Situationen mit hartem Licht muss die perfekte Position für den Boom Pole gesucht und geprüft werden. Bei Filmdrehs in engen Räumen kommt noch hinzu, dass der

Perchman vor lauter C-Stands, Lichtstativen und Kamera Dolly kaum noch Platz für sich selbst findet. Hat er letztendlich sein Plätzchen gefunden, muss es ihm auch noch möglich sein, aus dieser Position heraus zu angeln, ohne an irgendwelche Folienrahmen oder Ausleger zu schlagen. Vielleicht sucht er sich einen neuen Standort; und siehe da, er produziert wieder einen Schlagschatten. Es macht also absolut keinen Sinn, das Set auf Schattenwurf zu prüfen, bevor es nicht fertig (und ich meine wirklich fertig) ausgeleuchtet ist, die Kamera auf ihrer definitiven Position steht und ein Monitor angeschlossen ist, auf dem die Cadrage (framing) zu sehen ist. Falls es trotz etlicher Versuche zu keiner befriedigenden Lösung kommt und der Chefbeleuchter nichts an der Lichtsetzung verändern kann oder will, muss die Regieassistenz informiert werden. Der Regisseur wird sich dann mit dem Kameramann beraten und eine Entscheidung fällen. Der Perchman bzw. sein Chef, der Filmtonmeister, darf auf keinen Fall abwarten bis das "Action" oder "Bitte" von der Regie zu hören ist und dann erst auf das Problem hinweisen. Bestenfalls kann der Tonchef, bevor er sein Ok für das Abdrehen der Einstellung gibt ("Ton läuft" oder nur "Läuft" oder "sound speeding" bzw. einfach „speed". Letzteres vor allem von Tonleuten, die noch die Analogbandzeiten erlebten gebräuchlich), den Perchman über das Mixer-Intercom anweisen, das Mikrofon etwas höher zu nehmen, um so den Schatten zu eliminieren und trotzdem noch einen brauchbaren Ton zu erhalten. Nach dem "Cut" oder "Danke" wird dann das Problem analysiert bzw. behoben und man dreht den Take nochmal. Wenn Sie gute Arbeit abliefern wollen, dürfen Sie "konstruktive" Diskussionen nicht scheuen. Niemals wird Ihnen vergeben, wenn Sie zwar das Problem erkannt, die Regie oder Kamera den Fehler aber nicht bemerkt haben (was zwar bei digitalen Aufzeichnung bzw. guten Videoausspiegelungen kaum vorkommt) und man erst nach dem Dreh auf Sie zukommt und Sie dann lapidar meinen "... ich habe das schon gesehen und den Chefbeleuchter auch gefragt, ob man was machen kann .... aber eben, das ging halt nicht...". Übrigens, Videoausspiegelung ist der alte Ausdruck für das Kamerabild, das im Fall einer Filmkamera (35 mm oder 16 mm) an einen Monitor ausgegeben wird. Eine in der Filmkamera eingebaute Videokamera zeichnet das Bild über einen Spiegel auf. Somit kann nicht nur der Kameramann als einziger das Bild (über den Sucher) betrachten bzw. kontrol lieren. Vor allem aber ist unmittelbar am Set ein sofortiges Playback der bereits gedrehten Einstellung möglich.

Beenden möchte ich das Thema Schattenwurf mit dem Aufzeigen einer Situation, die mir auch schon häufiger untergekommen ist. Gerade bei Reality-Drehs kommt es vor, dass quasi ein Multicam-Shot mit zwei Kameras gedreht wird und (obwohl die beiden Kameras vielleicht untereinander synchronisiert sind) zwei Tonleute statt nur einem involviert sind. Hier ein Beispiel während eines Drehs für eine Talentshow. Gedreht wird bei Proben auf einer Bühne mit Arbeitslicht (dieses harte Arbeitslicht kommt immer von oben). Auf der Bühne sind zwei Kandidaten (Sänger), ein Coach (Jurymitglied) und dessen Assistenten. Es befinden sich also mehrere Personen am Schauplatz, die alle gefilmt werden, während sie immer wieder neue Grüppchen bilden. Die beiden Kamerateams agieren unabhängig voneinander. Nun kommt die Anweisung der Regie, dass beide Kamerateams eine besonders wichtige oder dramatische Situation zusammen drehen sollen. Der Coach übermittelt vielleicht einem der Sänger, er/sie solle sich jetzt endlich mal am Riemen reissen. Oder er eröffnet ihm/ihr, dies sei das schönste Lied, das er je gehört hat. Wie auch immer, eine Kamera wird also wahrscheinlich die Nahen drehen, während die andere für die Zweiereinstellung zuständig ist. Da das Licht von oben kommt, ist es ohnehin schon schwierig, ohne Schlagschatten zu drehen. Nun kommt noch hinzu, dass die Tonleute so angeln müssen, dass es nicht nur auf dem Sujet der eigenen Kamera, sondern auch auf dem Ausschnitt der anderen Kamera zu keinem Schattenwurf im Gesicht der Beteiligten kommt. Der Tonangler ist gewohnt, auf den Monitor „seiner" Kamera zu achten (vielleicht orientiert er sich auch am Funkmonitor des Realisators/Regisseurs). In dieser Situation muss er aber auch einen Schattenwurf einschätzen, den er gar nicht sehen kann, weil eine der Personen mit dem Rücken zu ihm steht und er den Bildmonitor der zweiten Kamera ohnehin nicht einsehen kann. Wie auch immer, bei normalen Dreh-situationen ist für den Tonangler die Position seitlich zwischen Kamera und Talent die „schattensicherste", wobei sich das Führungslicht auf der anderen Seite der Kamera befinden muss. Oder anders gesagt, zwischen dem Keylight und dem Perchman sollte sich die Kamera befinden. Dabei wird er öfters zwecks Kontrolle zur Kamera herüberschauen (die sich u.U. nahe am

Führungslicht befindet), was äusserst unangenehm oder gar schädlich für die Augen ist. Für solche Fälle sollten Tonleute immer eine Baseballkappe oder Schirmmütze dabeihaben, die sie sich tief ins Gesicht bzw. etwas über die Augen ziehen können.

Sound Utility Person

Bei Filmproduktionen ist vielfach noch ein dritter Tonmensch anwesend, diesen zweiten Tonassistenten bezeichnet man als Sound Utility Person resp. Utility Sound Technician (UST) oder Cable Wrangler bzw. Sound Cable Wrangler. Er wird oft auch als „A3" oder „Sound 3rd" bezeichnet und assistiert dem Settonmeister und dem Boom Operator und kann bei Bedarf als zweiter Tonangler fungieren. Weil er quasi überall eingesetzt werden kann, muss er über gute Kenntnisse der jeweils eingesetzten Technik verfügen. Er ist für die Logistik der Tonausrüstung zuständig und erledigt, wenn nötig, kleine Reparaturen direkt am Set. Der Einsatz einer Sound Utility Person bringt vor allem Zeitersparnis. Wenn z.B. zu der nächsten Einstellung oder Szene gewechselt wird und das neue Set schon vorgeleuchtet ist, können der Filmtonmeister und der Perchman an der ersten Probe anwesend sein, während der UST die Tonkarre und weiteres Tonequipment zum neuen Standort bringt und dort installiert. Auch wenn der Job der Utility Person (vor allem historisch gesehen) vielfach als Einstieg für die spätere Berufsausübung als Boom Op oder Filmtonmeister dient, so handelt es sich nicht bloss um einen Trainee-Einsatz, der schlecht oder womöglich gar nicht vergütet wird. In Regionen mit einer grossen Filmindustrie und entsprechenden Budgets wird die Funktion „3rd" von vielen Leuten als Beruf ausgeübt. Im Gegensatz zu früher, besteht dieser Job heutzutage nicht mehr nur aus Kabelverlegen und -rollen (daher auch die alten Bezeichnungen wie Cable Puller, Cable Man oder Python Wrangler). Durch vermehrten Einsatz von Funkanlagen und immer aufwendigeren Intercominstallationen bzw. Monitoringsystemen für Crews und IFB (interruptible foldback) für Talents ist diese Funktion bedeutend komplexer geworden und sollte somit nicht unterschätzt werden. Ein guter UST wird von unseren amerikanischen Kollegen auch gerne „Swiss army knife of the sound department" genannt.

Wenn wir gerade beim Thema **Monitoring** bzw. Mithören der Abmischung des Tonverantwortlichen sind, hier noch kurz ein paar Gedanken dazu: Falls Sie in einem kleinen ENG-Team arbeiten, bestehend aus Kameramann, Tonoperateur und Realisator oder Journalist, egal ob für News oder Reality usw., ist es für den Realisator natürlich sehr komfortabel, wenn er die Abmischung (in unserem Falle den Monolog oder Dialog, welcher vom Feldttonmischer drahtlos an die Kamera übertragen wird) über einen IEM-Empfänger (In-Ear-Monitor-Empfänger, der auf die gleiche Frequenz wie der Kameraempfänger bzw. der Sender des Mixers eingestellt ist) mithören bzw. mitverfolgen kann. Dies ist natürlich nur nötig, falls sich der Cast eher weit weg befindet oder in einer lauten Umgebung leise spricht. Der Vorteil der IEM-Empfänger ist, dass sie ein etwaiges Monosignal auf beide Kopfhörermuscheln oder Earpieces (Ohrstecker bzw. Ohrkanalhörer) ausgeben und vielfach über einen bequem zu bedienenden Lautstärkeregler verfügen, der einhändig bedient werden kann. Nun kostet ein solches drahtloses Monitorsystem resp. nur der IEM-Empfänger nicht die Welt und falls man diesen nicht zu den branchenüblichen Tagespreisen vermieten kann, so hinterlässt die kostenlose Zurverfügungstellung eines solchen Gerätes zumindest einen guten Eindruck beim Produzenten oder Realisator, was eventuell zu weiteren Aufträgen führen kann. Anders sieht die Sache zumeist bei grossen Produktionen aus. Bei Werbespotproduktionen genügt es in der Regel, wenn eine Abhöre für den Regisseur und eine weitere für den Producer oder Regieassistenten bereitsteht. Diese beiden IEM-Empfänger sollten mit professionellen Kopfhörern ausgestattet sein. Dazu kommen dann noch bis zu zehn Abhören für die Kundenseite. Unter Kundenseite versteht man die Leute der Werbeagentur und die Zuständigen, für deren Produkt der Werbespot produziert wird. Obwohl diese „Gäste" i.d.R. in einem separaten Raum untergebracht sind, in dem sich auch ein Bildschirm und ein Lautsprechermonitor befinden, über welche sie die Kamerabilder inklusive Ton mitverfolgen können, sind trotzdem Monitor-Kopfhörer vorhanden. Sei es, dass sich einige unterhalten möchten, während andere dem Dialog folgen wollen oder weil die Videoausspiegelung (Playback der bereits aufgenommenen

Szene) sorgfältigst auf mögliche Textfehler geprüft werden muss. Dann gibt es noch grosse Filmproduktionen, bei denen es zu wahren Kommunikations- und Abhörschlachten kommen kann. Nicht nur, dass kistenweise Abhörgeräte für zig Crewmitglieder bereitgestellt werden müssen; da wären nebst den Departments Regie, Produktion, Kostüm und Styling (damit diese schon, bevor sie den Funkspruch von der Aufnahmeleitung erhalten, wissen, dass die Einstellung im Kasten ist und sie die Klamotten für die folgende Szene von den Kleiderbügeln reissen können) auch noch die „Zaungäste" wie z.B. der Manager oder Agent des Hauptdarstellers (vermutlich noch mit eigenem Fahrer – und der möchte doch auch gerne mithören) und die Freundin des Produzenten (was macht die eigentlich am Set?) und so weiter und so fort. Dazu kommen noch spezielle Interkomverbindungen. Zum Beispiel hat der Regisseur eine Private Line zum DoP (die ausser für ihn und den Chefkameramann für niemanden einhörbar ist) und ev. noch eine zweite Private Line zum Producer, die auch der Regieassi mithören darf oder wer auch immer. Bei TV-Produktionen, die mit SNG (Satellite News Gathering) bzw. einem Ü-Wagen (Übertragungswagen) stattfinden, sind die ganzen Kommunikationsverbindungen bereits eingebaut und können nach Bedarf gepatcht werden. Ausserdem sitzen im Falle eines Ü-Wagens die Verantwortlichen (abgesehen von den Kameraleuten) sowieso alle im gleichen Raum bzw. Container des Aufliegers. Bei uns wird die Verteilung und Organisation der Walkie-Talkies i.d.R. von der AL (Aufnahmeleitung) über-nommen und die Toncrew muss sich „nur" um die Abhören für die jeweiligen Crewmitglieder und die IFBs für die Moderatoren oder Casts kümmern.

Noch ein Tipp: Wenn es nur darum geht, dass die Übertragung des Textes gut verständlich ist, reichen als Empfänger auch günstige FM-Funkscanner, wie sie im Heimelektronikhandel zu finden sind. Diese Geräte decken in der Regel einen so grossen Frequenzbereich ab, dass die in Europa und USA üblichen Frequenzbänder bedient werden können.

Weitere Jobfunktionen/-begriffe (PSC Recordist)

Die Aufgaben des Tonoperateurs im Bereich ENG und EFP (sowie EKP) wurden ja bereits beschrieben. Sollten Sie einmal mit britischen Produktionsfirmen bzw. Kollegen zu tun haben, werden Sie vermutlich dem Ausdruck „PSC Recordist" oder „PSC Sound Recordist" begegnen. PSC ist ein alter BBC-Begriff für **P**ortable **S**ingle **C**amera. Da heutzutage ja quasi alle Kameras portabel sind, also eher für Personal Single Camera. Vielfach ist die Arbeitstechnik (Single-camera setup statt Multi Cam) gemeint. Aus Sicht der Produzenten ist tatsächlich oft nichts anderes als ein einzelner Kameramann gemeint, der für Bild und Ton verantwortlich ist (Ein-Mann-Equipe bzw. 1er Team, engl.: single unit cameraman). Früher waren die ersten portablen Kameras noch gar nicht mit Tonspuren ausgerüstet oder falls doch, genügten sie den Qualitätsansprüchen der Broadcastindustrie nicht. Aus diesem Grunde bestand eine PSC Crew nebst einem Kameramann auch noch aus einem Tonmann, der den Ton auf einen separaten Audiorecorder aufzeichnete. Also vergleichbar mit der heutigen Arbeit von ENG-Teams. Warum also dieser Unterschied zwischen ENG und PSC bei unseren Kollegen aus dem Vereinigten Königreich? Wenn auch mit gleicher Ausrüstung, so sind im Falle von PSC eher gepflegte und anspruchsvolle Drehs gemeint. Folglich kann PSC mit dem bei uns geläufigeren Begriff EFP (Electronic Field Production) gleichgesetzt werden. Wenn also bei Tonleuten aus Grossbritannien von PSC sound kit oder PSC location recording kit oder einfach PSC kit die Rede ist, so ist damit nichts anderes gemeint als eine normale Tonausrüstung für ENG oder EFP. Je nach Art des Auftrags mit oder ohne Audiorecorder. Natürlich handelt es sich immer um portable Feldtonausrüstungen, die nicht für Drehs im TV-Aufnahmestudio, sondern für Ausseneinsätze bzw. OB (Outside Broadcast) konzipiert sind.

Tipps für aussergewöhnliche Aufnahmesituationen

Plant Mics

Wenn zusätzliche Mikros, die sich im Bildausschnitt befinden, im Dekor versteckt werden sollen, so muss natürlich die Distanz und das Richtungsverhalten der Mikrofone beachtet werden. Wenn ein Mikrofon nichts vom Dialog übertragen kann und stattdessen nur unwillkommene Ambi (Hintergrundgeräusche, die ohnehin schon zu laut sind) aufnimmt, kann man auf den Aufwand gleich verzichten. Für die Positionierung von „Plant Mics" (man spricht auch von „Planted Mics") braucht es i.d.R. eine Probe, die die genauen Standorte der jeweiligen Schauspieler anzeigt. Manchmal wird es uns auch leicht gemacht. Zum Beispiel ist ein Barkeeper von vorne zu sehen und knapp über seinem Kopf (etwas vor seiner Stirn) befindet sich ein Flaschenregal. Eine perfekte Stelle für ein verborgenes Mikrofon. Überhaupt sind Stellen, die nicht viel mehr als 60 bis 80 cm entfernt und in Einsprechrichtung des Mikrofons fallen, perfekt für ein verstecktes Mik. Oder stellen Sie sich eine Totale auf einem Segelschiff vor. Der Steuermann steht am Steuerruder (grosses Holzsteuerrad) und das Mikrofon ist einfach an der Säule des Steuerrads angebracht und von vorne nicht sichtbar. Manchmal lässt sich sogar ein Mikrofon als Mikrofon tarnen. Denken Sie an Filme, in denen der Darsteller auf einem Podium zu einer Menschenmenge spricht. Egal, ob die Geschichte in den 1950er Jahren oder in der Neuzeit spielt. Was denken Sie, wo ein modernes Mikrofon am besten Platz findet? In alten, ausgehöhlten Mikrofonen findet sich genug Platz und das Kabel muss auch nicht versteckt werden. Wenn eine Szene mit einem Handy gedreht wird und der Protagonist spricht längere Zeit einen wichtigen Monolog in sein Mobiltelefon, dann bevorzuge ich die Stelle an der Innenseite des Handgelenks (idealerweise an einem Uhrenband aus Leder montiert). Das funktioniert natürlich nur bei langärmeliger Kleidung wegen des Verlaufs des Lavaliermikorofonkabels. In Autos ist die erste Stelle für ein Ansteckmik immer die Sonnenblende. Sie ist so gut wie nie in einer Kameraeinstellung zu sehen und das gepolsterte Material unterdrückt auch noch Körperschall bzw. Vibrationen. Meistens kann man gleich auch noch den HF-

Sender hinter der Sonnenblende angaffern. Falls das mit der Sonnenblende nicht geht, dann versuche ich es mit der Mittelkonsole ausserhalb des unteren Bildauschnitts. Dort hat es sogar genug Platz für normale Miks, z.B. eine Niere oder zwei Hypernierenmiks (für jeden der beiden Darsteller, Fahrer und Mitfahrer). Es ist darauf zu achten, dass die Mikrofone nicht berührt werden, falls der Fahrer an den Schaltknüppel fasst. Und natürlich werden Fahrszenen (Innenaufnahmen) immer bei geschlossenen Fenstern und ausgeschalteter Klimaanlage bzw. Lüftung gemacht.

Welche Mikrofone sind für Plant Mic Einsätze tauglich? Oft werden Lavalier Miks eingesetzt. Nicht, weil sie klanglich besser geeignet sind (eher das Gegenteil), sondern weil sie schlichtweg sehr klein sind. Wenn es sich bei der Stelle der Mikrofonposition um eine Fläche handelt (egal, ob vertikal oder horizontal) versuche ich es zumeist erst mit einem Grenzflächenmikrofon. Wenn das Versteck im Dekor genug gross ist, gebrauche ich ein übliches Kleinmembranmikrofon (Niere- oder Superniere). Falls sich die Darsteller innerhalb des Sets nicht gross bewegen, ist man mit einem gerichteten Mikrofon auf jeden Fall erfolgreicher und Lavaliermiks sind nunmal in 90% der Fälle mit Omnikapseln ausgestattet. Einzig das Ansteckmikrofon ME 104 von Sennheiser mit Nierencharakteristik benutze ich gerne bei Auto-Innenaufnahmen für Dialoge. Es lässt sich an der Sonnenblende einfach montieren und perfekt auf den Mund des Darstellers ausrichten.

Bleiben wir noch kurz bei den Ansteckmiks im Falle von Anwendungen als Plant Mics. In amerikanischen Lehrbüchern und Internetblogs oder in Gesprächen mit Kollegen aus den USA werden Sie beim Thema Ansteckmiks häufig auf Begriffe wie „transparent lavalier" und „proximity lavalier" stossen. Es ist natürlich nicht so, dass diese Bezeichnungen resp. Unterschiede nicht auch in anderen Ländern bekannt wären. Der Ausdruck Proximity (Nähe bzw. Nahbesprechungseffekt) wird ja hauptsächlich im Zusammenhang mit gerichteten Mikrofonen benutzt und wir sprechen ja immer noch über Lavaliermiks mit Kugelcharakteristik (Druckempfänger). Aber zuerst zu den sogenannten „transparenten" Ansteckmiks. Diese Mikrofone sind quasi klarer und betonen den Unterschied zwischen Direktschall (also Sprache aus ca. 25 cm Entfernung) und Hintergrundgeräuschen weniger stark. Solche Mikrofone reagieren auch weniger stark auf Richtungsänderungen des Einsprachbereiches (wie es bei Kopfbewegungen einer verkabelten Person geschieht). Weniger transparente Mikrofone oder eben sogenannte Proximity-Lavaliers (obwohl mit Omnikapsel) überbetonen die Stimme einer Person eher, wodurch die Stimme im Verhältnis zu den Hintergrundgeräuschen viel näher wirkt (wie es vielleicht bei einem Ansager oder einer Ansagerin gewünscht ist). Mit anderen Worten, diese Miks geben einer Stimme mehr Präsenz, während die „Transparenten" sämtliche Schallereignisse präsent und klar (eben transparent) und dadurch natürlicher darstellen. Da die Ansteckmikrofone in diesem Fall als Plant Mics eingesetzt werden, ist der Abstand zum Mund der sprechenden Protas aber sicherlich grösser als die üblichen 20 bis 30 cm. Sagen wir mal 60 bis 80 cm oder sogar mehr. Ein Proximity-Ansteckmik bringt bei einer so grossen Distanz nicht die gewünschte Qualität. Ganz allgemein können Sie davon ausgehen, dass Aufnahmen, die mit transparenten Lavalier Miks erstellt wurden auch besser mit Tracks, bei denen ein Boom-Mikrofon benutzt wurde, gemixt oder geschnitten werden können. Das klingt jetzt im ersten Moment vielleicht etwas verwirrend, da man meinen möchte, es sei doch gut, wenn man bei szenischem Drehen vor allem die Stimme hört und nicht zu viel Hintergrundgeräusche, die ja sicherlich noch genügend hörbar sind. Generell ist das auch so, aber bei einem Proximity Lavalier wird eben bei einem grösseren Abstand beides nicht mehr sauber ankommen. Und falls sich das Proximity Ansteckmik doch einmal ganz nah beim Schauspieler befinden sollte, warum sollte es dann weniger gut mit einem Boom-Mik zusammen passen? Denn ein Boom-Mikrofon hat ja auch immer eine gerichtete Kapsel (Shotgun, Hyperniere oder Superniere) und diese weist, technisch bedingt, auch einen Proximityeffekt auf. Dem ist zwar so, aber der physikalisch bedingte und nicht gewollte Nahbesprechungseffekt wird, so gut es eben geht, beim Boom-Mik baulich oder elektronisch durch die Mikrofon-hersteller (vor allem für Filmmikrofone) vermindert. Dieser Nahbesprechungs-effekt, der sich in der Überbetonung von tieferen Frequenzen bemerkbar macht, ist bei klassischem Boomen (die übliche Distanz zwischen Over-head-Mikrofon und Darstellermund) nicht mehr so ausgeprägt wie bei einem Proximity-Mik, welches nahe beim Mund des Schauspielers positioniert ist. Ich würde sagen, dass früher (bis zurück in die 1970er Jahre) die Unterschiede der Produkte bzw.

die Ansätze bei den Konstruktionen von Lavaliermiks zwischen den verschiedenen Herstellern bedeutend grösser waren als heute. Dadurch stand den Tonleuten eine erste Information (transparent oder proximity Lavaliermikrofon) zur einfacheren Überprüfung bzw. als Hilfe bei der Auswahl zur Verfügung. Wenn heutzutage bei Filmarbeiten oder auch bei Video- und TV-Produktionen am Körper der Darsteller versteckte oder im Dekor verborgene Mikrofone eingesetzt werden, dann sollen diese logischerweise einen natürlichen und somit transparenten Klang abbilden und nicht den dramatischen Sound eines Voice-overs für einen Dokumentarfilm über Naturkatastrophen oder einer klinisch vorgetragenen Verkehrsmeldung im Radio.

Versteckte Kamera Drehs

Ich werde häufiger für Aufträge mit versteckter Kamera gebucht bzw. für Sendeformate wie „Versteckte Kamera", also Überraschungssendungen, in denen die Kamera und die Mikros getarnt werden müssen. Mittlerweile habe ich eine ansehnliche Sammlung von Gegenständen, in denen ich meine Lavaliermikrofone und die dazugehörigen HF-Sender verstecken kann. Z.B. Blumenvasen mit künstlichen Tulpen, wobei sich das Mikrofon in einer der Blüten und der Sender in der Vase befindet. Das Mikkabel ist im hohlen Blumenstengel verlegt. Weiterhin wäre da auch ein Brillenetui mit einem kleinen Loch für das Stäbchenmik und diverse, mit Krimskrams gefüllte Dekorschalen. Auch ein Tischbarometer, eine TV-Fernbedienung und ein Porzellanhäuschen mit „Abhöranlage" sind dabei. Sogar eine Armbanduhr mit eingebautem Mikro und Minikamera inkl. Aufnahmespeicher ist vorhanden. Die UHF-Sender SAMSON AirLine Micro des amerikanischen Anbieters Samson Technologies Corp. mit 10 mW ERP sind wegen ihren kleinen Abmessungen hierfür besonders geeignet. Ich besitze noch ein paar solcher UHF-Sets der älteren Version AL1, die noch kleiner sind, aber nur eine Sendeleistung von 5 mW haben. Dafür sind sie sogar mit einer integrierten Omni-Mikrofonkapsel ausgestattet. Mir ist es trotz der geringen Sendeleistung schon gelungen, die Sender versteckt in einem Konditorei-Café zu platzieren, während ich mit den Empfängern und meinem Recorder in einem Lieferwagen vor dem Geschäft sass. Mikrofone müssen ja irgendwie in der Nähe der sprechenden Personen platziert werden. Eigentliches Verstecken ist manchmal gar nicht möglich bzw. nötig. Tarnung ist die Losung. Wenn das „Opfer" z.B. nahe bei einer Zimmerpflanze sitzt, so genügt es, eine Pin-Mikrofon-Kapsel auf ein Blatt zu pinnen (Ficus elastica bzw. Gummibäume sind mit ihren kräftigen Blättern besonders geeignet). Die Backplate (Kabelausgang) des Pin-Miks befindet sich dann auf der Unterseite des Blattes. Das Kabel wird ebenfalls an die Unterseite des Blattes gegaffert und der Sender hinter den Wurzeln oder dem Gestrüpp im Blumentopf versteckt. Man kann den Einsprechkorb mit Farbe grün einfärben, um die Tarnung perfekt zu machen. Die australische Firma Rode Microphones bietet z.B. ein solches Pinmic mit einem speziellen, silberfarbenen Einsprechkorb (mesh head) zum Einfärben an.

Oft kann das Mikrofon auch sichtbar in die Umgebung integriert werden. Wenn Sie ein Grenzflächenmikrofon an einem Bank- oder Postschalter seitlich an der Durchreiche des Schalterfensters anbringen, so könnte dies genausogut das offizielle Intercom-Mikrofon für die Kunden/Schalterangestellten-Kommunikation sein. Einmal musste ich das Boundary-Mic in einem Blumengeschäft auf dem Packtisch platzieren. Ich bevorzuge übrigens die Grenzflächenmiks CUB-01 von Sanken (Halbkugel bzw. Niere). Auf dem Packtisch befand sich nur eine Klebebandrolle, Bänder für die Verschnürung der Sträusse und eine Schere. Man konnte das Boundarymic also kaum verstecken. Ich klebte das Mikrofon mit Doppelklebeband etwas seitlich auf den Arbeitstisch, zog das Kabel über die Tischkante, um den Sender unter dem Tisch zu befestigen und klebte neben das Mikrofon ein Täfelchen mit der Aufschrift „Messfühler für Hygrometer". Tarnen bedeutet ja nicht etwas unsichtbar, sondern schwer erkennbar zu machen oder quasi zu täuschen. Der normale Mensch (in unserem Falle das Opfer der Versteckten Kamera) blickt immer in Richtung von Bewegungen oder, falls er/sie jemandem gegenübersteht, in dessen Augen. Das ist natürlich hilfreich für unsere Arbeit. Ich hatte einmal einen Versteckte-Kamera-Dreh in einem Zoo. Der Lockvogel (ein Produktionscrewmitglied) führte ein Lama am Halfter zu irgendwelchen, ahnungslosen Zoobesuchern und behauptete, dieses Lama sei eben an ihm vorbeigetrabt und er hätte es eingefangen. Ob die Leute es nicht kurz halten würden, damit er einen Tierpfleger herbeiholen könne. Nun verkabeln wir in solchen Situationen meistens den Lockvogel und dieser versucht, möglichst nahe bei den nichtsahnenden Opfern zu stehen, damit man deren Aussagen gut hört. In unserem Fall aber ging der Lockvogel ja weg, um den Tierwärter zu holen und dies dauerte natürlich ewig lange. Wie haben wir also die Gespräche der Besucher, die an einer Leine ein Lama hielten, aufgenommen? Ganz einfach, ich habe das Lama verkabelt. Das Tier trug ja schon ein Halfter. Zusätzlich hatten wir dem gutmütigen Tier noch eine Stofftasche um den Hals gehängt. Diese flache, aus gestreifter Wolle gefertigte Tasche hing also vor der Brust des Lamas und sah wirklich sehr südamerikanisch aus. Wer weiss, vielleicht kam sie sogar aus den Anden. Man hatte vermutlich den Eindruck, das Lama sei von einer Kinderattraktion innerhalb des Zoos ausgebüchst. Das Pin-Mic war an die Tasche (auf dunklem Hintergrund) gepinnt und der HF-Sender befand sich in der Tasche. Zum Glück war es ein windstiller Tag und ich brauchte keinen Windjammer über das Mic zu stülpen. Das Pin-Mic hätte man auch für einen Verschlussknopf der Tasche halten können. Bei Hunden mit langem Fell ist es besonders einfach, ein Ansteckmikrofon am Halsband (Nackenseite) anzubringen. Den Sender ebenfalls am Halsband an der Kehle des Tieres montieren. Noch besser ist es, wenn der Hund ein Brustgeschirr trägt. Dann kann man den HF-Sender zwischen Brust und Vorderbein bestens verstecken. Falls unser Opfer den Hund streichelt und dabei versehentlich den Sender entdeckt, muss der Lockvogel halt steif und fest behaupten, es handle sich um einen Peilsender, da der Hund ständig abhaut.

Aufnahmen während Helikopterflug

Bei Innenaufnahmen eines Helikopterfluges kann oft der Mixer oder das Aufnahmegerät an die Funkanlage des Hubschraubers angeschlossen werden. Meistens ist ein unsymmetrischer Ausgang in Form einer 6.3 oder 3.5 mm Klinkenbuchse vorhanden. Manchmal auch ein einfacher Cinch-Ausgang. Dies muss vor Produktionsbeginn abgeklärt werden. Falls dies nicht der Fall ist, kann man versuchen, Lavaliermikrofone an den bestehenden Bügelmikrofonen des Piloten und der Passagiere zu montieren, denn Motorlärm in einem Helikopter ist für ein Ansteckmik mit Kugelcharakteristik viel zu laut. Ein kleiner Trick hierzu: Man kann ein Lavaliermikrofon auch in die Hörmuschel des Headsets

kleben. Da es sich bei den Intercom- bzw. Funk-Kopfhörern um Typen mit Voll-
schalen handelt, sind diese bestens isoliert. Idealerweise ist die Funk- bzw.
Intercom-Anlage so spezifiziert, dass auch der Ton des gerade Sprechenden
über dessen Kopfhörer zu hören ist. In diesem Fall wäre also ein einziges
Lavaliermikrofon für den Ton aller Insassen genügend. Wenn dem nicht so ist,
muss in jeden Kopfhörer ein Lavaliermikrofon geklebt werden. Und denken Sie
daran, in so einem Fall muss der Fader des zuhörenden und nicht der des
sprechenden Darstellers hochgefahren werden. Das Mikrofon befindet sich
nicht am Mund des Redenden, sondern im Kopfhörer des Hörenden.

Zirkuszelt (stark reflektierende Begrenzungsflächen)

Schwierige akustische Bedingungen sind in einem Zirkuszelt zu erwarten.
Zumeist ist so ein Auftrag damit verbunden, dass innerhalb der normalen
Vorstellung noch irgendwelche Varieté-Nummern oder sonstige Showcases mit
verkabelten Leuten (Bügelmiks) stattfinden. Der Ton der verkabelten Protas
wird Ihnen i.d.R. von der PA-Technik über eine Subgruppe in Mono
weitergegeben. Da gibt es für Sie nicht viel zu tun, weil die Mischung ja schon
vom FOH-Techniker (Front of House Techniker), der für die Publikums-
beschallung verantwortlich ist, erledigt wird. Dasselbe gilt für die Musiker der
Kapelle oder Band, falls diese ebenfalls über die Beschallung laufen. Nehmen
wir an, der Event mit den verkabelten Personen ist zu Ende und es geht mit der
Zirkusvorführung weiter. Der PA-Techniker hat sein Pult „heruntergefahren" und
Sie haben Ihr Richtrohrmikrofon bequem an der Angel an einen Stuhl gegaffert
und zielen damit in Richtung Manege. Die Musik und die Ansagen des
Zirkusdirektors werden vermutlich weiterhin über eine zirkuseigene Sound-
anlage zu hören sein. Wegen den bereits erwähnten, unschönen Klang-
verfärbungen von Shotgunmikros im Falle eines Diffusschallfeldes (typisch bei
Zeltplanen), werden Sie nicht sehr glücklich mit dem Ton sein. Auf die Shotgun
möchten Sie aber nicht verzichten. Gerade bei Ansagen über das Mikrofon des
Zirkusdirektors können Sie mit Ihrem Richtmikrofon auf eine in der Nähe
befindliche PA-Lautsprecherbox zielen. Nun kleben Sie einfach ein Ansteckmik
(Omni-Kapsel) an den Stuhl oder die Perche und mischen dessen Signal zu

dem der Shotgun hinzu. Es wird das Klangbild erheblich aufhellen und natürlicher klingen lassen. Ausrufe der Artisten und Clowns werden wiederum durch das auf die Manege gerichtete Richtrohrmikrofon hervorgehoben.

Wasserdichte Lavaliermikrofone

Im Fall von verschweissten Kapseln kann es sein, dass ein Ansteckmikrofon wasserfest oder gar wasserdicht ist. Fällt also z.B. eine verkabelte Person bei einem River Rafting Dreh ins Wasser, findet wegen des Wasserdruckes auf die Mikrofonmembran keine Schwingung statt, da Wasser eine dichtere Materie als Luft aufweist. Sobald die Person jedoch wieder ins Boot zurückgeklettert ist, wird sich der Wassertropfen nach vermutlich ein bis zwei Sekunden mit einem Ploppgeräusch von der Membran lösen, und das Mikrofon funktioniert wieder einwandfrei. Natürlich gibt ein Mikrofonhersteller hierfür keine Gewähr und erst recht keine Garantie. Ein praktischer Test kann den Tonoperateur also teuer zu stehen kommen bzw. zum Totalverlust des Ansteckmikrofons führen. Der Schweizer Mikrofonhersteller Voice Technologies (VT Switzerland) hat für solche Fälle zertifizierte wasserdichte Ansteckmikrofone im Sortiment. Das VT500WATER und das VT506WATER sind speziell für Adventure- und Wassersport-Drehs konzipiert und dementsprechend nicht nur wasserfest, sondern auch äusserst robust gefertigt. Natürlich funktionieren auch diese Miks nicht unter Wasser (dafür braucht es ein Hydrophon), aber sie nehmen garantiert keinen Schaden, wenn sie ins Wasser eintauchen sollten. Ich besitze übrigens ebenfalls vier VT500WATER Ansteckmiks und setze diese auch im normalen Drehalltag ein.

Falls Sie mit solchen wasserfesten Ansteckmikrofonen in schlammiger Umgebung oder wirklich im Wasser arbeiten wollen, müssen natürlich auch wasserdichte Behälter für die Gürtelsender mit an Bord sein. Ich benutze die Produkte der englischen Firma Aquapac. Dabei handelt es sich um wasser-dichte Beutel, die ursprünglich für Insulinpumpen bestimmt waren. Mittlerweile bietet Aquapac aber diese wasserdichten Gürteltaschen in verschiedenen Grössen speziell für HF-Sender an. Der Sender inklusive Antenne befindet sich in der wasserfesten, verschliessbaren Tasche, wobei das Mikrofonkabel durch eine gummierte Klemmvorrichtung geführt wird.

Reality-TV - die Ausnahme

Reality-TV bzw. Reality-Show (teilweise auch die Formen Scripted Reality und Doku-Soap resp. Infotainment) ist ein Genre, das nicht speziell abgehandelt werden müsste, wenn da nicht der Umstand wäre, dass vieles, was man als Tonoperateur gelernt hat, auf den Kopf gestellt wird. Wir versuchen ja normalerweise den Ton perspektivisch dem Bild anzugleichen oder im Falle von verkabelten Protagonisten (vor allem bei versteckten Lavaliermiks) ein zusätzliches Raummikrofon einzusetzen, um den Ton natürlicher klingen zu lassen. Bei Reality-Shows geht es hauptächlich um den Inhalt des Gespräches und es wird gar nicht erst versucht, tonmässig eine naturgetreue Aufnahme zu erstellen. Das sieht der Zuschauer schon daran, dass der Cast sichtbar verkabelt ist. Der Redakeur oder Realisator will unbedingt alles Gesprochene mitbekommen. Kann sein, dass sich zwei Darsteller unbeobachtet fühlen und etwas miteinander besprechen. Eine Kamera mit Teleobjektiv fängt die Situation ein und dank der Ansteckmiks ist auch das Geflüster der beiden verständlich. Auch wenn für den Zuschauer nicht ersichtlich ist, dass die Aufnahme mit einem Teleobjektiv gemacht wurde, so wird er anhand der Körpersprache und der Aussage der beiden ahnen, dass sie sich unbeobachtet fühlten. Für den Realisator bzw. die Sendung kann ein solches Gespräch natürlich sehr interessant sein.

Zu den Anfangszeiten des Reality-TVs (Anfang der Neunziger Jahre) gehörten diese Jobs nicht unbedingt zu den Lieblingsaufträgen der Tonleute. Es herrschte, und dies oftmals auch heute noch, ein „Tonchaos" während der Drehs. Es mussten bis zu acht Darsteller verkabelt werden, und der Tonoperateur musste diese so zusammenmischen, dass sie sinnvoll, dem Kamerabild entsprechend, in Mono auf die Kameraspur aufgenommen werden konnten und dies auch noch häufig auf mehrere Kameras (aber eben nur mit einem Soundy). Aus Kostengründen wurden vielfach weniger qualifizierte Tonleute oder Berufsneulinge angeheuert. Heutzutage sieht dies anders aus. Ein Grossteil der Sendeminuten im Fernsehen ist mit Reality-TV angefüllt und viele dieser Sendungen sind von komplexer Struktur und kommen sehr wertig daher. Dies bedingt natürlich auch grössere Produktionsbudgets und somit wird an einem ausgewiesenen Tonspezialisten wohl kaum gespart. Von Tonmenschen, die im Realitybereich arbeiten wird eine sehr robuste Gesundheit und grosse Belastbarkeit erwartet. Denken Sie nur an Reality-Survival-Shows oder Produktionen, die grosse Reiseanstrengungen mit sich bringen, da sie in kürzester Zeit in verschiedenen Ländern abgedreht werden. Nicht immer ist es möglich, dass man bei Hotelübernachtungen in einem Einzelzimmer untergebracht wird. Obwohl dies vor Produktionsbeginn kommuniziert werden sollte, kommt es diesbezüglich immer wieder zu unvorhergesehenen Änderungen und Notfällen. Gerade bei Reisen in ferne Regionen ist darauf zu achten, dass man einen Magen aus Stahl hat und wenn möglich nicht unter irgendwelchen Allergien leidet. Falls man auf Medikamente angewiesen ist, diese unbedingt „am Mann" tragen (Reisegepäck kann leicht abhanden kommen).

Der Stellenwert des Tons bei solchen Produktionen hat sich also erheblich verbessert. Das sieht man schon daran, dass vermehrt Mehrspurrecorder eingesetzt werden, um die Möglichkeit für Aufnahmen von ISO-Spuren zu haben. Bei amerikanischen und britischen Produktionen wird mittlerweile fast immer mit versteckter Mikrofonverkabelung gearbeitet. Dies bedeutet natürlich u.U. mehr Takes und etwaige Nachbearbeitung mittels Behebungs- und Wiederherstellungssoftware, was im Falle von Billigproduktionen deren Budgets sprengen würde.

Und natürlich muss immer alles schnell vonstattengehen. Deshalb werden meistens Ansteckmiks mit einer Standardklammer (Alligator Clip) eingesetzt, damit sie schnell gewechselt werden können. Auch sollte der Tonmann Windschützer für mögliche Aussenaufnahmen immer griffbereit haben. Dass man als Crewmitglied bei solchen Produktionen über eine grosse Flexibilität und Drahtseilnerven verfügen sollte, versteht sich wohl von selbst. Ach ja, und lassen Sie sich nie aus der Ruhe bringen. Wenn irgendein Gerät nicht funktioniert, egal, ob wegen eines Defektes oder eines Bedienungsfehlers, dann geben Sie dem Aufnahmeleiter eine Zeitspanne an, die Sie brauchen, um die Sache zu überprüfen. Natürlich nervt es, wenn Ihre Durchsage lautet: „Ich brauche zwei Minuten, um die Sache zu untersuchen - dann sehen wir weiter" und Ihnen dann bereits nach 15 Sekunden ein AL auf die Schulter tippt (und dies dann alle zehn Sekunden wiederholt), um zu fragen wie lange Sie noch brauchen. Aber was soll's? Das Leben ist kein Ponyhof.

Vorbereitung für einen guten Dreh

Locationscouting

Die Rekognoszierung eines Drehortes findet, egal in welcher Budgetklasse die Produktion angesiedelt ist, eigentlich immer statt und ist auch keine grosse Sache. Nun ist es aber oft der Fall, dass dies ohne den für den Ton Verantwortlichen stattfindet. Und dies wird, teilweise zu Recht, von vielen meiner Kollegen kritisiert. Ich muss hier aber auch sagen, dass ich nicht für jeden Dreh, auch wenn es sich um eine akustisch eher schwierige Situation handelt, beim Locationscouting bzw. der Drehortbesichtigung dabei sein muss. Ein Beispiel: Der Dreh findet in einer Turnhalle statt, in der Kinder ihre Sportlektion abhalten und dann wird am Schluss noch der Lehrer kurz (in einer Naheinstellung) interviewt. Natürlich ist der Hallradius in einer Turnhalle nicht der beste, aber im Falle der beschriebenen Szene kein Problem. Ausserdem weiss ich, wie es in einer Turnhalle klingt. Das gleiche gilt auch für Kirchen, obwohl es da schon darauf ankommt, ob in einer kleinen Dorfkirche oder im vatikanischen Petersdom gedreht wird. Und wenn es sich dabei auch noch um eine Messe mit Chorälen handelt, die aufgenommen wird, so sollte wohl klar sein, dass der Tonmann (noch vor dem Beleuchter) an der Reko teilnimmt. Ich habe das Glück, dass ich zumeist mit professionellen Produzenten arbeite (auch im Falle von Low-Budget-Produktionen) und daher öfter zu einer Drehortbesichtigung gebeten werde. Es kann sein, dass nicht der volle Tagesgagenansatz für so einen Tag verrechnet werden kann. Mit Blick auf die heutige, finanziell eher angespannte Situation in unserer Branche kann ich dies verstehen und akzeptieren. Übrigens sollte jeder professionelle Tonangler oder Tonassistent

ebenfalls befähigt sein, eine solche Überprüfung des Drehortes zu übernehmen, falls der Tonchef gerade nicht abkömmlich ist. Bei grossen „Kisten"
werden mir als Chef der Tonequipe auch schon mal einige Tage Vorbereitungszeit zugestanden. In diesen ca. zwei bis vier Tagen sind dann neben
Abklärungen, Kostenvoranschläge erstellen und Spezialmaterial anmieten auch
sicherlich ein bis zwei Tage für Rekos eingeschlossen. Ich möchte hier nicht
auch noch in die gleiche Kerbe schlagen wie einige Kollegen, die da meinen,
dass ein Regisseur und sein Chef-Kameramann, die eine Örtlichkeit besichtigen, sowieso nur auf die visuellen Begebenheiten achten und quasi taub
durch die Location stolpern. Meine Erfahrungen speziell mit jungen
Regisseuren, mit denen ich vor allem in den letzten Jahren zu tun habe, sind
diesbezüglich sehr gut. Es ist nicht von der Hand zu weisen, dass es zu Um-
wälzungen in der Branche kam, seit sich digitale Kino- bzw. DSLR-Kameras
etabliert haben. Mir jedenfalls gefällt dieser frische Wind in unserem Metier.
Nun kommt es schon vor, dass mich ein Regisseur kontaktiert und von einer
Location vorschwärmt, die unglaublich toll aussieht und sich bildlich schlichtweg
perfekt für sein Projekt eignet. Dazu kommt noch der Umstand, dass es nichts
kostet (das Gebäude gehört dem Cousin eines Freundes usw.) und verkehrs-
günstig gelegen ist. Wenn ich dann nach den akustischen Begebenheiten frage,
wird die anfängliche Begeisterung leider oft gedämpft. Meine erste Frage ist
immer „hat es knarrende Parkettböden?" und meine zweite lautet „wie sieht es
mit der näheren Umgebung aus?". Ist die Antwort „in allen Räumen hat es
Parkettböden, die extrem knarren" und/oder „im angrenzenden Gebäude
befindet sich ein Kinderferienlager" wird der Ort als Drehort immer unge-
eigneter. Ich gehe ja nicht davon aus, dass wir einen Film machen, in dem sich
die Darsteller nicht bewegen oder besagter Regisseur sämtliche Dialogszenen
nachträglich im ADR-Verfahren nachvertonen möchte. Hingegen ist der
knarrende Dielenboden kein Problem, wenn es sich nur um eine Szene handelt,
bei der die Schauspieler an einem Küchentisch sitzen und keine Dollyfahrt
vorgesehen ist oder der Dreh findet spät nachts statt, wenn die Kinder im
Ferienlager nebenan schlafen. Wenn der Tonmensch bei einer Drehortbesichtigung dabei ist, soll er den Regisseur oder Produktionsverantwortlichen
nach bestem Wissen auf mögliche Probleme aufmerksam machen und
Lösungsvorschläge präsentieren und zwar im Sinne von zeitlichem, folglich

finanziellem Mehraufwand. Es ist nicht Ziel der Begehung ständig an jeder Ecke über akustische Probleme zu sprechen und aufzuzählen wie man diese zu lösen gedenke („...hier kann man nicht angeln, also müssen wir mit versteckten Lavs oder mit im Dekor versteckten Miks arbeiten..." und „...im Badezimmer müssen wir wegen den Schallreflektionen unbedingt genug Sound Blankets oder Moltonstoffe anbringen..." usw.). Auf solche „Problemchen" müssen professionelle Filmemacher nicht aufmerksam gemacht werden. Die Lösung derselbigen gehören schlichtweg zum täglichen Handwerk des Settonmeisters oder Tonoperateurs. Hier ein Beispiel für einen Fall, der vor Ort abgeklärt werden kann. Für eine mehrwöchige, grosse TV-Produktion waren wir auf Reko in einem Hotelresort. Unter anderem waren Gespräche und Interviews vor dem Cheminée in einer Hotelsuite geplant. Ich fragte den anwesenden Zuständigen des Hotels, ob es möglich sei, für das Kaminfeuer Holz bereitzustellen, das nicht so laut knackt, wenn es brennt (z.B. Laubholz statt Kiefern- oder Fichten- holz). Der Hotelangestellte meinte, dies sei überhaupt kein Problem und würde auch keine Mehrkosten verursachen. Ich weiss nicht mehr, ob schlussendlich überhaupt Einstellungen vor dem Kaminfeuer stattfanden (meine Toncrew bestand aus sieben Tonleuten und wir arbeiteten parallel an verschiedenen Sets), aber zumindest habe ich den Regisseur mit meinem „Weitblick" beein- druckt. Eine Drehortbesichtigung muss also sorgfältig durchgeführt und protokolliert werden, ansonsten kann man sich den Aufwand auch gleich sparen. Erfahrene Tonleute können durch Räumlichkeiten gehen und die wichtigsten Faktoren oft von blossem Auge (bzw. Ohr) einschätzen. Während des Überprüfens einer gesetzten Location, unter Umständen auch beim Locationscouting bzw. Checken eines vorgesehenen Drehortes, lohnt es sich, die Begebenheiten von akustisch heiklen Standorten so zu kontrollieren wie wir sie dann beim späteren Dreh vorfinden werden. Das heisst, man sollte das für den Dreh vorgesehene Mikrofon, einen ENG-Mixer (ein einkanaliger Mischer oder Mikrofonvorverstärker genügt) und natürlich Kopfhörer dabeihaben und jemanden bitten, kurze Sprechproben vorzutragen. Wie bereits an vorheriger Stelle in diesem Buch beschrieben, „hört" ein Mikrofon monaural (resp. mono- phon) und nicht binaural wie zwei Ohren. Wenn zum Beispiel eine Szene vorgesehen ist, in der ein Schauspieler in einer Küche einen Monolog oder Teil eines Dialogs hat und diesen genau vor dem auf Augenhöhe angebrachten

Backofen von sich geben soll, kann es wegen der Backofentür oder Wand-
kacheln usw. (schallharte Oberflächen) zu unerwünschten Schallreflektionen
kommen. Steht der Schauspieler vielleicht bloss fünfzig Zentimeter weiter
seitlich und ist somit neben statt vor dem Backofen, was den Regisseur
eventuell nicht stört, kann sich die Akustik völlig verändern, da diese reflektierenden Oberflächen weiter weg sind oder z.B. der Vorhang vor dem Küchen-
fenster hilfreich den Raumschall verändert. Kurz gesagt, das Verändern einer
Position um wenige Zentimeter oder das Korrigieren des Richtmikrofonwinkels
kann zu einer erheblichen Verbesserung des Direktschalls (in unserem Fall der
Monolog des Darstellers) führen und kann nur über Kopfhörer ermittelt bzw.
geprüft werden.

Wir wollen keine Geräusche am Set, die man in unserer Kameraeinstellung
nicht sehen kann (es sei denn, diese wurden vorher etabliert wie z.B. Verkehrslärm, der zum Fenster hereindringt) und vor allem keine, die nicht identifizierbar
sind. Zur Checkliste beim Prüfen einer Location gehören vor allem folgende
Punkte. Wann findet der Dreh statt? Es macht keinen Sinn einen Drehort
tagsüber oder werktags zu prüfen, wenn er sich unmittelbar neben einem
Fussballstadion befindet und der Dreh soll an einem Samstagabend stattfinden.
Es sei denn, wir verfügen über den Veranstaltungskalender des Stadions und
an besagtem Samstagabend findet kein Spiel statt. Andersherum sollte man
keinen Drehort an einem Wochenende besichtigen, falls es in Hörweite eine
Baustelle hat und wir unter der Woche während der normalen Arbeitszeit
drehen möchten. Allgemein für Wochenenden gilt: In Wohngebieten mit viel
Gärten wird zur Sommerzeit gerne der Rasen gemäht und abends wird in
diesen Gärten auch gerne gefeiert. Stört dies unsere Produktion? Kann man die
unmittelbaren Nachbarn mit einer guten Flasche Wein dazu bringen das
Rasenmähen auf einen anderen Tag zu verlegen? Gleiches gilt für den Mieter
in der Nebenwohnung, der einen neuen Kleiderschrank zusammenbaut. Mit
Taktgefühl und etwas Charme kommt man oft sehr weit bei solchen Ver-
handlungen. Die Störungen durch kurzes Hundegebell oder Kinderschreien
müssen nun mal akzeptiert werden. Falls dies nicht geht, muss man von Anfang
an in einem Filmstudio oder fernab der Zivilisation drehen. Apropos fernab auf
dem Lande. Oft werden wir gerade dort durch Motorsägenlärm gestört. Es muss

sich nicht unbedingt um einen Waldarbeiter oder Bauern handeln, der in einem nahen Wald arbeitet. Gerade an Wochenenden verspüren anscheinend viele Eigenheimbesitzer den Drang, ihr Kaminholz auf die richtige Grösse zu trimmen.

Falls Sie vorhaben, den Ton für Aussenaufnahmen (gilt natürlich auch für Innenaufnahmen bei schlechter Isolation) eines Historienfilms zu tätigen, müssen Sie fast schon über magische Kräfte verfügen, da wir hier in der Schweiz über einen der dichtesten Lufträume von Europa verfügen. Es geht hier nicht nur um die zivile (Fluggesellschaften) und militärische Luftfahrt, sondern auch um die erstaunlich grosse Anzahl von Flugfeldern, also Sportflugplätze für die private Fliegerei und Ausbildung, die natürlich ebenfalls gerne an Wochenenden stattfindet. Falls der Dreh in einer Flugschneise oder in der Nähe einer Bahnlinie stattfindet, sollte man die Intervalle der Störungen messen und mit etwas Glück sind die Zeiten zwischen den Flug- bzw. Zugbewegungen genügend gross für die jeweiligen Einstellungen.

Bei Innenaufnahmen in Wohnungen, Restaurants, Bars, Büros usw. ist darauf zu achten, ob man etwaige Klimaanlagen, Kühlschränke, Tiefkühler und vor allem Eiswürfelmaschinen abstellen kann und falls ja, wie lange, ohne dass deren Inhalt Schaden nimmt. Ist es nicht möglich die Klimaanlage oder den Frigo auszuschalten, müssen diese für die spätere Nachbearbeitung in der Postproduktion (zwecks Phasenumkehr bzw. -auslöschung) als Nurton mit gleichem Mikrofontyp und -abstand separat aufgenommen werden. Alle Geräte, die abgeschaltet oder deren Kabel ausgesteckt wurden, unbedingt nach dem Dreh wiedereinschalten. Als Gedächtnisstütze wird gerne der Trick mit dem Autoschlüssel im ausgeschalteten Kühlschrank vorgeschlagen (vorausgesetzt, Sie sind mit einem eigenen Fahrzeug unterwegs). Wenn Sie aber nach Drehschluss ohne Material in den Feierabend gehen, weil am nächsten Tag weitergedreht wird und Sie Ihr Auto zwei Kilometer vom Drehort entfernt geparkt haben, ist es eher frustrierend, wenn Sie dann vor dem Wagen feststellen, dass die Autoschlüssel immer noch im Kühlschrank liegen. Getoppt wird dieses Gefühl nur noch, wenn Sie zur Location zurückgehen und feststellen, dass bereits abgeschlossen und keiner von der Crew mehr anwesend ist. Ich persönlich notiere die Dinge, die nach Drehschluss wieder in ihre ursprüngliche Position gebracht werden müssen, auf ein grosses Blatt Papier und klebe/ befestige dieses auf eine Transportkiste (falls die Ausrüstung nach Drehende mitgenommen wird) oder gleich an meine Jacke oder meinen persönlichen Rucksack. Falls man laut tickende Wanduhren anhält und diese im Bild zu sehen sind, bitte daran denken, deren Zeiger von Zeit zu Zeit nachzustellen, damit die Uhrzeit der jeweiligen Szene entspricht.

Wenn es sich um einen Interviewdreh in einer Wohnung handelt und dem Regisseur, Redakteur oder Realisator ist es nicht wichtig, wo genau das Interview stattfindet, wählen wir natürlich eine Umgebung bzw. einen Standort mit möglichst wenig Schallreflexion. Polstergruppen, Teppiche, gefüllte Büchergestelle und Vorhänge haben die am besten absorbierenden Oberflächen. Leere Räume, Badezimmer, aber auch Betonwände, Steinfussböden und ganz allgemein hallige Räume versuchen wir zu meiden. Auch wenn es sich „nur" um einen kurzen Interviewjob handelt, sollte trotzdem darauf geachtet werden, dass der Festnetz-Telefonapparat ausgestöpselt oder dessen Klingel abgestellt ist. Gleiches gilt für Computer (wegen deren Lüfter) und natürlich Radiogeräte oder Musikanlagen. Musik im Hintergrund muss unterbunden werden, da das Interview bzw. die Einstellung oder Szene sonst unschneidbar ist.

Drehfertig

Unmittelbar vor Drehbeginn ist nochmals zu checken: Sind alle Geräte richtig verkabelt und mit frisch aufgeladenen Akkus bzw. neuen Batterien bestückt? Liegen Ersatzkabel und Akkus bereit? Sind allfällige Türen und Fenster, die zum Durchlüften aufgemacht wurden, wieder geschlossen? Haben die Crew und andere Anwesende ihre Handys abgestellt oder zumindest auf Flugmodus geschaltet? Auch wenn viele moderne Richt- und Ansteckmikrofone heutzutage über eine Abschirmung gegen RF-Störungen verfügen, so sind dies eben nicht alle. Ein Mobiltelefon auf „Lautlos" zu schalten genügt in dem Fall nicht, es sei denn, es befindet sich etliche Meter weit weg vom Set. Und zu guter Letzt; ist eine anständige Kaffeemaschine auf dem Cateringtisch vorhanden?

Verhaltensweise und Psychologie am Set

Verhalten und Benehmen innerhalb einer Filmcrew

Da es sich bei unseren Berufen um Teamwork handelt, ist eine gute soziale Kompetenz Voraussetzung für eine erfolgreiche Zusammenarbeit in dieser Branche. Um ein gutes und reibungsloses Funktionieren der Dreharbeiten zu gewährleisten, muss das Organigramm bzw. die Hierarchie eingehalten werden. Es kann am Set sehr ausgelassen zugehen und Crewmitglieder machen auch schon mal deftige Witze. Angenommen, Sie persönlich kennen den Darsteller sehr gut und dieser hat gerade einen Take vermasselt. Gerade weil Sie ein freundschaftliches Verhältnis zu der Person haben, lassen Sie sich zu einem scherzhaften Kommentar hinreissen, der vom Schauspieler auch als solcher aufgefasst wird. Nun weiss der Regisseur vielleicht nichts von Ihrer freundschaftlichen Beziehung zum Darsteller und macht sich natürlich Sorgen darüber, dass dieser durch den Scherz vielleicht verunsichert wird. Ausserdem wird sich der Regisseur in seiner Autorität verletzt/bedroht fühlen, da während der Aufnahme einer Einstellung nur er mit den Schauspielern zu kommunizieren hat.

Dreharbeiten verlangen ein präzises Arbeiten unter teilweise erschwerten Bedingungen, die oft genug zu gestressten Situationen führen können. Was das Thema Kommentare und Ratschläge betrifft, so gilt auch hier oftmals das Sprichwort „Weniger ist mehr". Wenn Sie zum Beispiel einen Anschlussfehler[6] entdecken, ist es natürlich von Vorteil, wenn Sie dies vor Beginn der Aufnahme

---

[6] Unter Anschlussfehler versteht man z.B. wenn eine Darstellerin in einer Szene plötzlich keine Ohrringe mehr trägt, die sie aber im vorgängigen Bild noch sichtbar trug oder wenn ein Schauspieler mit einem Koffer in seiner linken Hand auf den Ausgang eines Hotels zugeht, die Tür öffnet und nach dem Schnitt (in der Ausseneinstellung) den Koffer in der rechten Hand trägt, wenn er aus der Tür auf die Strasse tritt. Da Szenen oder deren Einstellungen nicht chronologisch abgedreht werden, kann es leicht zu solchen Anschluss- bzw. Kontinuitätsfehlern kommen. Eine kurze Kaffeepause zwischen zwei Einstellungen genügt schon und die fiesen Anschlussfehler haben sich in die Kostüme oder Outfits oder das Styling der Darsteller eingenistet (gelockerter Krawattenknoten, aufgeknöpftes Hemd, waren da vorher nicht Handschuhe?). Es wird also nach so einer Unterbrechung speziell sorgfältig kontrolliert, bevor es mit Drehen wieder weitergeht.

zur Sprache bringen. Das heisst aber nicht, dass Sie wie ein Irrer „Anschluss-fehler, Anschlussfehler" über das ganze Set brüllen müssen. Ein Wink an die Adresse des Regieassistenten oder der Stylistin oder Garderobiere (ich weiss, es gibt auch Männer in diesen Positionen: der Stylist und der Garderobier) genügt vollends, um auf das Problem aufmerksam zu machen. Überhaupt ist Herumschreien und Gerenne am Set tunlichst zu vermeiden (jedenfalls in der Theorie). Das Sprichwort „c'est le ton qui fait la musique" sollte doch besonders uns Leuten vom Ton zusagen. Kritische Kommentare über die Arbeitsweise der anderen Departments kommen ebenfalls nicht gut an. Wenn Sie persönlich der Meinung sind, dass das Make-up einer Darstellerin schlichtweg grauenhaft ist, so sollten Sie dies nicht gleich der Maske (Visagistin, Make-up Artist) und schon gar nicht der Darstellerin kundtun. Vielleicht haben Sie ja das Drehbuch nicht gründlich gelesen und können nicht wissen, dass die Schauspielerin in dieser Szene eine Betrunkene am Rande eines Nervenzusammenbruchs spielen muss oder es handelt sich bei der Rolle um ein Provinz-Dummchen, das sich für seinen lang ersehnten ersten Ausflug in die Grossstadt aufgebrezelt hat. Wie auch immer, auch wenn es sich anders verhalten sollte, so ist es das Problem des Zuständigen für Hair und Make-up, des Regisseurs, des Produ-zenten oder von wem auch immer, aber nicht Ihres. Andererseits darf man auch ruhig mal einen Tipp geben, wenn dieser nicht in schulmeisterlicher Manier daherkommt. Kann ja sein, dass Sie, wie in meinem Falle, schon zwanzig Jahre Berufserfahrung haben und irgendwann einmal einer Maskenbildnerin oder einem Prop Master (Requisiteur) einen „exklusiven" Trick abgeschaut haben und diesen nun an eine weniger erfahrene Person weitergeben können.

Neulinge bzw. Anfänger sollten sich in der Crew willkommen fühlen und nicht gleich von den anderen Crewmitgliedern überfordert werden. Jeder von uns hatte seinen ersten Drehtag und sollte sich noch daran erinnern können, dass er öfter mal im Wege stand oder eine Anweisung nicht richtig begriffen und sie dementsprechend falsch ausführte. Nun ist es vielfach so, dass die Novizen am ehesten dem Tonverantwortlichen in die Quere kommen, weil sie sich nicht bewusst sind, wie überaus empfindlich die Mikrofone sind, die wir am Set einsetzen. Nachdem die Regieassistenz das Kommando „Drehbereit machen" oder „Achtung, wir drehen" gibt und es danach noch nicht still genug ist, wird der Tonchef (der ja über seine Headphones hört, ob es wirklich ruhig am Set ist) nochmals ein „Bitte Ruhe am Set" rufen. Jedes Crewmitglied wird nun still auf seiner Position verharren und nicht noch schnell den Reissverschluss eines Rucksacks schliessen oder mit irgendwelchen klappernden Gegenständen herumhantieren oder gar umherschleichen. Den Neulingen ist dies aber nicht unbedingt bewusst und sie versuchen noch schnell, so leise wie möglich (was sie, arglos wie sie sind, für leise genug halten), die angefangene Tätigkeit zu beenden. Es macht also absolut Sinn, wenn die Neuen am ersten Tag vor Drehbeginn durch die Aufnahmeleitung kurz in die Setsprache eingeführt werden und somit die nötigsten Verhaltensregeln kennenlernen.

Wie viele Berufsanfänger verträgt ein Set eigentlich? Erfahrungsgemäss handelt es sich um vielleicht zwei Runner, die der Aufnahmeleitung bzw. der Produktion unterstehen und dann vielleicht noch einer, der zum Kamera- oder Lichtdepartment gehört. Oder anders gesagt, wenn zehn Prozent der Mannschaft aus Berufsneulingen besteht, ist dies sicher ok. Aber ich habe auch schon anderes erlebt, z.B. bei einem Werbedreh mit einer recht grossen Crew (Multicamshots und sehr viel Requisiten bzw. Bühnenbauten). Der Dreh fand an einem kleinen See im Sommer statt und war folglich ein Aussendreh. Es waren keine Dialoge vorgesehen, sondern nur szenische Geräusche (Wassergeräusche der badenden Darsteller usw.) und Ambi-Ton (Vogelgezwitscher und Geräusche der anderen Badegäste, sprich Statisten). Bei den Bühnenbildnern bzw. Requisiteuren handelte es sich um eine junge Firma, d.h. die Firma war noch nicht lange in der Branche und bestand vor allem aus jungen Leuten. Kann sein, dass sie vornehmlich im Eventsektor tätig waren, jedenfalls handelte es sich um ca. 12 Leute und sie waren unglaublich nervös und laut. Die einzelnen Sets konnten nicht vorgebaut werden und mussten also jeweils schnellstmöglich nach Beendigung einer abgedrehten Einstellung errichtet oder umgebaut werden. Natürlich wurden auch während des Drehens, abseits vom Set, bereits Vorbereitungen hierfür getroffen. Leider nicht genug weit weg. Es gab keine einzige Aufnahme, in der nicht irgendwelche Gesprächsfetzen oder aufgeregtes Geflüster zu hören war. Ich weiss nicht mehr wie oft ich „Ruhe am Set" rief. Aus dem Rufen wurde irgendwann einmal ein Brüllen und Kreischen (ja ich weiss, man soll nicht unnötig am Set schreien). Jedenfalls kam der

Regisseur zu mir und bat mich mit dem Brüllen aufzuhören, da die Crew sonst noch nervöser würde (???). Ich muss hier noch anmerken, dass ich den Regisseur recht gut kenne und die Arbeit mit ihm ansonsten sehr schätze. Zwischenzeitlich fing es an zu regnen, was der Stimmung auch nicht gerade zuträglich war. Ich informierte den Regisseur darüber, dass die Aufnahmen (was den Ton betrifft) nicht brauchbar wären und somit Mehrkosten für eine Nachvertonung anfallen würden. Da es sich nicht um Dialoge handelte, würde zumindest kein ADR, sondern nur eine Geräuschenachvertonung nötig sein. Er meinte dazu, „nimm halt in der nächsten Einstellung wenigstens die Schritte der Darschteller auf", worauf ich antwortete, „was für Schritte? Die Schauspieler gehen barfuss auf Rasen". Und die Moral von der Geschicht? Jeder Produzent muss selber wissen, ob er eine vordergründig günstige Lösung wählt, die ihm im Nachhinein eventuell teurer zu stehen kommt, als wenn er von Anfang an ein erfahrenes Team zu branchenüblichen Preisen gebucht hätte („Hear, hear" würde man an dieser Stelle im britischen Unterhaus rufen).

Einfühlsamer und respektvoller Umgang mit dem Cast

Wenn man mit Profis arbeitet, also mit Darstellern, Moderatoren, Präsentatoren usw., die mit dieser Tätigkeit ihren Lebensunterhalt bestreiten, so muss man nicht ständig mit Glacéhanschuhen arbeiten. Was ich damit sagen will, diese Menschen sind es gewohnt, dass quasi täglich an ihnen herumgezupft und um sie herumgewuselt wird. Trotzdem stellt man sich erstmal persönlich vor und erklärt, was man vorhat und fragt nach, ob dies auch in Ordung sei. Falls es sich bei der Besetzung um Laien handelt, sollte dies noch sorgfältiger geschehen. Beim Verkabeln einer Person dringt man nicht nur in ihre gesellschaftliche, sondern gar in die persönliche Distanzzone ein (näher als einen Meter). Falls es sich sogar um versteckte Körpermikrofonie handelt und man einen weiblichen Cast verkabelt, so muss eine weibliche Aufsichtsperson bzw. ein weibliches Crewmitglied zugegen sein. Dies gilt speziell dann, wenn männliche Tonleute den Job verrichten. Sollte die Darstellerin (oder auch Darsteller) noch minderjährig sein, so darf unter keinen Umständen ohne Aufsichtsperson verkabelt werden. Diese Überwachung dient dabei dem Schutz des Casts wie auch dem des männlichen Tonverantwortlichen. Schon aus Gründen des zeitsparenden Arbeitens ist es ein Vorteil, wenn man eine erfahrene Visagistin oder Stylistin dabei hat, die mit Sicherheit schon des Öfteren Lavaliermikrofone an Büstenhaltern fixiert hat. Bei grossen Produktionen gehe ich davon aus, dass mir eine erfahrene und flinke Garderobiere während des Verkabelns zur Seite steht, da oftmals ein Lavaliermik oder dessen Kabel eingenäht werden muss.

Beim Verkabeln von Personen, egal, ob normale Ansteckmiks oder versteckte Mikrofonie, kommt man den Betreffenden sehr nahe und es sollte wohl eine Selbstverständlichkeit sein, dass man (falls man gerade aus einer Rauchpause zurückkommt) vorher noch ein Pfefferminzbonbon oder eine Chlorophyll-Pastille gegen den Raucheratem zu sich nimmt. Auch nich vergessen sollte man die Hände. Beim Verkabeln befinden sich diese sehr nahe am Gesicht des Betroffenen. Ich führe deshalb immer ein Fläschchen Hände-Desinfektionsmittel mit mir. Diese praktischen 100 ml Plastikfläschchen sind günstig in jeder Apotheke zu beziehen und neutralisieren den Nikotingeruch an den Händen.
Als wichtig erachte ich, dass sich die Besetzung wohl fühlt und dementsprechend eine gute schauspielerische Leistung erbringen kann. Wir Crewmitglieder haben dafür zu sorgen, dass die Schauspieler sich voll und ganz auf ihren Job konzentrieren können. Oft entschuldigen sich Laiendarsteller für angebliche Fehler, die ihnen unterlaufen. Ich entgegne dann immer „Ihr müsst Euch nicht entschuldigen, wir sind für Euch da und nicht Ihr für uns". Um die Konzentration nicht unnötig zu stören, sollten bei Stellproben (engl.: blocking rehearsals) nur die Crewmitglieder, die es wirklich braucht, anwesend sein. Neben Regisseur und Regieassi sind dies sicher Kameramann, Chefbeleuchter und der O-Tonmeister mit seinem Perchman. Der Boom Operator kann während der Stellprobe, nachdem die Kameraposition festgelegt wurde, schon mal prüfen, wo er am besten Position beziehen kann und wie es sich mit eventuellen Schattenwürfen verhält.

Gute Vorarbeit für die Postproduktion

Bereits vorher in diesem Buch wurde schon einige Male über Ambi-Ton resp. Atmo und Nurton (wild track) berichtet. Es gibt aber noch einiges mehr zu diesem Thema.

Ambience (Ambi)

Ambi, auch Atmosphere bzw. Atmo oder Background (BG) genannt, sind die natürlichen Hintergrundgeräusche während einer Einstellung. Sie werden idealerweise nach jeder Einstellung, zumindest aber nach jedem Szenenwechsel separat als Tonfile aufgezeichnet. Falls dies aus zeitlichen Gründen nicht möglich ist, sollte wenigstens von jeder Location ein Ambi-Ton aufgenommen werden. Die Ambi wird i.d.R. mit den gleichen Parametern aufgezeichnet wie die dazugehörige Szene/Einstellung, die davor aufgenommen wurde. Das heisst, die Position des Mikrofons, die Stellung des Faders und High Pass Filters oder mögliche EQs sind bei beiden Aufnahmen identisch. Je nach Komplettlänge einer Szene kann die Länge der Tonaufnahme variieren. Um es der Post leichter zu machen, sollte der Ambi-Ton mindestens 30, eher aber 60 Sekunden lang sein. Einerseits muss eine zu kurze Ambi in der Post nicht ständig geloopt, also aneinander gereiht werden und andererseits ist eine längere Ambi-Ton-Aufnahme unter Umständen abwechslungsreicher. Letzteres gilt z.B. wenn man Verkehrsgeräusche für eine Ambi aufnimmt und eine Sirene oder das Hupen eines nahen Autos zu hören ist. Falls in der Post entschieden wird, dass die Sirene oder die Autohupe nicht passt, können diese gelöscht werden und es ist immer noch genug Ambi-Ton übrig. Bei allzu grosser Diskontinuität der Ambi-Aufnahme sollte diese auf jeden Fall nochmals wiederholt werden. Es ist also darauf zu achten, dass die Ambi wirklich sinnvoll eingesetzt werden kann. Wenn bei Aussenaufnahmen in der Natur, z.B. in einem Wald, Atmos gemacht werden und man hört dabei in der Ferne Kirchengeläut, muss der Ambi-Ton nochmals wiederholt werden. Falls der Regisseur tatsächlich Kirchenglocken im Hintergrund haben möchte, werden diese ohnehin in der

Nachvertonung im Tonstudio nach den genauen Vorstellungen des Regisseurs erstellt. Der Filmcrew wird viel Disziplin während des Aufzeichnens des Ambi-Tons abverlangt. Auch wenn es sich nur um jeweils eine Minute handelt; die Leute stehen unter Strom und wollen die nächste Einstellung vorbereiten. Das ändert aber leider nichts daran, dass diese Aufnahmen gebraucht werden. Wenn während der Ambi-Aufnahme das Klackern eines C-Stands oder Stativs zu hören ist, muss die Aufnahme nochmals gemacht werden. Wie bereits schon einmal erwähnt, werden bei grossen Filmproduktionen Ambi und gewisse Nurtöne an separaten Tagen, teilweise von anderen Toncrews erstellt.

Warum sind diese Atmos so wichtig? Im Schnitt werden die Einstellungen einer Szene, die ja meist nicht chronologisch gedreht wurden, aneinandergelegt. Dabei entstehen vor allem bei harten Schnitten Sprünge in der Tonspur. Diese werden einerseits durch die Veränderung der Hintergrundgeräusche und andererseits durch den Wechsel der Lautstärke (hervorgerufen durch Positions-änderungen des Richtmikrofons) bemerkbar. Nun kann der Cutter die Original-spur an den Übergangsstellen zusätzlich mit der Ambi-Tonspur unterlegen und diese Sprünge quasi glätten. Oder mit anderen Worten, wir haben ein Ton-Bett, mit dem wir Unregelmässigkeiten zudecken können. Atmos dienen auch zum Füllen von Löchern auf der O-Tonspur. Angenommen, eine Einstellung der Szene wurde nachträglich in einem Filmstudio gedreht. Es handelt sich vielleicht um die Grossaufnahme eines Briefes, der von einem Schauspieler gelesen wird oder um die Nahaufnahme einer Gedenktafel. Da dieser Teil nicht am Originalschauplatz gedreht wurde, fehlt logischerweise der akustische Hintergrund. Wenn es sich dabei um eine nachträglich erstellte Trickaufnahme (FX) handelt, z.B. das Wirbeln einer Zeitungsschlagzeile, braucht es natürlich keinen Ambi-Sound vom Original-Set. Sehr oft braucht der Editor die Atmos zum Überdecken von Tonkorrekturen. Während einer Handlung fährt z.B. ein lauter Lastwagen vorbei oder die Gummisohlen des Schauspielers quietschen. Das Geräusch ist so laut, dass der Cutter die Lautstärke an dieser Stelle massiv entschärfen muss. Der allgemeine Hintergrundgeräuschepegel wird dadurch logischerweise ebenfalls heruntergezogen. Um dies auszugleichen, legt er zusätzlich Ambi-Ton unter diese Sequenz. Ein anderer Fall ist eine Dialogszene im Schuss-Gegenschuss-Prinzip. Der eine Schauspieler befindet sich mit dem

Rücken an eine brummende Maschinenabdeckung gelehnt. Da ein Richtmikrofon den Unterschied der beiden Positionen viel stärker übermittelt, würde dies im fertigen Schnitt zu unnatürlich wirkenden Lautstärkeunterschieden resp. Sprüngen führen. Durch zusätzliches Unterlegen mit dem ständigen Brummen der Ambi-Tonspur wird dies abgemildert. Bei Ambi-Aufnahmen für spätere Korrekturen muss, wie bereits erwähnt, die exakt gleiche Situation wie zur Zeit der abgedrehten Einstellung vorherschen. Dies gilt aber nicht nur für die Mikrofonpositionierung und Mischereinstellungen sondern auch für ungewollte Hintergrundgeräusche, die jedoch von der Regie während des Drehs (Original-Einstellung) akzeptiert wurden. Dies wäre z.B. das leise Brumen von Vorschaltgeräten für Filmlampen und/oder Generatoren.

Wenn der Ambi-Sound auf die Tonspur der Kamera aufgespielt wird, verlangen einige Produzenten, dass die Kamera die Farbbalken (Testbild) aufnimmt. Somit kann die Stelle in der Post beim „Vorspulen" schneller gefunden werden. Nicht alle Kameras besitzen diese Funktion. In so einem Fall sollte der Kameramann die Kamera tilten, also den Fussboden filmen oder, wie eigentlich üblich, den Tonmenschen bzw. das Mikrofon abfilmen. Den Tonmann während der Ambi-Aufnahme zu drehen, ist eigentlich (vor allem auch in den Staaten) Standard. Hierzu eine kleine Anekdote. Als mich vor einiger Zeit ein (vermutlich noch nicht sehr erfahrener) Mitarbeiter einer Produktionsfirma anrief und mit mir über ein paar Details einer Fernsehsendung (die ich schon seit Jahren betreue) sprach, erwähnte er, dass ich bei einer Folge vom Kameramann abgeschossen wurde, d.h. ich war versehentlich im Bild zu sehen. Natürlich kommt es schon mal vor, dass der Tonmann, während er angelt, bei einem Kameraschwenk abgeschossen wird. In so einem Fall wird der Take nochmals wiederholt oder, wenn das nicht möglich ist, die Sequenz nachträglich in der Postproduction herausgeschnitten und durch etwas anderes ersetzt. Ich kann mit gutem Gewissen behaupten, dass mir so ein Malheur bis jetzt selten passierte. Deswegen fragte ich nach, in welcher Einstellung dies denn gewesen sei. Die folgende Antwort löste bei mir (und später beim betreffenden Kameramann) einen Lachanfall aus: „Ich weiss nicht mehr genau, in welcher Einstellung es war, aber Du warst sicher fast eine ganze Minute im Bild zu sehen". Aus diesem

Grunde rate ich Ihnen die obligatorische Ansage für den Ambi-Track und das „Ambi Cut" am Schluss der Aufnahme nicht zu vergessen.

Die obigen Beispiele des Ambi-Sounds sind also hauptsächlich für Korrekturen bzw. Reparaturen in der Post bestimmt. Deswegen werden diese Ambis mit gleichem Dialogmikrofon aufgenommen und zwar in derselben Position wie dieses während der Original-Einstellung war. Es wird aber oft (vor allem bei Features und Dokus) ein allgemeiner atmosphärischer Ton verlangt (Hintergrund-Ambi). Dieser wird zumeist mit einem Stereomikrofonset (vorzugsweise MS) auf eine bzw. zwei separate Tonspuren aufgenommen. Dabei wird das Hauptmikrofonsystem (Stereomikrofon) so positioniert, dass die Aufnahme dem Bildausschnitt bzw. der Szene bestmöglichst entspricht. Diese allgemeine Atmo kann während des Drehs oder auch danach gemacht werden. Bei grossen Produktionen werden solche Aufnahmen von einem Tonperateur alleine, an einem separaten Tag, durchgeführt.

Room Tone (Presence)

Room Tone ist nicht dasselbe wie Ambi, auch wenn die Grenzen vielleicht fliessend sind. Jeder Raum verfügt über seine ganz eigenen „Schwingungen" bzw. eine akustische Signatur. Room Tone wird, wie Atmos, unter den gleichen Bedingungen aufgenommen (Mikrofonposition, Mixereinstellungen) wie sie während der vorherig abgedrehten Einstellung oder Szene vorherrschten. Es muss absolute Ruhe am Set herrschen. Deswegen macht es Sinn, die Aufnahmen für den Room Tone während einer Arbeitspause, wenn sich die Crew in einem anderen Raum aufhält, durchzuführen. Auch hier genügen i.d.R. 90 bis 120 Sekunden.

Neben dem allgemeinen Einbetten einer O-Tonspur wird der Room Tone hauptsächlich zum Füllen von Tonlücken gebraucht. Während einer Einstellung ohne Text ist vielleicht ein leises Geräusch der Crew oder irgendein unerwünschter Laut im Hintergrund zu hören. Während einer Dialogszene hätte man diesen Laut vielleicht gar nicht gehört oder man hätte den Take wiederholt.

Wie auch immer, das Geräusch ist auf der O-Tonspur. Nun wird der Cutter bzw. Editor betreffendes Tonfragment auf der Audiospur löschen. Das Bild bleibt aber unverändert. Um diese Lücke in der Tonspur zu füllen, kann er auf die Room-Tone-Aufnahme zurückgreifen. Im Falle von Schuss-Gegenschuss-Einstellungen kann es vorkommen, dass der Unterschied der Stimmvolumen von zwei Darstellern so gross ist, dass man die Room-Tone-Aufnahmespur (oder auch den Ambi-Ton) über die ganze Sequenz oder zumindest unter die Stellen des lauter sprechenden Schauspielers legen muss, da Schuss und Gegenschuss nicht mit gleichem Aufnahmepegel gemacht werden konnten. Achtung, in diesem Beispiel ist nicht der Unterschied zwischen einer lauten und einer leiser Stimme gemeint (dies muss der Dynamikbereich einer Ton-aufnahme erlauben), sondern der Unterschied zwischen einem sehr kräftigen Organ und einer „tonlosen" Stimme, wie es bei Produktionen mit Amateur-Casts ab und zu vorkommt.

Room-Tone gibt dem Bild Präsenz und Atmosphäre. Eine Filmsequenz ohne Tonspur (dead sound) wird vom Zuschauer/Zuhörer nicht als Stille, sondern als Ausfall des Tonsystems (TV-Sender, Kinosaalanlage, Fernsehapparat) wahr-genommen.

Nur-Ton

Nur-Ton oder Nurton (engl.: wild track, wild sound) sind akustische Aufnahmen, die unseren Freunden in der Postproduction die Arbeit erleichtern. Obwohl diese spezialisierten Tonstudios über gute Geräuscharchive verfügen, ist es in der Regel viel einfacher das separat angelieferte Geräusch an der richtigen Stelle des Films einzupassen, statt im Archiv mühsam etwas Ähnliches zu suchen. Nehmen wir an, die Schritte eines Schauspielers sind auf der O-Ton-spur nicht genug ausgeprägt. Diese Schrittgeräusche (und zwar auf dem richtigen Untergrund wie Kies oder Parkettboden usw.) sind im Tonarchiv sicher leicht zu finden. Wenn man sie dann aber editieren muss, sieht es nicht mehr so toll aus. Ein oder zwei Schritte auf Bild zu schneiden ist ja vielleicht noch ganz okay, wenn es dann aber zehn bis fünfzehn sind, artet dies schnell in eine

Tonschnittorgie aus. In diesem Fall ist es bedeutend einfacher, die Schritte des Schauspielers als Nur-Ton am Set nochmals aufzunehmen, vor allem, wenn es unmittelbar nach der gedrehten Einstellung gemacht wird und der Darsteller Tempo und Rhythmus der Bewegungen noch frisch im Gedächtnis hat. Vielfach sind im Falle von eher seltenen Requisiten wie das Geräusch beim Spannen einer Armbrustsehne oder was auch immer, schlichtweg keine befriedigenden Toneffekte im Geräuschearchiv zu finden. Es kann sein, dass im Fall einer Naheinstellung der Requisite bzw. Handlung das jeweilige Geräusch schon gut im Kasten ist. Es kann aber auch sein, dass eine Filmkamera zu nahe am Objekt ist und man deren Antriebsmotor hört oder Anweisungen des Regisseurs bzw. Kameramanns zu hören sind ("... jetzt spannen ... die linke Hand etwas mehr abdrehen ..." usw.). Ein weiterer Grund für die separate Aufnahme einer Requisite kann auch sein, dass das Geräusch während einer Dialogszene stattfindet und dadurch nicht dramatisch genug wahrgenommen wird bzw. im Dialog unter geht. Speziell Geräuschen die in der fertigen Filmfassung einen dramatischen Akzent setzen sollen müssen sorgfälltig und möglichst perfekt aufgenommen werden. Stellen Sie sich folgende Szene vor. Die Familie samt Kinder ist bei der Grossmutter zur Geburtstagsfeier eingeladen. Während die Erwachsenen in der Küche beim Kaffee sitzen, springen die Kinder in der Stube um einen Tisch herum auf dem sich eine über dreihundert Jahre alte Vase aus altem Familienbesitz befindet. Beim herumtollen stossen die Kinder immer wieder an den Tisch wodurch die Vase, die natürlich von unschätzbarem Wert ist, bedenklich zu wanken beginnt. Irgendwann ist es natürlich soweit, die Vase fällt um, rollt vom Tisch und zerschellt auf dem Boden. Das Geräusch der berstenden Porzellanvase wird in der Endfassung zwecks erhöhter Dramaturgie lauter dargestellt als es in Realität eigentlich wäre. Man spricht hier von Hypernaturalismus. Dieser Effekt wird noch durch die nachfolgende (erschrockene) Stille betont.

Nur-Ton wird immer nur auf die Audiospur des Tonrecorders aufgespielt d.h. die Kamera läuft nicht mit (es sei denn der Ton wird auf die Kameratonspur aufgezeichnet). Deswegen muss vorher immer eine saubere Ansage auf der Tonspur erfolgen.

Nur-Töne oder anders gesagt „Locationgeräusche" (engl.: Production Effects, Sound Effects, SFX) werden auch für das **IT-Band** (Internationale Tonspur), auf dem sich auch die Sound Effects des Nachvertonungsstudios bzw. die Geräusche des Foleyartists (Geräuschemacher) und die Filmmusik befinden, eingesetzt. Auf einem IT-Band resp. einer internationalen Tonspur (engl.: Music and Effects bzw. M & E track) befindet sich also alles, ausser den Stimmen der Schauspieler und es dient der Herstellung einer Filmsynchronfassung in einer anderen Sprache.

Zu den wild tracks gehören aber nicht nur Geräusche wie z.B. das Zuschlagen einer Autotür oder das Klimpern, wenn Kleingeld auf einen Tresen geworfen wird, sondern auch spezieller Ambi-Ton und Off-Voices sowie auf dem Set nachgesprochene Dialoge oder Monologe.

Wild Lines

Wild Lines oder Wild Dialogue gehören auch in diese Kategorie. Es handelt sich aber um Textpassagen resp. Dialoge, welche die Schauspieler am Set nochmals für die separate Audiospur einsprechen. Eine Wild Line (dt.: Nachsprecher) wird für die Off-Stimme (off-voice) eingesetzt, wenn zwar der Körper des Schauspielers in der Einstellung spürbar, das Gesicht jedoch nicht im Bild (off-camera) zu sehen ist. Nicht zu verwechseln mit einem Voice-over bzw. der „Stimme des Erzählers". Wenn eine solche Einstellung akustisch schon während des Drehens gelungen ist, ist eine Wild Line natürlich nicht mehr nötig. Wild Lines können auch für die spätere Nachvertonung, wenn keine ADR möglich ist, genutzt werden (dazu mehr unter Abschnitt „ADR / Looping"). Naturgemäss müssen Wild Lines nur gemacht werden, wenn der Ton auf der Einstellung nicht zu gebrauchen ist. Sei es wegen Umgebungslärm oder weil das Mikrofon zu weit weg ist bzw. keine versteckte Verkabelung möglich ist. Vielleicht hat sich der Schauspieler auch versprochen und ein weiterer Take ist aus technischen Gründen nicht möglich. Sie machen vor allem Sinn, wenn die Lippen des Schauspielers kaum oder gar nicht zu sehen sind und somit kein Problem mit Lippensynchronie besteht, also bei Supertotalen, in der die Lippen im Bild zu klein sind, um diese deutlich zu sehen oder bei Profil- oder gar Hinterkopfaufnahmen, bei denen der Mund kaum oder gar nicht im Bild ist. Die Wild Dialogue-Aufnahmen werden am besten unmittelbar im Anschluss nach dem Abdrehen der Szene aufgenommen, wenn der Schauspieler noch in seiner Rolle „lebt". Natürlich hat der Filmtonmeister darauf zu achten, dass die Wild Line Aufnahmen zu den jeweiligen Bildeinstellungen bzw. zum bestehenden O-Ton passen. Er wird also sicherlich keine Aufnahme mit Nahbesprechungseffekt für das Bild der Supertotalen machen und auch nicht schnell mit dem Schauspieler in einem hallenden Hausflur verschwinden, um dort ohne störende Umgebungsgeräusche eine Wild Line aufzunehmen, die später unter eine Szene gelegt wird, welche auf einer freien Wiese spielt.

Noch kurz zum Thema Lippensynchronie. Es gibt tatsächlich spezialisierte Kollegen, die mit einer mobilen Tonkabine unterwegs sind und somit auf das Set bestellt werden können. Ob dies günstiger ist als eine Buchung in einem ADR-Studio ist mir nicht bekannt. Jedenfalls befinden sich die Schauspieler natürlich vor Ort bzw. am Set und vielleicht sind sie sogar willens in ihren kurzen Drehpausen noch schnell in eine Sprecherkabine zu huschen, um ein paar Texte zu „nageln". Wie auch immer, ich wurde jedenfalls auch schon gebucht, um am Set eine „lip sync" Wild Line aufzunehmen. Da wir heutzutage alles auf digitalen Files haben, vereinfacht es die Sache. Man muss nicht mehr wie früher erst Abspielgeräte und Bildmonitore am Set zusammensuchen. Ein Laptop, auf dem sich der betreffende Take befindet, ein Kopfhörer für den Schauspieler und natürlich Mikrofon und Audiorekorder und schon kann es losgehen.

Voice-over

Voice-overs, vor allem für Dokumentarfilme und Werbespots, werden in der Regel im Tonstudio durch professionelle Sprecher gesprochen. Es kommt aber auch vor (in meinem Fall handelt es sich hauptsächlich um Kino- und TV-Werbespots), dass der O-Tonmeister während des Drehs neben dem O-Ton auch noch gleich den Text für das Voice-over aufnimmt. Bei einem Voice-over handelt es sich ja um die Stimme des Erzählers bzw. eines Kommentares, der über die Bilder und den Originalton gelegt wird. Demzufolge wird die Stimme des Sprechers normalerweise im Nachvertonungsstudio gemäss dem Produkt oder des Sendeinhaltes ausgesucht (männlich sonor, weiblich verlockend, jugendlich frech usw.). Es kann durchaus mit Budgetgründen zu tun haben, wenn das Voice-over am selben Tag am Set aufgenommen wird statt nachträglich in einem Tonstudio. Es kann hierfür aber auch praktische Gründe geben. Beispielsweise ist in einem Werbespot eine Darstellerin oder sogar eine echte Angestellte eines Betriebes zu sehen, die in einem Grossraumbüro umhergeht, den einen oder anderen Kollegen/Kollegin anspricht (alles hörbar), am Ende des Spots zu ihrem Arbeitsplatz zurückkehrt und dann den Claim bzw. Werbetext direkt in die Kamera spricht. Während sie umhergeht und sich mit ihren Mitarbeitern unterhält, hört man im fertigen Spot ihre eigene Stimme als Voice-over (wie sie über ihren Alltag erzählt). Da es sich bei der Protagonistin und Sprecherin des Voice-overs um dieselbe Person handelt und eine Studioqualität nicht unbedingt erforderlich ist, kann ohne weiteres eine solche Aufnahme am Set durchgeführt werden. Mit etwas Glück hat die AL (Aufnahmeleitung) hierfür ein separates Büro oder kleines Sitzungszimmer vorbereitet, das über einigermassen gute akustische Bedingungen verfügt wie ausschaltbare Klimaanlage, schallisolierte Fenster usw. Vermutlich hat der Key Grip oder einer der Beleuchter noch ein paar C-Stands (Lampenstativ mit Auslegearm) und Moltontücher oder sogar Sound Blankets bereitgestellt. Der O-Tonmeister oder Tonoperateur braucht dann nur noch einen Mikrofongalgen oder ein Mikrofon-Tischstativ, einen Popschutz bzw. Ploppschutz (engl.: pop filter) und das richtige Mikrofon. Ich rate dazu für Voice-overs nur ein Mikrofon mit Nierencharakteristik zu verwenden. Es muss nicht unbedingt ein Grossmembranmikrofon sein, wie es normalerweise im Tonstudio zum Einsatz kommt. Aber ein Nierenmikrofon (cardioid) wird bei Nahbesprechungsaufnahmen in einem, quasi improvisierten, Aufnahmeraum das beste Resultat liefern.

Raumschall

Raumschall oder einfach „R" (reflektierter Schall). Wie in diesem Buch bereits abgehandelt, versuchen wir immer möglichst viel Direktschall („D") zu erlangen, damit uns eine saubere Monolog- oder Dialog-Aufnahme gelingt. Aus diesem Grunde gehen wir mit dem Mikrofon so nahe wie möglich an die Signalquelle. Es ist aber zu bedenken, dass Raumschall nicht automatisch Störschall bedeutet. Raumschall ist reflektierter Schall und kann somit helfen, die Räumlichkeit einer Lokalität darzustellen wie z.B. einen Saal, eine Höhle oder einen Hangar usw. Natürlich wird bei Produktionen mit genügend grossem Budget so ein Hall und andere Effekte in der Postproduction bzw. im Nachvertonungsstudio unter akustisch einfach zu kontrollierenden Bedingungen künstlich erstellt. Sollte dies aber nicht der Fall sein, kann man versuchen, den Dialog mit dem Boom Mikrofon „trocken" (so wie wir es gelernt haben) und gleichzeitig mit einem zweiten Mikrofon (auf einer separaten Aufnahmespur) aus grösserer Entfernung zum Darsteller aufzunehmen. Somit kann dann im Schnitt entschieden werden, welche der beiden Spuren besser geeignet ist oder ob die Spur des zweiten Mikrofons dem ersten Mik beigemischt werden soll. Wenn ein zweites Richtmikrofon von Beginn an dazu dient, den Sound des Dialogmikrofons zu unterstützen bzw. die realistische klangliche Abbildung einer Szene zu verbessern und man keine zweite Tonspur zur Verfügung hat, d.h. beide Miks müssen auf eine Monospur gelegt werden, sollte die Einsprachrichtung des zweiten Mikrofons um 180 Grad vom Akteur weggedreht und eher auf Bodenhöhe platziert werden. Somit wird von diesem Mik mehr von der „szenischen" Umgebung resp. dem Raumton und weniger vom Dialog aufgenommen, was beim Zusammenmischen auf eine Monospur etwaige Kammfiltereffekte verhindert oder zumindest vermindert. Diese Technik wird vor allem dann angewendet wenn der Darsteller versteckt verkabelt ist und die Einstellung an andere Shots, die geangelt wurden, angepasst werden soll.

Für alle Tonaufnahmen, die man ohne Bild erstellt (egal ob Atmo, Room Tone, Nurton, etc.), muss eine deutliche Ansage am Anfang der Tonspur aufgenommen werden. Diese Ansage sollte klar definieren um welche Art von Tonaufnahmen es sich handelt, warum sie gemacht wird (z.B. ungewolltes Hintergrundgeräusch in der Originaleinstellung muss herausgeschnitten werden) und die Zeitangabe wie lange ungefähr die Aufnahme dauern wird. Das klingt dann vielleicht so: „Ambi für allgemeines Kindergeschrei – Spielplatzszene – ca. 2 Minuten, da starke Unterschiede in der Hintergrundstimmung". Letztere Information dient dem Umstand, dass die Szene eine fröhliche Kinderschar zeigt, während jedoch auf der Aufnahme des Ambi-Tons kurz das Weinen eines Kindes zu hören ist. Durch die eher lange Aufnahmezeit des Ambi-Tracks von zwei Minuten hat der Filmeditor (nachdem er den Teil des weinenden Kindes gelöscht hat) noch genügend Atmo für die betreffende Bildsequenz übrig. Am Ende der Aufnahme spricht man noch ein kurzes „Ambi Cut" oder „Atmo Schluss" o. ä. in das Mikrofon.

B-Roll

B-Roll oder B-Reel (auch cut-aways, filler oder manchmal Picture only genannt). Die Bezeichnung B-Roll hat verschiedene Bedeutungen in der Filmbranche. Im Bereich TV und Dokumentarfilm heisst es nichts anderes, als dass das Bildmaterial der B-Roll später mit anderen Tonspuren (Intis, Musik, Voiceovers usw.) unterlegt wird. Wenn die Ansage kommt, es handelt sich beim nächsten Schuss um B-Roll, so heisst dies für uns Tonleute, dass kein O-Ton aufgenommen wird und wir quasi Pause haben. Trotzdem haben wir dafür zu sorgen, dass das Boardmikrofon der Kamera mitläuft und eine genügende Qualität liefert. Wenn es Probleme mit dem Kameramik gibt, so liegt das oft an einem fehlenden oder ungenügenden Fell-Windschutz bei Aussenaufnahmen.

Zumeist wird der Ton der B-Roll nicht benutzt. Es gibt aber durchaus Fälle, in denen man die Tonspur der Kamera später im Schnitt braucht und deswegen muss das Boardmik der Kamera immer mitlaufen. Hier ein Beispiel für eine klassische B-Roll ohne Ton. Wir sehen ein Interview mit einem älteren Herrn (A-Roll), der über seine Kindheit in einem alten Schloss erzählt. Während er das Schloss beschreibt, wird auf die Aufnahme des Schlosses (B-Roll) geschnitten. Da er während der Schloss-Einblendung weiterspricht, braucht es keinen Ambi-

Ton vom Schloss, der auch nicht viel hergeben würde. Der Mann könnte auch über den Urwald erzählen, in dem er mehrere Jahre als Missionar lebte. Während seiner Schilderung würde man Flugaufnahmen des Dschungels sehen. Da es sich um ein bewegtes Bild handelt, würde ich zumindest leises Motorengeräusch des Flugzeugs unter das Voice-over mischen. Wenn man sogar während den Ausführungen des guten Mannes die Missionsschule mit Menschen und Tieren usw. im Bild sieht, ist ein O-Ton bzw. der Ton des Kameramikrofons unabdingbar. Bei letzterem Beispiel wäre im Falle von genügend Budget vermutlich sowieso ein Tonoperateur dabei und es wäre aufnahmetechnisch gesehen keine B-Roll.

Auch bei einem Insert (cut-in), meistens eine close Einstellung, die dazwischen geschnitten wird, braucht es in der Regel keinen O-Ton des Tonanglers. Da diese aber zumeist unmittelbar nach der Szene abgefilmt werden und es sich nur um sehr kurze Einstellungen handelt, nimmt der Boom Operator den Ton in der Regel „mit". Ich sage immer, man kann übriges Material ja spülen, aber nicht vorhandenes Material leider nun mal nicht einsetzen.

Was es sonst noch zu wissen gibt

Walla

Bei „Walla" handelt es sich um Hintergrundgemurmel. Der Ausdruck stammt aus der guten alten Rundfunkzeit, als für Radioshows Hintergrundgeplapper benötigt wurde. Das deutsche Äquivalent zu „walla walla walla" wäre „Rhabarber Rhabarber Rhabarber". Diese Wallas werden in der Nachvertonung über die jeweiligen Szenen gelegt. Es stehen Sound-FX-Libraries mit verschiedenen, länderspezifischen Sprachakzenten zur Verfügung. Natürlich ist auf diesen Sound-FXs nicht einfach „wallawallawalla" zu hören, sondern unverständliche Wörter bzw. Satzfetzen. Oft werden diese Wallas auch im Tonstudio bzw. ADR-Studio von einer kleinen Gruppe von Leuten eingesprochen und dann im HD-Recording-System mehrmals verdoppelt und gepitcht, damit es nach einer grösseren Menschenmenge klingt. Dieser Trick wird auch angewendet, wenn in einem Filmstudio oder an einer Location nur ein kleiner Bildausschnitt der Szenerie eingerichtet werden kann, es aber dank dem Stimmengewirr nach einem grossen, gefüllten Restaurant klingen soll. Wenn man dann noch Hall hinzufügt, könnte es sich auch um eine Szene in einer Bahnhofshalle handeln. Nun kann es sein, dass diese Wallas am Set als Nur-Ton aufgenommen werden müssen. Mag sein, dass es keine geeigneten Wallas im Geräuscharchiv gibt, weil es sich um eine spezifische Szene mit erstauntem Gemurmel handelt à la „seht, seht der König, der König“, „er trägt ja keine Krone“, „Krone, Krone“, „der König ohne Krone“ usw. Achtung, bei diesem Beispiel handelt es sich nicht um Lines (Textzeilen) eines Statisten, sondern um eine grosse, aufgeregt murmelnde Menschengruppe und die Wortfetzen „König“ und „ohne Krone“ unterstützen die Dramaturgie der Szene. Es kann auch sein, dass der Regisseur Wallas ganz einfach bevorzugt, die am Set gemacht wurden.

Der springende Punkt ist, dass die Wallas separat als Nur-Ton aufgenommen werden. Das hat damit zu tun, dass wir bei Dialogszenen den Text der Schauspieler so gut und sauber wie möglich aufnehmen wollen und gleichzeitiges Hintergrundgemurmel von Statisten oder Komparsen dies nicht zulässt. Angenommen, wir haben eine Dialogszene in einem Restaurant. Man geht also folgendermassen vor: Der Dialog der Schauspieler wird geangelt, während die Statisten, die im Bild zu sehen sind, nur ihre Lippen (tonlos) bewegen. Danach wird der Walla als Nur-Ton aufgenommen und später im Schnitt darüber gelegt. Dieses Bewegen der Lippen ohne dabei zu sprechen ist übrigens ziemlich schwierig und sollte nur erfahrenen Statisten oder Nebendarstellern überlassen werden, da es ansonsten sehr unnatürlich wirken kann.

Noch eine wichtige Anmerkung zu meinem Beispiel „der König, der König“. Normale Wallas, die nicht verständlich sind, gelten als Standard. Wenn aber Wörter oder Sätze verständlich sind und von Statisten gesprochen werden, so wird ein Statist eventuell zu einem Komparsen und hat u.U. Anrecht auf eine höhere Gage. Deswegen muss eine solche Situation vorherig mit der Regie bzw. Produktionsleitung abgesprochen werden. Hier sei kurz erklärt, wie es sich beim Jobunterschied vom Statisten (engl.: Extras) zum Komparsen (engl.:

Background Actor oder, falls mit einer Textzeile, Day Performer) verhält. Ein Statist ist in der Regel ein „Hintergrundfüller", der nicht in die Haupthandlung integriert ist. Also z.B. Leute, die in einem Restaurant an den Tischen sitzen. Ein Komparse oder gar Kleindarsteller ist in unserer Szene vielleicht die Serviceangestellte, die beim Vorbeigehen eine Speisekarte auf den Tisch des Hauptdarstellers legt. Wenn diese Serviererin dabei noch sagt „hier die Speisekarte" kann man auch von einem Kleindarsteller sprechen. Falls die Kellnerin ein richtiges Gespräch mit dem Hauptdarsteller führt, also die Bestellung aufnimmt und den Schauspieler vielleicht noch fragt, warum er den gestern nicht hier war usw., ist sie eigentlich schon eine Nebendarstellerin. Komparsen sind also im Gegensatz zu Statisten aktiv in die Haupthandlung integriert; haben eventuell kurze Lines und werden somit höher bezahlt.

Bei kleineren Produktionen kommt es vor, dass der Regisseur auf Wallas als Nurton verzichtet und die Statisten anweist, sie sollen sich während der Szene einfach leise unterhalten. Vielleicht, weil kein Dialog während der Einstellung vorkommt oder dieser nicht wichtig für die Handlung ist und somit auch nicht unbedingt verständlich sein muss. Wie auch immer, Sie sollten darauf achten, dass die Statisten keine Worte benutzen, die später auf dem fertigen Film zu hören bzw. zu verstehen sind und nicht in die Szene passen. Zum Beispiel macht es sicher keinen Sinn, wenn die Handlung der Szene oder des Films im 17. Jarhundert spielt und im Hintergrund Satzfetzen wie „... der neue Golf GTI gefällt mir..." oder „... unser Kinderhort ist wirklich toll..." zu hören sind.

ADR / Looping

Das Kürzel ADR steht für Automated Dialogue Replacement oder Automatic Dialogue Recording oder Additional Dialogue Recording. Bei dieser „Automatischen Dialogersetzung" bzw. „Automatischen Dialogaufnahme" oder „Zusätzlichen Dialogaufnahme" handelt es sich um eine, im Nachvertonungsstudio bzw. ADR-Studio nachträglich gemachte, Dialogaufnahme einer Filmeinstellung. ADRs werden gemacht, weil der Ton bzw. Dialog der Originalaufnahme nicht den qualitativen Ansprüchen genügt. Zumeist handelt es sich um Probleme mit Hintergrundgeräuschen bei Aussenaufnahmen und/oder Actionszenen. Es kann sich auch um Dialogaufnahmen handeln, die nur in einer Halbtotalen (oder gar totalen Einstellung) gemacht wurden und die versteckte Körpermikrofonierung hat nicht das gewünschte Resultat erzielt. In Grossbritannien benutzt man den vielleicht sinnigeren Begriff „post-sync" bzw. „post-synchronisation".

Man unterscheidet zwischen Off-Takes, bei welchen der Schauspieler nicht innerhalb des Bildausschnitts und sogenannten On-Takes, bei denen er im Filmbild zu sehen ist. Bei letzteren muss auf die Lippensynchronität geachtet werden. Die Vorgehensweise sieht so aus: Im Aufnahmestudio läuft der Abschnitt der Einstellung, deren Dialog nochmals aufgenommen werden muss auf einem Bildschirm oder einer Leinwand als Endlosschleife (Loop). Der Schauspieler hört über Kopfhörer seine „alte" O-Tonversion. Nun versucht er/sie den Text nochmals mit gleicher Dramaturgie, Geschwindigkeit und Rhythmus (in sync) so lange nachzusprechen, bis die neue Dialog-Tonaufnahme sitzt. Zuständig für diese ADRs (auch „looping" bzw. „looping session" oder „re-recording" genannt) ist der Synchrontonmeister bzw. Synchron- oder Toncutter. Überwacht wird dies alles von einem Dialogregisseur. Danach wird, falls nötig, die Lippensynchronität der neuen Dialogaufnahmen mittels spezieller Software noch zusätzlich verfeinert und mit Hall und anderen Effekten der Stimmung bzw. dem tonalen Charakter der Szene angepasst. Wenn von Synchronfassung die Rede ist, so ist die Filmsynchronisation in eine andere Sprache gemeint und wird dann natürlich nicht vom Originalschauspieler eingesprochen.

Es ist allgemein bekannt, dass Regisseure keine grossen Freunde des ADRs sind. Sie verlangen, wenn möglich, immer den vollen Einsatz des Darstellers. Dies gilt natürlich auch für die Darbietung des Textes und scheint auf einer „sterilen" ADR Stage nicht gewährleistet zu sein. Bei Schauspielern verhält es sich ähnlich. Die meisten bevorzugen das Arbeiten auf dem Dreh und möchten den Charakter, den sie spielen, am Set perfekt darstellen und zwar mit allem Drum und Dran. Es gibt aber tatsächlich Ausnahmen unter den Schauspielern, also solche, die gerne im ADR-Studio arbeiten. Es soll sogar Schauspieler geben, die es vorziehen die stimmliche Darbietung während einer ADR-Session aufzunehmen. Anscheinend gibt ihnen dies die Möglichkeit sich während des Drehs auf Bewegungsabläufe (gerade bei körperlich anspruchsvollen Szenen) und dann während des Nachsynchronisierens auf den Text zu konzentrieren.

ADRs sind kostenintensiv und somit Produktionen mit grossem Budget vorbehalten. Ein weiteres Problem ist die Verfügbarkeit der Schauspieler. Falls vor Produktionsbeginn schon klar ist, dass es ADR-Sessions geben wird, kann dies terminlich mit den Schauspielern abgesprochen werden. Vielfach stellt sich aber erst während des Drehs heraus, dass zusätzliche oder überhaupt ADRs benötigt werden. In so einem Fall besteht die Gefahr, dass ein Schauspieler für diese Termine nicht mehr verfügbar ist, weil er sich schon auf einem anderen Dreh befindet oder anderweitig verhindert ist.

Wie schon gesagt, ist ADR eine eher teure Angelegenheit. Ich glaube aber, dass in Zukunft vermehrt auch für kleinere Filmdrehs und TV-Produktionen die automatische Dialogersetzung im Verbund mit am Set aufgenommenen Wild Lines eingesetzt wird. Computerprogramme wie z.B. VocaLign, die schon seit einiger Zeit erhältlich sind, werden immer besser und einfacher zu bedienen. 2012 ist mit Adobe Audition CS6 ein sehr leistungsstarkes Programm mit automatischer Sprachausrichtung auf den Markt gekommen. Solche Software kann eine neue bzw. separat aufgenommene Sprachaufnahme automatisch anhand der Wellenformen (Zeitpunkt des Einsetzens der einzelnen Worte) mit der qualitativ ungenügenden Originalaufnahme synchronisieren. Ob diese neue Sprachaufnahme im ADR-Studio oder am Drehort als Wild Dialogue auf-genommen wurde. spielt dabei keine Rolle. Dies macht die Arbeit für Tonleute, die auf dem Set arbeiten, sicherlich abwechslungsreicher und interessanter, aber auch anspruchsvoller und vielleicht nicht immer angenehmer. Gerade wenn man bedenkt, dass nicht an jeder Location eine akustisch geeignete „Ecke" zu finden ist und nicht von allen Crewmitgliedern das nötige Verständnis für den Zeitaufwand aufgebracht wird, den eine solche Wild Line mit sich bringt.

L-Cut und J-Cut

Diese Schnitte gehen eigentlich nur die Kollegen im Schneideraum bzw. in der Post etwas an. Kann aber sein, dass ein Regisseur meint, wir brauchen zusätzlichen Ambi-Ton für den L-Cut (engl.: L cut oder „L" cut). Deswegen hier kurz die Erklärung. Auf dem Bildschirm des Schnittprogrammes ist die Timeline immer so angelegt, dass der obere Balken das Bild und der untere die Tonspur darstellt. Wenn die beiden Linien den gleichen Startpunkt (links) haben, aber die Bildlinie in der Mitte stoppt, obwohl die untere Linie (Audiospur) weitergeht, so ergibt dies quasi ein L-förmiges Bild. In der Mitte, wo die Bildsequenz aufhört, fängt eine andere Szene (unterlegt mit der Tonspur der vorherigen Sequenz) an. Beim J-Cut verhält es sich einfach umgekehrt, d.h. die Bildsequenz mit der dazugehörigen Tonspur endet am gleichen Punkt (rechts). Die Bildsequenz startet aber erst ab Mitte Monitor und nicht wie die Tonspur am Anfang (links). Somit wirkt die Timeline wie ein „J". Der Ton von Szene 2 läuft also von Anfang an, obwohl im Bild zuerst ein das Ende von Szene 1 zu sehen ist. Hier ein Beispiel für einen J-Cut. Ein Liebespaar sitzt in einem Café, sie: „... ich hasse Abschiede ... musst Du wirklich abreisen? Wirst du jemals zu mir zurückkommen?", er: „... ich liebe dich doch auch ... natürlich komme ich zu dir zurück... aber jetzt muss ich gehen, sonst verpasse ich meinen Flieger". Nachdem er dies gesagt hat, geht die Kamera in einer Nahen auf ihr Gesicht. Eine Träne läuft ihr über die Wange. In diesem Moment wird bereits der Ton eines startenden Verkehrsflugzeugs eingeblendet. Bildschnitt, man sieht das startende Flugzeug und so weiter und so fort. Die nächste Szene zeigt dann vermutlich wie er an seinem Heimatflughafen ankommt und von seiner Ehefrau und 17 Kindern abgeholt wird. Diese Schnitte dienen also oft der Dramaturgie und dem Flow des Films, haben aber auch eine weitere Funktion. Vielfach ist bei einem harten Übergang von einer zu anderen Szene der Tonschnitt bzw. Crossfade an gleicher Stelle zu hart oder plump. Damit der Übergang der beiden Audiotakes weniger offensichtlich ist, wird dieser etwas vor oder hinter den Kameraeinstellungwechsel platziert. Auch bei einer rasch abwechselnden Dialogszene wäre eine Schuss-Gegenschuss-Einstellung kaum auszuhalten, wenn das Bild dem jeweils Sprechenden quasi punktgenau folgen müsste.

Früher nannte man diese „Schnitte" auch Audio Advance, wenn der Ton vorgezogen wurde (also J-Cut) bzw. Audio Delay oder Video Advance, wenn auf das zweite Bild bei gleichbleibender Tonspur umgeschnitten wurde (L-Cut).

Dialogue Overlap / Overlapping Dialogue

Andere Schreibweisen sind: Dialog Overlap / Overlapping Dialog. Mit Overlaps werden häufig zwei verschiedene Dinge bezeichnet. Vielfach meint man nichts anderes als eine Dialogszene zwischen zwei (oder mehreren) Schauspielern, die sich ins Wort fallen. Oder anders gesagt, man hört zeitweise beide Stimmen gleichzeitig. Dies entspricht natürlich dem realen Leben und wird folglich auch im Kinofilm so dargestellt. Wir Leute vom Ton bezeichnen einen Overlap spezifisch danach, ob wir die Stimme des off-camera Schauspielers (off-screen-actor), der nicht im Bild oder nur von hinten zu sehen ist (over-shoulder), gleichzeitig hören wie die Stimme des anderen Darstellers, den wir in einer nahen Einstellung sehen. Die Stimme des „unsichtbaren" Darstellers würden wir auch off-screen-voice nennen. Die Bezeichnung on-screen-voice für den zweiten Schauspieler, der in der closen Einstellung zu sehen ist, erübrigt sich, weil dies ja quasi der Standard bei nahen Einstellungen ist. Das Problem mit Overlaps ist folgendes. Der ganze Dialog bzw. die Szene wird sicherlich zuerst in einer Halbtotalen oder einer Halbnahen bzw. einer Zweier-Einstellung abgedreht. Falls die Tonaufnahme dieser Einstellung später beim fertigen Schnitt gebraucht wird, so darf der Perchman nicht wedeln. Das heisst, er muss mit dem Mikrofon möglichst statisch zwischen den beiden Darstellern bleiben. Ein Nierenmikrofon oder gar ein Mik mit der Richtcharakteristik Breite Niere (eventuell sogar ein Achter-Mik) kann hierbei helfen. Danach wird die ganze Szene im Schuss-Gegenschuss gedreht. Falls mit zwei Kameras gearbeitet wird und konsequenterweise zwei Tonangler zur Verfügung stehen, kann dies in einem „Abwasch" geschehen. Aber das Problem mit dem Overlap ist dabei noch nicht gelöst. Nicht vergessen, da beide Darsteller gleichzeitig sprechen, werden auch beide Stimmen von einem Mikrofon aufgenommen, d.h. die einzelnen Stimmen sind jeweils nicht isoliert auf einer Spur vorhanden. Egal, ob Sie zwei oder ein Richtmikrofon einsetzen, das Mikrofon wird den Schauspieler, den Sie gerade on-axis angeln, present und trocken aufnehmen während die Stimme des gegenüberstehenden Darstellers gleichzeitig off-axis beim Mikrofon ankommt, also bedeutend weniger present, leiser und mit mehr Hallanteil. Und dann, wie sollen Sie als Boom Operator wissen, wann Sie welchen Schauspieler anzielen sollen? Sie wissen ja nicht, was später im Schneideraum entschieden wird. Wenn mit nur einer Kamera gefilmt wird (wie klassischerweise beim Film), so dreht man erst den Schauspieler A in der Closen und danach das Ganze nochmals mit Schauspieler B in der nahen Einstellung. Bei Fernsehsendungen oder Dokus verhält es sich vielleicht anders, bei einem Spielfilmdreh jedoch wird der Regisseur in 90% der Fälle verlangen, dass der Text des jeweiligen Schauspielers in dessen Naheinstellung so sauber und trocken wie möglich mikrofoniert wird und dies ohne Overlaps des anderen Darstellers (der nur im Anschnitt von hinten zu sehen ist). Dem jeweiligen Schauspieler wird dabei einiges an Können abverlangt, da es ihm nicht mehr möglich ist, auf die Einwürfe seines Gegenübers zu reagieren. Bestenfalls kann der Darsteller, dessen Gesicht nicht zu sehen ist, durch Gestik und Mimik oder durch lautloses Bewegen der Lippen das Timing für die Reaktionen vorgeben. Warum das Ganze? Der Regisseur und/oder Editor wollen die Freiheit behalten, erst am Schnittplatz zu entscheiden, an welcher Stelle sie während der Schuss-Gegenschuss-Montage genau schneiden. Dadurch haben sie die Kontrolle darüber, welcher Bildausschnitt während eines Dialogue Overlaps zu sehen ist (Schauspieler A oder B) und man kann die Lautstärke des off-camera Schauspielers dabei etwas herunternehmen, um nicht Gefahr zu laufen, den Text des on-camera Darstellers zu überhören. Der Ton des jeweiligen off-camera Schauspielers wird dabei von seiner on-camera Einstellungsaufnahme genommen und mit der Tonspur des on-camera Darstellers zusammengemischt. Deswegen ist es immens wichtig, dass er in der Kameraeinstellung, in der er nur von hinten, seitlich zu sehen ist, Kopfbewegungen und Gestik genau so nachspielt wie in seiner Naheinstellung, die davor oder danach gedreht wird. Da man seinen Mund nicht sieht, muss der Ton nicht lippensynchron sein. Eine Lippensynchronität wäre auch kaum zu erreichen, da Ton und Bild aus zwei verschiedenen Einstellungen stammen. Trotzdem muss er während dieses „Nachspielens" den Mund lautlos bewegen, weil in einer over-shoulder Einstellung die Bewegungen seines Kiefers möglicherweise sichtbar oder zumindest „spürbar" sind.

Ein Overlap muss nicht zwingendermassen aus zwei gleichzeitig hörbaren Stimmen entstehen. Es kann sich auch um Geräusche handeln. Schauspieler A redet auf Schauspielerin B ein, während diese einen Apfel isst. Wir hören also in kurzen Abständen das kraftvolle Abbeisen und vielleicht Schmatzen von Darstellerin B. Auch hier muss Darstellerin B während des Abfilmens der Closen von Schauspieler A immer wieder den Apfel zum Mund führen und so tun, als würde sie herzhaft abbeissen. Später nach dem Editing sieht diese Szene dann vielleicht so aus: Nahe auf A, er erklärt aufgeregt, wie verliebt er in B ist und dass er keinen Tag ohne sie leben kann. Man nimmt eine unscharfe Bewegung am Bildrand wahr und hört ein lautes Abbeissen. A mit etwas verwirrtem Gesichtsausdruck spricht weiter. Wieder ist die Bewegung zu spüren und wir hören erneut das Abbeissen. In diesem Moment wird auf den Gegenschuss geschnitten. Wir sehen B, wie sie gerade den Apfel vom Mund nimmt und genüsslich weiterkaut; all dies mit einem ausdruckslosen Gesichtsausdruck. Das Geplapper von A geht natürlich weiter. Nun wird auf die Halbtotale bzw. Totale geschnitten und wir sehen, wo sich unser Pärchen überhaupt befindet. Zum Beispiel gegenübersitzend an einem Bistrotisch in einem Strassencafé, an der Wand hängend die Tafel mit dem Wochenhit „Zu jedem Getränk einen Apfel gratis".

VOG / Voice of God

Mit VOG oder V.O.G. bzw. Voice of God ist der Off-stage Announcer gemeint. Also der Ansager bzw. die Stimme des Speakers bei Anlässen oder in Sportstadien. Je nach Produktion müsssen diese Ansagen gut verständlich aufgezeichnet werden. Der Sprecher ist jedoch in der Regel nicht im Bild zu sehen. Anscheinend benutzen auch Casting-Agenturen diesen Ausdruck, wenn sie tiefe, volle Männerstimmen suchen.

Spezialeffekte

Spezialeffekte (engl.: Special Effects oder SPFX) sind im Gegensatz zu Effekt-
geräuschen (Nur-Ton) Sounds die in der Wirklichkeit (Natur) nicht vorkommen
sondern von Sounddesignern im Tonstudio kreiert werden. Sie werden vornehmlich für Science-Fiction, Fantasy- und Horrorfilme eingesetzt.

Foley Artist / Geräuschemacher

Der Foley Artist (benannt nach dem Amerikaner Jack Foley, 1891 bis 1967 der
u.a. für Universal Pictures arbeitete) erzeugt manuell verschiedene Geräusche
wie Schritte, Geschirrgeklapper, Streichholz anzünden, Regenmantel oder
Schirm ausschütteln usw. Dazu sitzt oder steht er in einem geräumigen Foley-
Studio und versucht, während er den Film ab Leinwand oder Screen verfolgt,
möglichst viele Geräusche in einem Durchgang synchron einzuspielen. Dabei
bedient er sich unzähliger Gegenstände die eigentlich, bei erster Betrachtung,
tontechnisch kaum Sinn machen. Schlaggeräusche bei Schlägereien werden
gerne durch Brechen von frischem, knackigem Gemüse kreiert. Schritte im
Schnee werden durch das Zusammenpressen von mit Mehl gefüllten
Leinenbeuteln erzeugt. Ich war einmal bei einem Foley Artist zu Besuch der das
Ladegeräusch eines Repetiergewehres einsetzen musste. Nachdem er sein
Geräuscharchiv erfolglos durchforstet hatte und auch keine seiner Requisiten-
pistolen den gewünschten Effekt erbrachte, wurde letztendlich der Lade-
mechanismus bzw. dessen Geräusch mittels eines gusseisernen, klappbaren
Garderobenhakens erzeugt.

Background Plate

Im Falle von Ton wurde dieses Verfahren früher (als die Technik der am Körper
versteckten Mikrofone vermutlich noch wenig verbreitet war) eingesetzt, wenn
Lippensynchronität unerlässlich war, aber keine Möglichkeit bestand, mit dem
Mikrofon nahe genug an den Mund des Darstellers zu kommen. Die Einstellung

wird mit dem sprechenden Darsteller und dem Mikro im Bild gedreht. Das Mikrofon bzw. der Boom sollte sich dabei möglichst nicht bewegen. Danach wird der Hintergrund bzw. die ganze Einstellung (bei identischer Einstellungsgrösse und Zeitdauer) nochmals ohne Mikrofon gedreht. Es macht manchmal Sinn, dass der Darsteller im Bild bleibt, weil er vielleicht einen natürlichen Schatten wirft, der in der Originalszene zu sehen sein soll. Wie auch immer, später wird in der Post das Mikrofon, das während des Vortrags im Bild zu sehen war herausgeschnitten und durch einen gleichgrossen Teil resp. identischen Ausschnitt (Background Plate) aus der zweiten Einstellung ersetzt.

Schlusswort

Mit diesem Buch ist es mir hoffentlich gelungen, dem Leser einiges an Fachwissen über Feldton zu vermitteln. Zumindest Hilfestellung zu bieten, sich ein vertieftes Wissen zu dieser Materie in Zukunft selbstständig aneignen zu können.

Ich empfinde meinen Beruf bzw. die damit verbundenen Erlebnisse als ein Privileg. Dank unserer Arbeit kommen wir an Orte, die wir privat kaum je bereisen könnten (sei es aus Kostengründen oder weil es für Privatpersonen nicht gestattet ist). Man kommt mit Menschen zusammen, die man sonst nie angetroffen hätte, egal ob Showstars und Persönlichkeiten aus dem öffentlichen Leben oder einfach sehr interessante und eindrucksvolle Menschen aus dem „normalen" Leben. Oder wie viele Leute kennen Sie, die behaupten können, sie wurden vom Dalai Lama am Kinnbart gekrault?

Den Naturdoku- und Ein-Mann-Team-Kameraleuten unter Ihnen wünsche ich für künftige Einsätze, dass Sie neben schönen Bildern auch guten Ton nach Hause bringen. Und den Tonleuten gutes Gelingen bei Dialogaufnahmen und ein offenes Ohr für all die mannigfaltigen Klänge dieser Welt. Es lebe der Ton.

Literaturverzeichnis

David Miles Huber (1987) Audio Production Techniques for Video. SAMS.

Glen Ballou (1988) Handbook for Sound Engineers – The New Audio Cyclopedia. Howard W. Sams & Company Audio Library.

Johannes Webers (1989) Tonstudiotechnik – Handbuch der Schallaufnahme und –wiedergabe bei Rundfunk, Fernsehen, Film und Schallplatte. 5. Auflage. Franzis-Verlag.

Bernhard Krieg (1989) Praxis der digitalen Audiotechnik – Digitale Aufnahme und Wiedergabe. Franzis-Verlag

Hans-Jürgen Ackerstaff (1992) Mikrofone. 2. Auflage. Musik Produktiv.

Thomas Görne (1994) Mikrofone in Theorie und Praxis. Elektor.

Tomlinson Holman (1997, 2002) Sound for Film and Television. 2nd Edition. Focal Press.

Jay Rose (2008) Producing Great Sound for Film & Video. Third Edition. Focal Press.

Jay Rose (2009) Audio Postproduction for Film and Video. 2nd Edition. Focal Press.

Richard Patton (2010) Sound Man – An Introduction to the Art, Science, and Business of Location Sound. First Edition. Location Sound ltd.

www.sengpielaudio.com